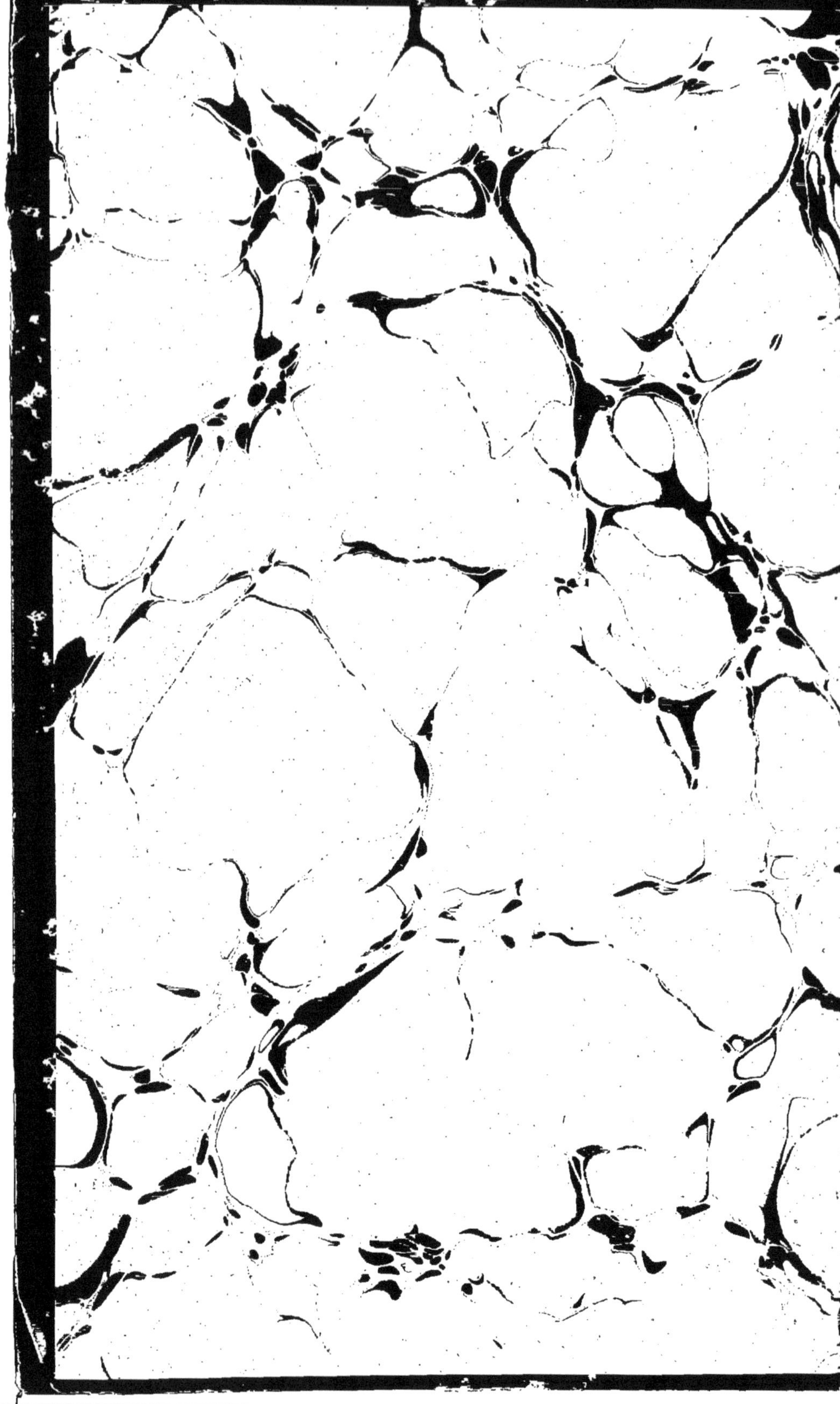

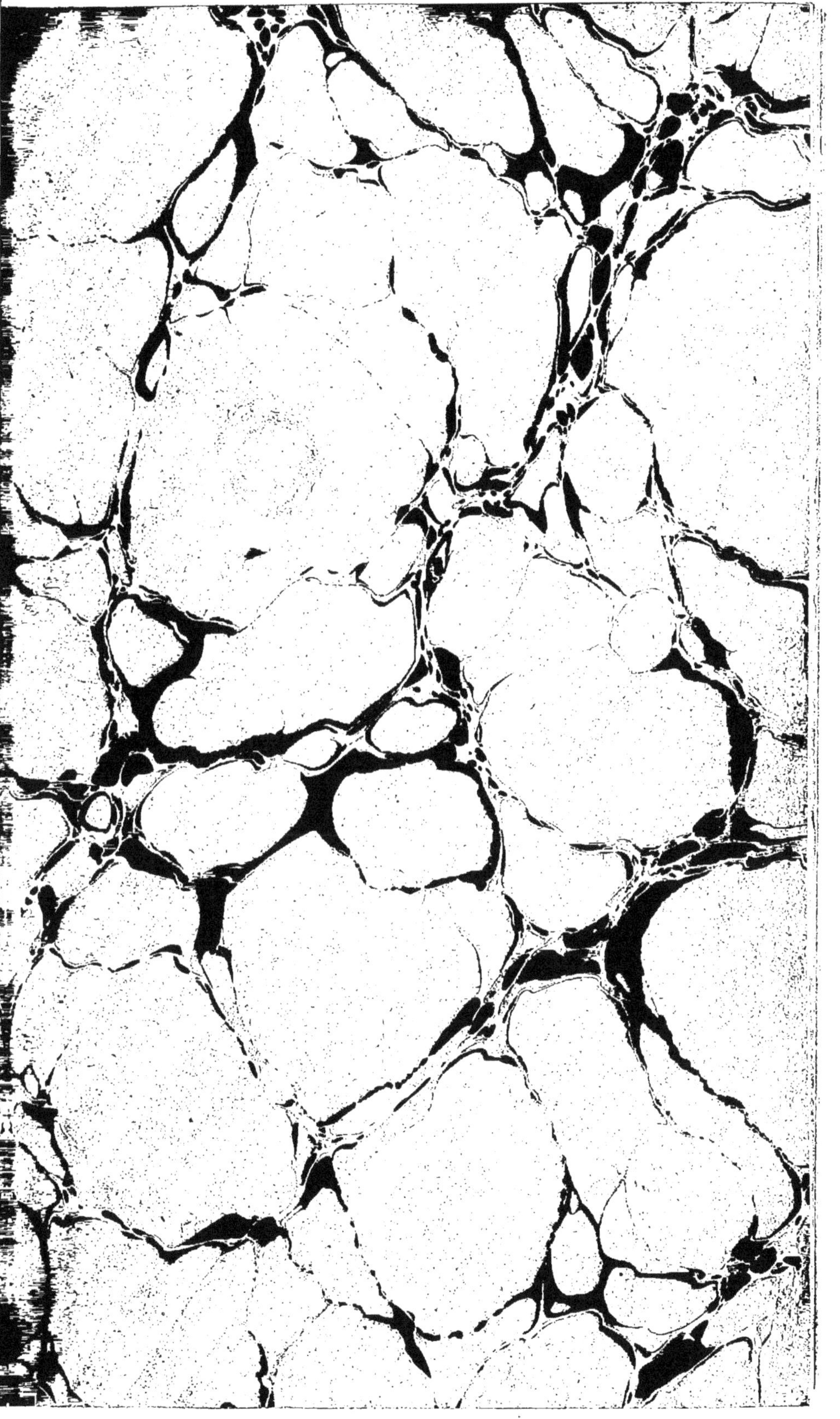

LA VOIX, LE CHANT ET LA PAROLE

LA VOIX, LE CHANT
ET LA PAROLE

GUIDE PRATIQUE DU CHANTEUR ET DE L'ORATEUR

PAR

Lennox BROWNE, de Londres
F. R. C. S. Ed.
Médecin de l'Hôpital central des maladies
de la gorge et des oreilles, de Londres,
Médecin de la Société Royale des Musiciens

Emil BEHNKE, de Londres
Professeur de physiologie vocale et
de diction

TRADUIT SUR LA 14e ÉDITION ANGLAISE

PAR

Le Dr Paul GARNAULT (de Paris)

Médecin spécialiste pour les maladies des oreilles, du nez et de la gorge
Docteur Es-sciences naturelles
Ancien Chef des travaux d'anatomie comparée à la Faculté des Sciences de Bordeaux

PARIS
SOCIÉTÉ D'ÉDITIONS SCIENTIFIQUES
PLACE DE L'ÉCOLE DE MÉDECINE
4, RUE ANTOINE-DUBOIS, 4

1893

Préface du Traducteur

Depuis le livre de Mandl (1), dont les travaux eurent une si heureuse influence sur l'enseignement du chant, l'hygiène spéciale du chanteur et celle de l'orateur, il n'a paru, en France, aucun ouvrage de valeur sur les questions qui font l'objet du livre dont je présente la traduction au public français. Je n'ignore cependant pas que plusieurs traités, depuis cette époque, ont vu le jour ; il serait peu généreux d'insister sur leur insuccès ou d'en rechercher les causes ; et, comme il ne saurait venir à l'esprit de personne qu'en France on s'intéresse moins à ces questions qu'en Angleterre, il faut bien admettre que si, en dix ans, le livre de Lennox Browne et Behnke a eu les honneurs de quatorze éditions successives, s'il est devenu véritablement *populaire*, c'est que, non-seulement il correspondait à un besoin réel, mais qu'il était conçu et exécuté de manière à le satisfaire.

Ce traité, écrit par un grand laryngologiste et un artiste doublé d'un professeur éminent, aurait peut-être dû être traduit par un médecin et un artiste : seul, j'ai entrepris ce travail et l'ai mené jusqu'au bout. Qu'il me soit permis de m'excuser si ma bonne volonté n'a pas toujours été à la hauteur de la tâche que je me suis imposée.

Ce qui m'a surtout séduit dans cet ouvrage, c'est sa clarté, sa précision, sa logique et sa parfaite méthode didactique ; il est

(1) Hygiène de la voix parlée ou chantée, Paris 1876.

issu de la collaboration de deux maîtres distingués et de deux professeurs, et cette collaboration est tellement fondue que l'œuvre a conservé un cachet de parfaite unité.

M. Lennox Browne, dans les pages qui suivent, a rendu à son collaborateur, prématurément fauché par la mort, l'hommage qui lui était dû. Qu'il me soit permis de dire à ceux de nos lecteurs qui ne sont pas médecins ce qu'est Lennox Browne.

Ancien élève de sir Morell Mackensie, il partagea bientôt avec son maître la popularité que ce savant regretté s'était acquise en Angleterre et, depuis la mort de ce laryngologiste, il y occupe, sans aucune contestation, la première place parmi les spécialistes des maladies de la gorge et du nez. Il a publié, en outre de très nombreux travaux originaux, un grand livre dogmatique qui a été traduit en français et qui est également apprécié des deux côtés du détroit. Au point de vue qui nous occupe ici, son principal mérite est d'avoir démontré par sa pratique et ses enseignements, que le mauvais usage de la voix, que les modes respiratoires vicieux peuvent causer non seulement des troubles graves ou la perte de la voix, mais aussi des maladies organiques, et que le traitement du médecin doit être complété, surtout pour les orateurs et les chanteurs, par le traitement du professeur. Ce sont ces idées qui sont entièrement les nôtres et qui nous inspirent également dans le traitement de nos malades, que nous avons surtout tenu à propager et à répandre en traduisant ce livre, dans lequel elles sont magistralement exposées.

Nous devons dire également que nous n'avons trouvé dans aucun des traités qui ont été publiés jusqu'ici, une étude aussi complète et surtout aussi méthodique de tout ce qui se rapporte à la voix, au chant et à la parole, que dans le manuel de MM. Lennox Browne et Behnke. C'est pour cela que j'ai eu la pensée de traduire cet ouvrage, que je considère comme le meilleur.

Ce traité devrait être entre les mains de tous, non seulement des professionnels et des amateurs, mais de la généralité des gens instruits. Tous se servent, à des degrés divers, de leur organe vocal, tous ont donc besoin de savoir comment cet instrument délicat est construit et comment il doit fonctionner.

Dans ces dernières années on a démontré combien grande était l'importance d'une bonne méthode de respiration pour le bon fonctionnement de la voix, qu'une mauvaise méthode de respiration et de phonation était la cause la plus fréquente de nombreuses affections qui, par un retour fatal des choses, entraînaient la perte de la voix et même celle de la santé générale ; on a encore démontré combien il était nécessaire pour la voix et pour la santé de faire disparaître le plus tôt possible toutes les causes d'obstruction qui siègent dans les voies respiratoires supérieures. Lorsque ces notions auront pénétré dans les masses, l'humanité aura fait un pas de géant dans la voie du progrès hygiénique. Ce n'est que lorsque l'homme, l'enfant, auront appris à bien respirer et que le médecin saura débarrasser le dernier de nos petits paysans des obstacles qui l'empêchent de se saturer d'oxygène, que l'on pourra faire une guerre efficace à la phtisie, à la scrofule et au rachitisme.

Le livre de Lennox Browne et Behnke contribuera dans une large mesure, à cette œuvre de progrès, car les chapitres d'hygiène dans lesquels ces questions sont traitées, sont présentés sous une forme si intéressante, si méthodique et si simple, qu'on les lira d'abord, ce qui est déjà un point important, et qu'on sentira ensuite la nécessité de les mettre en pratique.

L'heure de cette publication est propice, la respiration diaphragmatique préconisée par Mandl et sans laquelle il ne saurait y avoir de salut pour le chanteur et l'orateur, est aujourd'hui attaquée de divers côtés ; on tendrait à lui substituer la respiration claviculaire ou un type respiratoire artificiel presque aussi dangereux, peut-être, le type costo-inférieur; le livre de Lennox Browne et Behnke sera le plus éloquent plaidoyer en faveur de la respiration diaphragmatique.

Je n'ai pas eu l'honneur de connaître Behnke, mais qu'il me soit permis de dire que M. Lennox Browne, en même temps qu'un grand médecin, est un véritable artiste, possédant en musique un goût très sûr et une profonde érudition, et, de plus, maniant le pinceau de l'aquarelliste avec un véritable talent. Je n'ajouterai plus qu'un seul mot, qui résumera les souvenirs très agréables des quelques heures passées près du maître : c'est que Lennox Browne est le type du gentleman, du caballero, termes que notre pauvre langue démocratique ne me laisse plus la ressource de traduire en France, mais que tout le monde comprendra.

Dr Paul GARNAULT,
D^r^ ès sciences naturelles,
Spécialiste pour les maladies des oreilles,
de la gorge et du nez.

Paris, Rue Vignon, 15,
avril 1893.

INTRODUCTION A L'EDITION FRANÇAISE

MÉMOIRE BIOGRAPHIQUE

Le plaisir que me fait éprouver l'honneur de voir ce travail jugé digne d'une traduction française n'est pas sans mélange.

J'éprouve, en effet, une grande tristesse de ce que mon distingué collaborateur Emile Behnke ait été enlevé par la mort, avant que ce volume, dans lequel le Dr Garnault a si parfaitement rendu notre œuvre, en Français, ait vu le jour. S'il avait écrit avec moi cette préface, sa générosité et sa modestie naturelle ne m'auraient pas permis de proclamer dans quelle large mesure le succès de ce livre est dû aux applications pratiques des données physiologiques qu'il a su faire à l'enseignement. Beaucoup de ces applications lui sont entièrement personnelles ; il en a rendu beaucoup d'autres qui, avant lui, étaient obscures et stériles, attrayantes et fertiles, par ses grandes facultés d'enseignement. C'est donc pour moi une consolation de pouvoir rendre hommage à sa mémoire.

Né sur le continent en 1836, il serait probablement arrivé à une grande situation comme chanteur, s'il n'avait eu, pendant un voyage en Russie, qu'il fit dans son adolescence, une extinction de voix complete, survenue à la suite d'un grand froid. Cette circonstance fut cause que, par la suite, sa santé resta toujours délicate.

Dès l'adolescence son esprit ne fut pas satisfait des méthodes empiriques d'enseignement qu'employaient alors les meilleurs maîtres en Europe; et dès que la valeur du laryngoscope fut démontrée (on pourrait presque dire inventée) par Manuel Garcia, Behnke, qui s'était fabriqué lui-même ses propres intruments, se fit une habitude d'examiner à la lumière réfléchie du soleil le larynx de tous ses amis chanteurs, et même de tout paysan qu'il pouvait rencontrer.

On raconte que, lorsqu'il observa pour la première fois un enfant de chœur, chez lequel il put démontrer le petit registre (voix de tête), il le paya pour plusieurs semaines,afin de se rendre un compte exact du mécanisme par lequel il est produit.

Ayant perdu la voix, il satisfit ses désirs artistiques par l'étude du violon, mais avec l'intention de consacrer sa vie studieuse à la création des bases scientifiques de toute éducation de la voix et à l'extirpation des systèmes empiriques de l'enseignement du chant.

Arrivé en Angleterre en 1865, il eut la bonne fortune d'étudier sous les auspices de quelques-uns des plus grands physiologistes de nos Universités anglaises, et fut bientôt considéré comme une autorité dans ces questions.

Je ne fis sa connaissance qu'il y a douze ans; après l'avoir entendu enseigner, je reconnus en lui le collaborateur que j'avais longtemps cherché, celui qui, après que j'aurais été assez heureux pour guérir les maladies causées par un mauvais usage de la voix, pourrait, en corrigeant ces défauts, confirmer, pour ainsi dire, la guérison, et empêcher le retour des troubles de la voix; je fus surtout charmé de constater que dès le début de sa carrière de professeur de chant il avait reconnu la nécessité d'employer une bonne méthode de respiration, nous avions donc l'un et l'autre travaillé parallèlement en déconseillant un mode respiratoire permettant l'élévation de la clavicule, et, d'autre part, en ne préconisant pas l'usage exclusif du diaphragme, ainsi que l'a fait Mandl, poussant à l'extrême les conséquences de la campagne qu'il avait entreprise.

En d'autres termes, nous nous accordions (et c'est là un des principaux objets de ce travail) pour affirmer que la meilleure méthode de respirer pour le chanteur et l'orateur consiste dans le jeu large du diaphragme et des muscles costaux, c'est-à-dire de ces muscles qui servent à la respiration normale, et à éviter l'emploi de ceux qui élèvent la clavicule et ne rentrent en action que dans les cas de maladie où la lutte pour la vie devient terrible. Behnke était aussi très sévère sur la pureté et la qualité du son. « Soignez la qualité, et la quantité se soignera toute seule » était un de ses axiomes favoris, et certainement pas un des élèves de Behnke ne forcerait ou n'exagérerait sa voix.

Ses recherches approfondies sur la formation, l'extension et l'usage des différents registres, par l'examen laryngoscopique de centaines de gorges pendant le chant et par l'auto-laryngoscopie, ainsi que sa description claire de la meilleure méthode pour les unir et les fondre entre eux, de façon à rendre la voix uniforme dans toute l'échelle qu'elle peut parcourir sont bien connues et appréciées. La définition du terme « registre » est claire et précise et est actuellement adoptée par tous les hommes compétents : « Un registre est une série de notes produites par le même mécanisme. »

Dès l'année 1871, il réussit à obtenir des photographies de ses propres ligaments vocaux pendant l'acte du chant, et ce fut l'origine de l'idée que nous eûmes plus tard de placer dans nos premières éditions anglaises de « La voix, le chant et la parole », les photographies de son larynx et de son voile du palais, prises à la lumière électrique, pour servir d'explications à nos enseignements. Dans ce volume, ces photographies sont reproduites par des gravures sur bois. Plus tard, sur mes conseils, l'éclairage par transparence fut employé pour démontrer l'exactitude des termes registres « épais et minces ».

Les conférences que fit Behnke dans toute l'Angleterre et l'Ecosse furent très appréciées ; il les rendit très intéressantes non-seulement par sa clarté d'exposition et son grand enthousiasme, mais aussi par d'ingénieux modèles de son invention et par les démonstrations de son propre larynx. De plus, sa fille Kate, qui, avec sa veuve, continue son œuvre, fut un auxiliaire précieux de ses cours et de ses leçons par son habileté à démontrer le petit registre, et les autres modifications de l'action des cordes vocales qui se produisent dans le larynx féminin.

Son insistance à faire varier les nuances des sons vocaux de façon à accorder les différents tons de la voix produisit des résultats merveilleux chez ses élèves, et le succès avec lequel il leur apprit à acquérir la « voix mixte » permit aux chanteurs qui travaillent en public d'éviter également le Scylla du registre épais forcé vers le haut et le Charybde du fausset.

Après un cours d'exercices de Behnke, les voix gagnaient toujours en force, en volume, en étendue et en timbre. Les exercices qu'il imagina pour mettre les muscles qui servent à respirer et ceux du voile du palais et de la langue sous le contrôle de la volonté, sont non seulement ingénieux et efficaces mais ils montrent également la connaissance approfondie qu'il possédait de tous les points de la physiologie vocale et la certitude absolue de sa science.

Un autre exemple nous est fourni par le grand succès qu'il obtint en systématisant la cure du bégaiement et des autres défectuosités du langage; en imaginant des exercices pour obtenir le contrôle volontaire sur des actions probablement automatiques. Ses résultats, dans cet ordre d'idée, ainsi que ceux de Mme Behnke, nous donnent une autre preuve de l'exactitude de la base sur laquelle son traitement fut fondé.

Enfin, je dois me féliciter moi-même d'avoir vivement engagé Behnke à publier sa monographie sur « Le bégaiement, sa nature et son traitement », qui fut accueillie comme « l'étude la plus pénétrante et la plus scientifique sur les défauts qui produisent le bégaiement et sur leur traitement rationnel ». Dans le courant de ce livre, nous avons introduit plusieurs modifications ou additions, mais c'est ce chapitre qui a été le plus complètement modifié, afin de mettre le lecteur français au courant des derniers progrès de la science.

Quant à notre collaboration dans ce travail, je ne puis mieux faire que de renvoyer le lecteur à la préface de la première édition anglaise, qui fait suite à cette introduction, et j'espère que nos efforts réunis seront aussi féconds en inspirations pour les professeurs et aussi utiles pour les élèves de la grande nation artiste à qui nous l'offrons aujourd'hui, qu'il l'a été en Angleterre et dans les autres pays où la langue anglaise est parlée.

Je dois ajouter encore un mot : deux séries d'exercices et d'études pour l'éducation de la voix, fondés sur nos enseignements, et qui représentent pour ainsi dire l'ordonnance qui doit suivre naturellement la consultation médicale, ont été publiés par MM. Chapell, de Londres, New bond Street, 50.

LENNOX BROWNE,

15, Mansfield Street, LONDON W.

Mars 1893.

Préface de la première Edition Anglaise

Chacun des auteurs de ce livre a déjà publié des travaux qui ont pris place parmi les ouvrages qui se rapportent à la voix de l'homme. Ces études ont eu une grande diffusion et leur succès a été en proportion ; mais faites à un point de vue spécial, elles étaient forcément incomplètes ; car si le médecin se sentait incompétent pour aborder les questions musicales, le professeur était dans la même situation vis à vis de nombreuses questions touchant à l'hygiène ou à la santé générale.

L'un d'eux, après de nombreuses années d'expérience en arriva à conclure que la mauvaise production de la voix ou l'abus qu'en font les chanteurs, était la cause principale de la plupart des cas de perte de la voix et même des maladies de la gorge, qui s'étaient produites chez les chanteurs ou les orateurs qu'il avait pu observer.

L'autre était également convaincu que la disette des belles voix, que tout le monde s'entend à constater chez les chanteurs, ainsi que chez les orateurs, était due, moins à leur véritable rareté, qu'à la défectuosité de leur éducation et de leur culture.

Bien des fois on nous a fait remarquer combien le besoin d'un livre complet fait à ce double point de vue se faisait sentir ; et comme, depuis plusieurs années, nous avons l'habitude de collaborer dans le traitement des malades et des élèves et que notre expérience sur tous les points de physiologie et d'hygiène, de théorie et de pratique, dans lesquels nous pouvions nous former une opinion, était entièrement d'accord, nous nous sommes décidés à écrire ensemble un livre qui pût, autant que possible, combler cette lacune et qui, renfermant les résultats de l'expérience du médecin et du professeur, pût devenir un manuel complet pour les chanteurs et les orateurs.

Il ne sera probablement pas difficile aux lecteurs de reconnaître l'auteur de certains chapitres et de certains passages, mais le livre que nous offrons au public, possède une véritable unité, car il n'y a pas un chapitre, pas une explication, peut être pas un paragraphe qui n'aient été, entre nous, l'objet d'une discussion.

Nous pensons que, par cette intime collaboration nous avons pu atteindre notre but ; et, pour la même raison, nous réclamons la même responsabilité pour toutes les imperfections que l'on pourra rencontrer dans ce travail.

Lennox Browne

Emil Behnke.

Londres, novembre 1883.

APPRÉCIATION

DE " LA VOIX, LE CHANT ET LA PAROLE "

PAR LA PRESSE

« *Les citations que nous avons faites, suffiraient à prouver que l'on ne doit pas seulement lire ce livre, qu'on doit l'étudier.* » — The Times.

« *Ce livre fait absolument époque.* » — Gazette de Cologne.

« *Ce livre est clair, simple, exact, et bien que conçu et exécuté avec une méthode scientifique, il est débarrassé de tous les détails techniques inutiles.... c'est donc un livre qui donnera, en abondance, à ses lecteurs, des renseignements de la plus grande utilité.* » — The Daily Telegraph.

« *Il est non seulement facile à comprendre, mais intéressant à lire.* » — The Daily News.

« *Les auteurs, en nous fournissant les moyens de mieux connaître la physiologie de la voix, ont rendu plus lourde la responsabilité de leur ignorance de ces questions à ces chanteurs et à ces orateurs, qui négligent cette branche importante de leur éducation.* » — The Morning Post.

« *C'est un livre d'une grande utilité pratique et scientifique, inestimable pour toutes les personnes qui parlent ou chantent en public.* » — Pall Mall Gazette.

« *Tout chanteur, tout orateur, toute personne appelée à parler fréquemment en public, doit en posséder un exemplaire, et retenir ses enseignements par cœur.* » — Echo.

« *Les préceptes sur l'exercice de la voix, sont d'une importance incontestable pour le professeur de chant; beaucoup, surtout dans le chapitre de la culture de la voix, sont susceptibles d'une application plus large encore.* » — The Saturday Review.

« *C'est un livre très intéressant, nous pourrions presque dire fascinant.* » — Athenœum.

« *C'est une heureuse combinaison des connaissances professionnelles d'un médecin et d'un professeur.* » — Spectator.

« *Bien que ce livre traite de questions scientifiques, la langue y est claire et simple.* » — Academy.

« *Les auteurs ont écrit un traité d'une très grande utilité pour les hommes d'église, et pour tous ceux qui sont appelés à faire usage de leur voix en public ; un exemplaire devrait être placé dans toutes les bibliothèques de chaque collège théologique du royaume.* » — The Record.

« *Ce livre fascine, et quand on l'a pris on a de la peine à le laisser.* » — Observer.

« *Enfin, MM. Lennox Browne et Behnke, ont donné au monde un livret dont chaque page mérite d'être apprise par cœur, et dans lequel il n'y a pas une seule ligne de trop.* » — Sunday Times.

« *Dans* « LA VOIX, LE CHANT ET LA PAROLE », *se trouvent très heureusement combinées, l'expérience d'un spécialiste pour les maladies de la gorge bien connu, et qui a la réputation d'être surtout pratique, et d'un professeur de chant à qui ses connaissances scientifiques permettent de bien comprendre ce qu'il enseigne. Il en est résulté un travail d'un grand intérêt et d'une grande utilité, non seulement pour le chanteur et l'orateur, mais pour le lecteur ordinaire.* » — Truth.

« *Ce beau livre est sans aucun doute le travail le plus considérable qui ait jamais été écrit sur le sujet dont il s'occupe.* » — Orchestra.

« *Ce livre mérite d'être lu et il contient beaucoup de choses qui intéresseront le médecin.* » — British medical Journal.

« *Pour résumer en quelques mots les principaux caractères de* « LA VOIX, LE CHANT ET LA PAROLE », *nous dirons qu'il est rempli d'indications importantes, qu'il est intelligemment présenté, qu'il n'est jamais ennuyeux et souvent très amusant. C'est une mine de science dont les assises ne sont pas débitées au public sous la forme de blocs grossiers, mais délicatement façonnés et polis sous des formes attrayantes, par des mains exercées et artistiques.* » — The Theatre.

« *C'est un traité qui a une grande valeur comme guide des chanteurs et des orateurs. Tous ceux qui l'étudieront et qui suivront ses enseignements, en tireront profit au point de vue physiologique, comme au point de vue artistique.* » — Illustrated London News.

« *M. Lennox Browne traite avec autorité le côté médical de la question et son collaborateur combine la science du larynx, à la connaissance de la musique.* » — The Graphic.

« *Les résultats que ces deux chercheurs si distingués présentent dans ce livre au public, ne peuvent manquer de produire l'effet le plus salutaire sur l'art de l'éducation de la voix, et nous désirons sincèrement qu'il soit beaucoup lu... Ce livre est assurément le manuel le plus parfait à l'usage des orateurs et des chanteurs, qui ait encore été publié.* » — The Musical Times.

« *En réalité, ce livre est rempli d'enseignements que le lecteur doit connaître pour se diriger. Nous le recommandons vivement à tous les chanteurs amateurs et de profession. En le lisant avec soin, beaucoup de gens ouvriront les yeux sur beaucoup de questions, qu'ils ne soupçonnent peut-être pas.* » — The Lute.

« *Ce livre est le travail le plus complet sur la voix, à l'usage du musicien, du chanteur et du public en général : ce qui en fait la valeur, c'est sa clarté et la sûreté de ses indications. Il y a eu déjà de nombreux et excellents livres publiés sur ce sujet, mais c'est un livre d'actualité qui met le lecteur au courant de l'état actuel de la science.* » — Musical Opinion.

« *Leur livre est intéressant d'un bout à l'autre, et sera certainement le type des ouvrages consacrés à la question dont il s'occupe.* » — The Tonic sol-fa Reporter.

« *Ce livre est écrit de telle façon, qu'on peut le lire en courant... Les deux chapitres sur la vie journalière et les maladies du chanteur et de l'orateur, renferment beaucoup de bons conseils sans donner cette petite science (surtout des formules et des remèdes), qui est dangereuse.* » — Edinburg medical Journal.

« *Le meilleur éloge que nous puissions offrir aux deux auteurs, savants et expérimentés, de ce travail, c'est d'inviter le public à lire le produit de leur collaboration. Son mérite est assez évident par lui-même, pour rendre tout panégyrique, de notre part, inutile.* » — Student's Journal and Hospital Gazette.

« *Ce travail marque un pas fait dans la bonne direction, et nous désirons aux auteurs un succès complet.* » — Public Opinion.

« *Nous pouvons le recommander très chaleureusement à tous ceux qui s'intéressent à l'éducation de la voix.* » — Journal of Education.

« *Il semble que rien n'a été oublié, de même qu'il semble n'y avoir rien à critiquer .. Le lecteur fermera ce livre avec le sentiment qu'il vient de lire des opinions exprimées par des auteurs, possédant au plus haut degré le mérite de penser et d'écrire d'une manière claire et sensée.* » — Ste-Cecilia Magazine Edinburgh.

« *C'est le traité le plus compréhensible qui ait encore été publié.* » — Edinburgh Musical Star.

« *Nous pouvons recommander chaleureusement ce travail, comme le traité le plus sérieux et le plus fécond en idées, que nous connaissions.* » — Knowledge.

« *Maintenant que le livre a paru, nous n'hésitons pas à le déclarer supérieur à tous ses prédécesseurs.* » — Health.

« *Le sujet a été étudié à fond, tous les détails en sont traités en s'appuyant sur de nombreuses autorités, et ce qui augmente encore beaucoup la valeur de l'ouvrage, c'est le style clair et intelligible qui a été adopté par les deux auteurs.* » — London Figaro.

LA VOIX, LE CHANT & LA PAROLE

CHAPITRE I.

Plaidoyer en faveur de la physiologie de la voix.

« *Si quelqu'un doute de l'importance que peut avoir la connaissance des principes de la physiologie, pour reculer les limites de l'existence, il n'a qu'à jeter un regard autour de lui, il verra combien d'hommes et de femmes il pourra rencontrer, qui, arrivés à l'âge moyen, ou à une période plus avancée de l'existence, jouissent d'une parfaite santé.* »

HERBERT SPENCER.

Nous n'avons qu'à appliquer cet aphorisme, si juste, du grand philosophe moderne sur la physiologie générale, au sujet plus spécial qui sert de titre à ce chapitre, pour expliquer combien il nous parait étrange d'être obligé de plaider devant les chanteurs et les orateurs cette cause : que la connaissance de la physiologie vocale est nécessaire. Cette étude devrait être considérée comme une branche indispensable de la culture de la voix. Le résultat serait double : premièrement toutes les beautés de l'organe vocal se développeraient d'une manière intelligente, facile : et l'on verrait beaucoup moins de voix se gâter pendant la période des études, ou se perdre prématurément, si les professeurs de chant et d'élocution, ainsi que leurs élèves, connaissaient mieux la structure, les ressources et la délicatesse de l'instrument dont ils veulent se servir.

On a voulu jeter le ridicule sur cette question, en soutenant que les notions physiologiques ne sont pas plus utiles au chanteur que la connaissance de l'anatomie de la main au pianiste. Mais les deux choses ne sont pas analogues, car le pianiste se sert d'un instrument qui a été fabriqué pour lui, et, s'il le met hors de service ou le détériore, il peut s'en procurer un autre, tandis que le chanteur doit former sa voix, et s'il en fait un mauvais usage, il la perdra pour jamais.

Lorsqu'un élève étudiera un exercice ou un morceau, son maître pourra avoir à lui dire : « vous chantez du nez ou de la gorge, » ou bien, suivant les circonstances : « émettez votre note d'une voix pure. » Le maître reproduit alors la faute, en l'exagérant, puis il chante correctement, du moins nous aimons à le croire ; mais bien que l'élève reconnaisse sa faute, il ne peut pas la corriger, parce qu'on ne peut apprendre à chanter uniquement par l'imitation, pas plus qu'on ne peut apprendre à peindre, en copiant les travaux des maîtres, quelque grands qu'ils soient. Les indications du maître ne servent qu'à troubler l'élève, préoccupé d'émettre des notes belles et pures, en admettant même qu'il comprît la méthode, et que le maître possédât une connaissance suffisante de la physiologie vocale pour lui apprendre à faire agir tel ou tel muscle qui produit, en agissant hors de propos, les fautes dont il est question. On ne doit donc pas chercher d'analogie entre la pratique d'un art vivant et celle d'un art mécanique. La véritable analogie est fournie par la comparaison de l'art de la peinture et de l'art du chant. Tandis que les différences et les ressemblances de pratiques entre les deux instruments trouvent leur analogie dans la gravure et la lithographie, deux arts graphiques et mécaniques que l'on peut appeler frères. Nous pensons que l'on ne doit pas exiger de l'élève chanteur qu'il copie aucun maître, il doit au contraire s'efforcer d'être original, et cela avec touts ses qualités personnelles et son individualité. Mais que dirait-on d'un élève en peinture qui entreprendrait de dessiner une figure, sans connaître assez l'anatomie pour pouvoir comprendre le jeu des divers muscles ?

Qui oserait peindre des personnages habillés avant de s'être rompu aux mystères du nu, et aux moindres détails de tous les plis des draperies ? Qui oserait encore se mettre à peindre un paysage sans rien savoir des lois de la lumière et de l'ombre, de la composition et surtout de la perspective ? Et à supposer que l'on fît un pareil essai, qui accorderait la moindre attention à des œuvres semblables, qui oserait les fixer à une muraille ou les conserver dans un carton ? La connaissance des lois qui régissent un art doit *précéder*, et non pas *suivre* l'enseignement technique ; car l'étude des lois de la nature doit être considérée comme le fondement et non pas comme la superstructure de l'édifice. Il est donc préférable de s'instruire dans cette direction avant de débuter dans la pratique du chant, car on évitera ainsi bien des erreurs dans l'émission des sons ; et même on échappera aux maladies qui pourraient être la conséquence de cette ignorance. En d'autres termes « il vaut mieux prévenir que guérir » et nous pourrions ajouter que lorsque la « guérison » est acquise on verra apparaître les rechutes, lorsque reviendront les causes prédisposantes et excitantes.

Il n'y a rien de sérieux à répondre à ceux qui font à l'enseignement basé sur des données scientifiques, cette objection : que le plus grand nombre de nos plus illustres chanteurs d'autrefois ne savaient rien de tout cela. C'est peut-être vrai, mais ces notions ne leur auraient pas nui le moins du monde ; et, de plus, on pourrait faire la même objection au développement des recherches scientifiques et des connaissances dans tous les ordres d'idées. On doit se demander si la faiblesse et la rareté des belles voix, à notre époque, ne proviendraient pas, dans une certaine mesure, d'une véritable impuissance à transmettre le don sacré, tout simplement parce que ceux qui, dans ces derniers temps, en ont été les dépositaires, n'ont pu, ou voulu, consacrer le temps nécessaire à l'enseignement par l'imitation, et ont peut-être ignoré toutes les autres méthodes d'éducation. Ici, encore, l'analogie qui existe entre la peinture et le chant va nous servir à démontrer notre proposition. Nous ne contestons pas que de loin en loin un grand génie, appartenant à l'un ou l'autre de ces arts, ait brillé d'un vif éclat sans avoir eu d'autre maître que lui-même; mais les traités et les règles sont faits pour les talents moyens, et non poùr les génies. Il est possible que, en ce moment, les très belles voix soient rares, mais il est incontestable qu'il s'est produit, dans ces dernières années, un relèvement considérable dans le niveau des chanteurs, quant à leurs qualités musicales et leurs connaissances scientifiques, ainsi qu'une amélioration de l'élocution chez beaucoup de membres du Parlement, du clergé, chez les acteurs et autres personnes parlant en public. Nous contestons cependant l'exactitude de cette opinion, d'après laquelle beaucoup de grands artistes seraient « auto-didactes ». Leslie, dans son « Manuel pour les jeunes peintres », combat cette idée avec une grande énergie, et en démontre l'inexactitude par de nombreux exemples. Tout ce qu'il dit pourrait très bien s'appliquer à notre discussion, il n'y aurait qu'à remplacer le mot « peinture » par le mot « chant » Constable a fait aussi cette observation très juste, « que ceux qui n'ont eu d'autre maître qu'eux-mêmes, ont eu un maître bien ignorant ». En réalité, on peut dire d'un esprit génial, qu'il embellit un don en vertu duquel il possède, pour ainsi dire, naturellement, imite, immédiatement, toutes les lois fondamentales essentielles de son art, et peut même arriver à créer des idées, peut-être sans connaitre les lois sur lesquelles elles sont basées, mais toujours en conformité avec elles. Il n'aura pas pour cela à travailler avec moins d'activité, mais cette activité sera toujours bien dirigée : le degré de facilité avec lequel l'enseignement est absorbé, dirigé et assimilé, constitue la différence entre le génie et le talent, ainsi qu'entre les divers degrés de talent.

Nous ne saurions mieux faire, pour mettre en valeur cette partie de notre argumentation, que de citer le passage suivant emprunté au livre de Léo Kofler, intitulé : « La vieille école italienne de chant », ouvrage plein de recommandations importantes et dont nous conseillons vivement la lecture. Il pose la question suivante : « Comment nous expliquer cette manière » de voir d'un grand musicien et d'un grand professeur, tel » que F. H. Truhn, de Berlin, qui, dans sa brochure « De l'art » du chant » s'exprime de cette façon : « Mozart ne savait » rien des recherches de Chaldni et de Helmholtz ; qui donc » aura besoin d'étudier l'analyse physiologique des organes » vocaux pour devenir chanteur ou professeur de chant ? » Les grands maîtres de l'ancienne école italienne n'étaient pas de cet avis. Giovanni A. Buontempi, le chanteur italien renommé, qui fut, en même temps, compositeur et écrivain musical, et qui mourut avant d'avoir pu entrevoir l'ère glorieuse de la vieille école musicale italienne, nous dit dans son « Histoire de la Musique », à laquelle le docteur Burney a fait de nombreux emprunts, qu'à cette époque on exigeait des élèves une étude approfondie des lois qui gouvernent l'émission des sons. D'après Arteaga, les choses se passaient de la même façon de son temps. J. F. Agricola, dans sa traduction du livre important de Tosi, donne, dans le premier chapitre, une description détaillée du larynx et de ses fonctions. Le Dr Marx, dans son excellent livre « L'art du chant », au chapitre II, fait de la question de la physiologie vocale une exposition si complète, que nous sommes absolument surpris de voir qu'il ait pu arriver à de pareils résultats scientifiques, trente ans avant que Garcia n'ait observé l'action des ligaments vocaux sur le vivant. L'étude de la physiologie vocale est incontestablement d'une importance essentielle pour le professeur de chant : sans elle, il ne peut, en conscience, être un bon professeur. Vous fieriez-vous à un médecin que vous sauriez ne pas posséder les notions indispensables sur les mystères du corps humain ? Pourquoi donc accorderions-nous notre confiance à un professeur de chant qui se vante d'ignorer les lois naturelles gouvernant les organes vocaux ? Ces organes représentent les parties les plus délicates, les plus essentielles, les plus compliquées, de notre corps. Est-il donc raisonnable de penser qu'on peut les exercer, sans connaître les conditions naturelles de leur fonctionnement ? Un être doué de raison ne saurait contester le conseil donné par Agricola, dans sa traduction de Tosi, que nous avons déjà citée : « La connaissance des organes vocaux est toujours » très utile au chanteur, et, surtout, au professeur ; elle est, » dans bien des cas, indispensable. Dans celui-là même où la » nature a doué un chanteur des plus brillantes qualités, la » connaissance de la physiologie peut être nécessaire pour » prévenir les accidents qui résulteraient de l'ignorance. » Mais comment un professeur, lorsqu'il a affaire à des » imperfections et des défauts naturels de la voix, peut-il » les combattre avec succès, s'il ignore où se trouve le » siège du mal ? » Le Dr Härtinger fait remarquer que : » Pour l'enseignement du chant, aussi bien que dans tous » les autres arts ou sciences, on ne peut atteindre la » vérité et la perfection, qu'en suivant strictement les » lois de la nature. Si le chanteur novice n'apprend pas » à voir dans le laboratoire mystérieux constitué par ses » organes vocaux, non seulement il ne fera aucun progrès » dans la culture de sa voix, mais encore il altérera, et » même détruira, toutes ses dispositions naturelles. » Ceci nous montre bien la fausseté de cette opinion populaire, qu'un grand chanteur ou une grande chanteuse doive être, nécessairement, le meilleur des maîtres. S'ils n'ont pas appris l'art d'enseigner à chanter, art dont le premier chapitre renferme la connaissance des conditions naturelles des organes vocaux, ils sont incapables d'instruire les autres, pour la même raison que le meilleur pianiste, par ce fait qu'il a appris à jouer du piano, n'est pas devenu capable de fabriquer lui-même des pianos. Il lui faudrait, pour cela, d'autres études, très-longues et très-différentes.

Les conseils que l'on donne, dans les soi-disant traités sur la voix, nous montrent que tous les professeurs, même les empiriques, admettent, dans une certaine mesure, que la machine vocale peut être gouvernée par la volonté. Leurs variations et leurs contradictions sont très amusantes.

Par exemple, tel ou tel auteur dira aux élèves : respirez en abaissant le diaphragme, en déprimant l'abdomen et en élevant les côtes ; gonflez les parties latérales en rentrant l'abdomen qui supportera la poitrine ! Réglez la respiration au moyen des muscles abdominaux et des muscles de la poitrine : réglez l'expiration par la contraction des ventricules de Morgagni. — Respirez par les narines, par la bouche, par les deux en même temps. — Fixez votre larynx, élevez votre larynx, abaissez votre larynx ; élevez-le graduellement ; n'essayez pas d'exercer de l'action sur lui. — Tenez votre bouche, votre cou, votre palais et votre pharynx très raides et très tendus ; abandonnez complètement ces parties à elles-mêmes. — Serrez la lèvre inférieure ; déprimez la langue ; exercez votre palais jusqu'à ce qu'il devienne dur comme un os. — Chantez avec la bouche fermée, avant d'attaquer le son, et en donnant une forte intonation nasale M. M. Maw, etc. : dites « pm » avec la bouche fermée, en faisant passer le son à travers les narines, ce qui résulte, nous en sommes certains, d'un extraordinaire mouvement de l'épiglotte ; dirigez le son vers la voûte de la bouche ; contre le palais, contre les dents antéro-supérieures : dans la tête, vers la base de la poitrine ; dirigez la note vers les yeux ; que la voix parte de toute la figure.

L'élève, embarrassé, doit bien se demander quelles sont

entre toutes ces recommandations, celles qui sont bonnes, celles qui sont mauvaises. Les professeurs qui donnent ces conseils, soi-disant physiologiques, sentent bien que les voix qu'ils ont à diriger sont mauvaises, qu'elles sont, à certains points de vue importants, défectueuses, qu'elles doivent être modifiées, et que l'imitation seule ne saurait amener ce résultat. Inconsciemment, donc, ils cherchent à tâtons à connaître le mécanisme de l'organe vocal, ce qui est aussi nécessaire pour le bon développement d'une voix saine que pour la guérison d'une voix perdue ou délabrée. Mais pourquoi tâtonner lorsque la science peut éclairer leur route.

Ceci est aussi vrai pour la voix parlée que pour la voix chantée, c'est le même mécanisme qui fonctionne dans les deux cas.

Les orateurs, aussi bien que les chanteurs, devraient recevoir une éducation scientifique dans laquelle on leur enseignerait, en même temps que le mécanisme de l'organe vocal, la manière de bien s'en servir. C'est justement en ce point, au seuil de leur art, que beaucoup d'orateurs trébuchent. Ils s'occupent de l'articulation, de la prononciation, de l'intonation, de la modulation, de l'accentuation, du geste, et n'ayant que peu, ou point, de connaissances physiologiques, ils sont incapables de se créer les bases d'une bonne méthode de phonation. Il est clair qu'un professeur de chant ou d'élocution, qui est très familier avec l'anatomie et la physiologie des parties dont il dirige l'emploi chez ses élèves, qui peut examiner habilement leur larynx et en contrôler les mouvements, sera, toutes choses égales d'ailleurs, en situation d'obtenir des résultats meilleurs que celui qui ne possède pas la même habileté.

Malheureusement, on n'accorde pas une grande attention à ces notions fondamentales ; et c'est seulement lorsque les chanteurs et, surtout, les orateurs constatent que leur voix commence à défaillir, qu'ils se prennent à penser qu'ils ont bien pu ne pas en faire un bon usage ; et ils viennent alors chercher des indications qu'ils auraient dû posséder avant de débuter dans leur carrière publique, quelle qu'elle soit, la politique, la chaire, le palais, le concert, ou la scène. Il est certain que personne n'essaie de chanter en public sans une éducation spéciale quelconque ; et, cependant, il y a encore des membres du Parlement, du clergé, et d'autres orateurs publics, qui débutent dans leurs importants travaux, et les poursuivent, sans aucune éducation préalable de leur voix.

« Lorsqu'un homme est appelé à s'adresser à une » grande assemblée, pour la première fois de sa vie, il » constate immédiatement que sa voix ordinaire est » absolument insuffisante. Il fait, à l'improviste, sur la » hauteur et l'intensité de sa voix, diverses expériences, » ridicules souvent et dont aucune n'aboutit : et après » être monté à des hauteurs que la gorge humaine ne » peut soutenir ni l'oreille humaine supporter, il ne » s'arrête pas à cette hauteur moyenne où il aurait pu » rester en équilibre : il redescend, et, plongeant à des » profondeurs insondables, se perd dans un grognement » incompréhensible ». (La culture de la voix parlée, par John Hullah. Londres : Macmillan and C°, p. 23.)

Nous sommes, au point de vue de l'éducation de la voix, en retard sur les anciens ; car, chez les Grecs, la culture de la voix était considérée comme une partie de la bonne éducation de tout élève, et essentielle pour la santé. « L'éducation de la formation et du développement de la voix était si complète, comme nous l'apprennent les écrivains Romains, qu'il n'y avait pas moins de trois catégories de professeurs employés dans ce but : les *Vociferarii*, les *phonasci*, et les *vocales*. Les premiers devaient fortifier la voix et étendre ses limites : les seconds chercher à améliorer ses qualités de façon à la rendre pleine, sonore et agréable, tandis que les efforts des derniers, que l'on considérait peut-être comme servant à perfectionner les élèves, étaient consacrés à l'intonation et à l'inflexion. » (Physiologie de la voix et de la parole, par James Hunt. Londres, 1858, Longman, Browne and C°, p. 350.) Cette éducation, à laquelle prenait part toute la jeunesse des classes aristocratiques, était différente de l'enseignement plus scientifique que suivaient les rhéteurs et que nous venons de décrire.

Il y a lieu de faire remarquer avec insistance à ceux qui disposent de l'autorité dans la direction de nos universités et de nos collèges de musique et de théologie, l'utilité qu'il y aurait à imiter les Athéniens en y établissant des classes pour l'enseignement de la voix, basé sur des principes scientifiques. Un prédicateur est quelque chose de plus qu'un fabricant de sermons ; il crée la pensée et la communique, et il doit la communiquer à ses auditeurs d'une manière agréable et persuasive. Mais si l'émission de sa voix est défectueuse, et la rend discordante et antipathique ; si, de plus, il fait des efforts violents et s'il déploie une force inutile, ou bien, si son débit est faible et inintelligible, ses pensées les plus belles, son enseignement, si profond qu'il soit, seront impuissants à élever l'esprit de ses auditeurs ou à les convaincre. Quant à lui, il devra s'estimer heureux s'il échappe à quelqu'une des nombreuses maladies de la gorge qui ne sont l'apanage spécial des gens d'église que parce que, parmi tous ceux qui ont à faire un grand usage de leur voix, ce sont les clergymen qui parlent le plus souvent avec une voix qui n'est pas naturelle.

Il n'y a pas un homme ayant conscience de son talent oratoire, qui puisse méconnaître le pouvoir d'une voix agréable, et il n'y a personne qui, en entendant une voix harmonieuse, ne se rende compte de son influence. Tous, probablement, nous avons été charmés par une belle voix et nous sommes restés suspendus à des lèvres, même quand il n'en sortait que des lieux communs. Malheureusement, c'est plus souvent le contraire qui se produit. Il est certain que beaucoup de penseurs, de professeurs et d'écrivains distingués, parlent ou lisent, en public, d'une voix lourde, d'un ton bas et monotone, ou déchirent l'oreille par leurs notes hautes et stridentes. Leurs « pensées inspirées, et leurs paroles brûlantes » tombent froides et sans vie, ils fatiguent et rebutent leurs auditeurs qui éprouvent un sentiment de soulagement lorsque cette voix peu harmonieuse cesse de se faire entendre ; et l'orateur lui-même est heureux de n'avoir plus à faire ses pénibles efforts pour arriver jusqu'à ses auditeurs. Combien l'influence de l'infortuné possesseur d'une telle voix n'en est-elle pas amoindrie ! Si c'est un homme d'État, le succès de sa politique, qui, cependant, préside aux destinées d'une nation, sera bien faible ! Si c'est un ecclésiastique, il verra avec douleur échouer ses efforts les plus empressés. Si c'est un avocat, il verra les juges et les jurés s'endormir et, au grand détriment de son client, il peut perdre l'effet d'un plaidoyer préparé avec soin. Cependant, dans presque tous les cas, une voix qui n'est pas belle naturellement peut, à la suite d'une bonne éducation, devenir sympathique et agréable, acquérir la clarté, la douceur et la sonorité qui en impose.

La citation suivante, tirée d'une conférence de Cull, sur la lecture à voix haute, vient tout à fait à point : « Par les mots » *très-cultivée*, je ne veux pas parler de ces règles de lecture » qu'enseignent les professeurs d'élocution, mais de la culture » de la voix basée sur les principes de l'acoustique et de la » physiologie, semblables à ceux que l'on emploie, avec tant » de succès, dans l'éducation de la voix chantée. Ceci n'est » pas une simple théorie. On a obtenu les plus grands succès » en faisant l'éducation des voix avec ces principes. On a pu » fortifier des voix affaiblies et en améliorer la flexibilité et » le timbre ; on a pu même remettre en état de se faire enten- » dre en public, des voix qui, par suite d'une pharyngite des

» prédicateurs invétérée, semblaient devoir rester silencieu- » ses ». (King's Collège Lectures on Elocution), par Charles John Plumptre. Londres, Trübner and C°. Appendix II, p. 418.) Nous devons espérer qu'avant longtemps nous posséderons, dans nos universités et dans nos collèges, une chaire de physiologie vocale. Les personnes riches et généreuses ont là une belle occasion d'exercer leur libéralité, en prévenant, pour toujours, bien des souffrances physiques et morales: elles permettront à beaucoup d'hommes pleins de talent et de dévouement, de continuer à rendre jusqu'au bout d'importants services à la société et à la religion.

En fournissant des moyens d'instruction et en rendant obligatoire, pour tous les étudiants, un cours d'études pratiques sur la formation, la direction, et la préservation de la voix, on rendra beaucoup moins fréquente l'affection de la gorge spéciale aux prédicateurs, et beaucoup d'autres maladies du même genre qui assombrissent actuellement nos horizons et qui empêchent beaucoup d'orateurs de se livrer à leur art.

Les ecclésiastiques, et autres orateurs, doivent abandonner la carrière avec une voix perdue ou délabrée et une santé affaiblie, et, cela, beaucoup plus souvent par suite de la seule ignorance des lois de la bonne méthode d'émission des sons, que pour toutes les autres causes réunies.

Car, il y a malheureusement un état plus triste que celui que nous avons décrit. Si l'on fait fonctionner d'une manière incorrecte, et pendant longtemps, les muscles respiratoires et vocaux, il se produira une congestion des vaisseaux qui aboutissent à la membrane muqueuse, des désordres dans les follicules sécréteurs, l'irritation des nerfs sensitifs de la gorge et l'incertitude dans l'action des muscles vocaux; tout cela déterminant de l'enrouement, et une diminution de l'empire que nous avons sur les sons à émettre; de telle sorte que tout exercice de cette fonction produit de la fatigue et de la dépression nerveuse, et a, de plus, une influence mauvaise sur la santé générale. C'est ainsi que s'établit une affection chronique de la gorge, qui, lorsqu'elle est négligée, est très-rebelle à guérir. Ce sont les chanteurs qui occupent une position moyenne dans l'art et, plus fréquemment encore, les ecclésiastiques, qui paraissent le plus exposés à contracter ces affections ; et c'est une chose bien triste que de les voir ainsi frappés dans leur santé, de voir même, parfois, leur vie compromise, en même temps que leur voix, parce qu'ils n'ont pas possédé de notions exactes sur leurs organes vocaux, et qu'ils en ont fait mauvais usage. Ces choses-là ne devraient pas se produire. On ne devrait pas envoyer les ecclésiastiques remplir leur haute mission, sans qu'ils soient préparés pour le côté physique de cette mission, ignorant le mécanisme et le maniement du merveilleux instrument dont ils se servent pour parler.

Nous avons éprouvé un véritable bonheur en rendant à la santé, par l'emploi d'une gymnastique vocale scientifique, parfois, même, sans aucun traitement médical, beaucoup de voix qui avaient été complètement détruites, parce que leurs possesseurs avaient une manière défectueuse de l'émettre ; mais, si les orateurs et les chanteurs, en commençant leur carrière publique, étaient bien préparés pour la partie physique de leurs travaux, nous n'aurions pas à guérir leur organe. S'ils savaient comment on doit émettre le son, ils éviteraient des fautes entraînant la destruction du plus parfait de tous les instruments, qui, lorsqu'on l'emploie bien, doit être, en même temps, le plus résistant de tous.

Les gens qui sont atteints de bégaiement et qui sont beaucoup plus nombreux qu'on ne se l'imagine, seraient guéris bien plus souvent de leur infirmité s'ils connaissaient déjà la physiologie de l'appareil vocal, lorsqu'ils se soumettent au traitement ; mais nous ne pouvons faire ici qu'une allusion rapide à ce sujet : nous le traiterons en détail dans un chapitre spécial.

Bien des gens, qui se livrent à l'étude du chant, nous demanderont, probablement, en lisant ce chapitre : « Comment peut-on obtenir une bonne culture vocale, s'il faut, » pour cela posséder, non-seulement une connaissance complète de l'art de la musique, mais, encore, des notions » approfondies sur la physiologie vocale ? » Les médecins, qui s'occupent spécialement des maladies de la gorge, possèdent les connaissances nécessaires sur l'anatomie et la physiologie de la voix, mais un médecin dont le temps est employé à guérir les maladies ne peut prêter son attention à la culture vocale de ses malades.

De plus, tous les médecins n'ont pas les connaissances musicales et le goût musical nécessaire. Les médecins ont l'esprit naturellement dirigé vers les symptômes des maladies, et le spécialiste, aussi bien que le médecin ordinaire, recherche les causes premières dans un défaut de la constitution générale ; il va même plus loin, il essaie de mettre le doigt sur le siège exact de la maladie et ses procédés curatifs ne sont pas limités aux médicaments ou au couteau, mais ils comprennent encore le traitement des troubles généraux et locaux. Tout cela n'a rien à faire avec la culture scientifique de la voix, qui représente un vaste champ situé hors des domaines du médecin, bien que les deux actions s'exercent, en quelque sorte, parallèlement. Il faut des professeurs qui aient suivi un cours régulier d'anatomie et de physiologie, qui aient appris le mode d'action de tous les muscles de l'appareil vocal ; de telle façon qu'en entendant une voix défectueuse, ils puissent dire quel est le muscle ou le groupe de muscles qui doit être mis en jeu, ou dont l'action doit être modérée, suivant les cas. Ces professeurs doivent être pratiques et ne pas se contenter de vues théoriques sur ce sujet. Ils doivent, aussi, après avoir découvert les fautes, savoir les corriger ; car, bien que le médecin ait fait un grand pas lorsqu'il a obtenu un diagnostique exact de la maladie, il ne guérira son malade qu'à condition de lui appliquer une médication convenable. Par-dessus tout et avant tout, la principale application que le professeur scientifique devra faire de ses connaissances, sera d'obtenir le développement complet des organes respiratoires.

Il est possible que peu de gens auront assez le goût de la physiologie pour étudier cette partie du sujet sur la table de dissection en même temps que dans les livres et pour vérifier sur leur propre gorge, ainsi que celles d'autres personnes vivantes, les découvertes qu'ils ont déjà faites. Cependant l'on n'arrivera guère à de bons résultats si on n'opère ainsi, surtout si on ne fait des recherches laryngoscopiques sur les organes vocaux pendant qu'ils accomplissent leurs fonctions ; car on ne peut faire agir un larynx pris sur le cadavre et disséqué, comme un larynx vivant.

L'usage rationnel du laryngoscope, et l'application des notions qu'il fournit, facilitera l'art de la culture vocale dans une mesure qu'elle a ignorée jusqu'à présent.

Des observateurs maladroits, incapables de manier convenablement le laryngoscope, et, par conséquent, d'obtenir une belle note lorsqu'ils font leurs investigations avec cet instrument, aboutiront à cette conclusion illogique qu'en employant le laryngoscope on ne peut arriver à produire que des sons forcés, pas naturels, et que, par conséquent, il n'y a pas à tenir compte des notions qu'il fournit. Les mauvais ouvriers préfèrent généralement accuser leurs outils que leur inexpérience ; et, dans ce cas; c'est l'opérateur seul qui est coupable. Sans doute, il y a des difficultés à vaincre, mais aucune n'est insurmontable, et nous donnerons, ailleurs, des explications claires et détaillées qui faciliteront beaucoup la pratique de ces intéressantes études.

Que le travailleur zélé ne se décourage pas à la suite de quelques insuccès, il réussira sûrement, et le résultat final le récompensera amplement de sa patience et de sa persévérance.

Il est bien entendu qu'en réclamant pour la production,

la culture et la préservation de la voix, une base scientifique, nous n'avons pas en vue la laryngoscopie seule. C'est une erreur de croire que cette méthode constitue, à elle seule, toute la physiologie de la voix. Elle n'en représente, au contraire, qu'une faible partie, et l'élève n'en tirerait pas grand avantage s'il ne connaissait parfaitement l'appareil vocal dans son ensemble : nous voulons parler, ainsi qu'on le verra plus tard, des divers mécanismes qui président à la production, à l'émission et au timbre, et qui, avec beaucoup d'autres facteurs de moindre importance, règlent la clarté et la beauté du son, ainsi que la netteté de l'articulation. Les ligaments vocaux représentent, il est vrai, l'agent direct producteur de la voix ; mais, de même que dans le traitement de toute maladie, qu'il s'agisse de la gorge ou de n'importe quelle autre région, le médecin doit pousser ses investigations bien au-delà du siège de la manifestation locale ; de même l'élève et le professeur de phonation ne doivent pas considérer simplement la voix comme le résultat des vibrations des ligaments vocaux. Une façon aussi étroite de concevoir la question, serait la source de bien des erreurs et de bien des fautes ; et les gens qui parlent et écrivent sur l'action des « cordes vocales » et des « ventricules de Morgagni » ou de toute autre partie de la machine, au lieu de considérer l'instrument dans son ensemble, ne méritent pas le nom de savants. En ceci, comme dans toute espèce de recherches, il est certainement indispensable de prêter plus grande attention aux moindres détails; mais les détails ne sont importants que quand ils sont à leur place, et ils ne devraient jamais être amplifiés au point de prendre des proportions exagérées et de fausser nos idées sur l'ensemble de la question. Bien que le chant soit dû en grande partie à l'action automatique des muscles de l'organe vocal, la connaissance physiologique de la meilleure méthode de remplir le poumon de manière à faire vibrer les cordes, de régler l'expiration de façon à produire un son efficace, ou même la voix, ainsi que les nombreuses questions dont nous nous occuperons plus loin, et qui ont trait à l'action tout à fait volontaire que nous exerçons sur la langue, les lèvres et le palais; tout cela non-seulement rendra les plus grands services au chanteur, mais sera, en outre, d'un grand intérêt pour tous ceux qui étudient cet art, et qui ne pourront manquer d'arriver ainsi à une démonstration plus complète de leurs capacités.

Ceci étant admis, nous avons à étudier la structure de toutes ces parties, en détail et dans leur ensemble, et à déduire de là la manière d'en régler les mouvements. Avec ces notions, nous pouvons expliquer, diriger et modifier les actions musculaires ; nous pouvons transformer la faiblesse en force et la rudesse en douceur. En résumé, le rôle des professeurs de chant et d'élocution commence au point où s'arrête celui des investigateurs scientifiques ; ils doivent s'instruire des lois physiologiques et acoustiques qui régissent la voix, et les appliquer à l'instruction de leurs élèves. Telle est la tâche que nous nous proposons de remplir dans les pages suivantes. nous avons même l'intention d'aller un peu plus loin. Il n'est pas douteux que, par suite du caractère non scientifique de l'instruction de l'art de la parole ou du chant, il existe, parmi les gens qui font usage de leur voix, des idées très fausses, dues à l'ignorance au sujet de leur manière de vivre, des maladies qui attaquent leur santé, au point de vue général, comme au point de vue professionnel. Nous essaierons, sans dépasser les limites raisonnables, d'étudier les questions les plus importantes d'hygiène qui intéressent le chanteur et l'orateur, dans leur carrière journalière, afin de leur rendre la tâche plus aisée et leur permettre de reconnaître et de soigner quelques-unes de leurs maladies. Il n'est pas douteux que l'ignorance de ces notions ne soit la cause de nombreuses affections de la voix. Nous nous estimerons donc heureux si nous pouvions combler cette lacune.

CHAPITRE II.

Les lois du son dans leurs rapports avec la voix.

Le son musical est le résultat de vibrations qui se produisent à intervalles réguliers, et qui se succèdent avec une rapidité suffisante. Nous pouvons voir les vibrations en regardant une corde qui rend un son. Nous pouvons le démontrer en promenant un diapason en vibration, et portant un stylet fixé à l'une de ses branches, sur un morceau de verre enfumé où le stylet ne marquera pas un trait, mais une ligne sinueuse correspondant au mouvement de va-et-vient de la branche. Mais les expériences de Chladni constituent le procédé le plus frappant pour rendre visibles les vibrations sonores.

Ces expériences montrent que, lorsqu'on répand du sable sur une plaque résonnante de verre ou de métal, fixée par son centre, le sable est chassé des parties vibrantes de la surface, et se réunit le long des lignes qui restent immobiles, et que l'on appelle *lignes nodales*. Si l'on frotte le bord de ces plaques avec un archet, et si l'on interrompt leurs vibrations en divers points en y appuyant le doigt, on obtient des dessins d'une extrême beauté.

Nous pouvons, également, sentir les vibrations en touchant légèrement une cloche suspendue en l'air. Accrochez un petit morceau de liège de façon à lui faire toucher légèrement le bord de la cloche, et il sera mis en mouvement; pour prouver que le son est bien produit par des vibrations, touchez la cloche assez fort pour arrêter les vibrations, et vous arrêterez aussi le son. Frappez un diapason et touchez avec une de ses branches l'extrémité de votre langue, les vibrations vous produiront une sensation de chatouillement assez forte pour amener un ébranlement dans tout le corps. Ou, encore, si vous mettez un diapason vibrant en contact avec un bouton suspendu, le bouton sera violemment projeté.

Ces vibrations ne donnent lieu à des sensations *sonores*, que si elles déterminent des vibrations semblables dans notre appareil auditif. Elles réclament donc nécessairement, un intermédiaire qui les communique à l'oreille. Cet intermédiaire, c'est l'océan d'air, qui nous entoure de tous côtés, et l'on peut conclure que c'est bien l'air qui est le milieu conducteur, de ce fait que sans air, nous n'entendons pas. Suspendez une cloche reliée à un mouvement d'horlogerie, sous le récipient d'une machine pneumatique ; pompez l'air aussi complètement que possible, et alors mettez le mouvement d'horlogerie en marche. On verra le marteau frapper la cloche, mais on n'entendra aucun son. Si vous laissez rentrer l'air lentement, et par degrés, vous entendrez le son, d'abord très léger, puis, de plus en plus fort, au fur et à mesure que l'air devient de plus en plus dense ; les vibrations se transmettant, par l'air intérieur du récipient au verre et du verre à l'air extérieur.

Les vibrations du corps sonore se communiquent à l'air, non par suite d'une émission de ses parties à travers l'espace, comme dans une décharge, mais en déterminant des mouvements de va et vient, par suite desquels chaque particule, pour ainsi dire, frappe contre sa voisine, rebondit ensuite et revient enfin à sa position première ; exactement comme les oscillations du pendule deviennent de plus en plus petites, jusqu'à ce qu'elles cessent entièrement. La particule voisine transmet le mouvement à une autre, et revient aussi à sa position première, et ainsi de suite. Il se produit ainsi des condensations et des raréfactions alternatives de l'air, qui s'éloignent du corps sonore; chaque condensation, avec la raréfaction qui lui succède, constitue une onde sonore. Il est bien entendu que, pendant que ces ondes se déplacent, les particules qui les composent exécutent simplement un mouvement de va et vient très limité. Nous devons encore faire observer que les ondes sonores ne se déplacent pas dans une seule direction, mais de tous côtés à la fois. Nous devons donc les considérer comme des sphères creuses, dont le diamètre augmente, au fur et à mesure qu'elles s'éloignent.

Nous venons de voir comment un mouvement vibratoire se communique à l'air et se transmet, par son intermédiaire, sous forme d'ondes. Ces ondes viennent frapper sur la membrane du tympan et la font vibrer ; les vibrations ainsi produites sont transmises par le nerf auditif du cerveau, où elles sont perçues comme sons.

Puisque le son se déplace sous forme d'ondes, comme la lumière, nous devons nous attendre à le voir se réfléchir comme la lumière, et le phénomène de l'écho prouve bien que les choses se passent ainsi. Lorsque les ondes sonores viennent frapper contre un mur, un rocher, ou quelque autre surface qui arrête leur marche, elles reviennent vers nous, pourvu que la surface réfléchissante forme, avec la ligne tirée, à partir du point où nous nous tenons, un angle droit. S'il n'en est pas ainsi, l'écho sera envoyé dans une autre direction. Il peut bien être entendu par d'autres personnes, mais non par celle qui a émis le son primitif. Il peut aussi se faire que la surface réfléchissante soit située assez loin pour permettre à l'oreille de distinguer l'écho du son primitif ; s'il n'en est pas ainsi, les deux sons se confondent l'un avec l'autre. Si deux surfaces réfléchissantes sont inclinées l'une vers l'autre, de telle manière qu'il se produise un va et vient dans la réflexion d'un même son, l'écho est répété, dans quelques cas, un certain nombre de fois, et chaque fois, naturellement, moins fort, jusqu'à ce qu'il s'éteigne complètement. Il en existe des exemples étonnants ; l'un des plus fameux est celui qui se produit entre les deux ailes d'un château, près de Milan, et qui repercute soixante fois, la détonation d'un coup de pistolet.

La « *galerie du chuchottement* » de l'église St-Paul à Londres, est un exemple des cas dans lesquels le son est réfléchi par les surfaces courbes du toit ou des plafonds, le moindre bruit est entendu d'un côté à l'autre, mais il ne saurait être perçu en aucun point intermédiaire (1). On a pu ainsi découvrir des secrets désagréables. Sir John Herschell nous en raconte un cas. « Dans une des cathédrales de Sicile, le confessionnal » était placé de telle façon que les aveux murmurés par les » pénitents étaient réfléchis par la courbure de la voûte et » dirigés vers un foyer situé en un point éloigné de l'édifice. » On découvrit accidentellement le foyer, et, pendant quel- » que temps, la personne qui l'avait découvert, s'amusa à » écouter et à faire écouter à ses amis des confidences qui » n'étaient destinées qu'au prêtre. On dit qu'un jour sa pro- » pre femme occupait le confessionnal et cet homme, ainsi que » ses amis, furent mis au courant de secrets dont au moins un » des auditeurs n'eût pas à se réjouir. » (« Du son, » par Tyndall. Londres, Longmanus and C°, 2e ed., p. 16).

Les vibrations peuvent être simples ou composées. Les vibrations *simples* suivent les lois du pendule, on les appelle, pour cette raison, vibrations *pendulaires*. Les cordes nous fournissent un exemple de vibrations *composées*; elles vibrent non-seulement de haut en bas, mais, aussi, latéralement et par segments. On peut analyser ainsi chacune des formes de vibrations composées, ou dire qu'elle est composée de vibrations simples ou pendulaires; mais ce n'est pas ici le lieu d'expliquer cette question très complexe.

Les sons simples, tels que les plus hautes notes du piano, ou ceux que rendent les diapasons montés sur des boîtes à résonnance appropriées, sont produits par des vibrations *simples*.

Les sons composés sont ceux qui sont produits par des vibrations *composées*. L'oreille est capable d'analyser un son

(1) En France, l'écho du Panthéon est l'exemple le plus connu de ces échos à foyers. (Dr G.)

composé et de le résoudre en ses parties élémentaires. Ceci veut dire que, lorsque nous entendons un son composé, « l'oreille éprouve le même effet *que si* un certain nombre » de notes simples, ayant une hauteur musicale définie et » des degrés d'intensité très différents, se produisaient en » même temps. Naturellement, ces notes ne résonnent pas » en réalité, mais comme l'effet qu'elles produisent sur le cer- » veau est le même que si elles existaient, on doit dire du son » musical *composé*, qu'il *consiste* en une série de sons *partiels* » *simples*, et raisonner sur ces sons partiels comme s'ils exis- » taient seuls, au lieu du son composé lui-même. » (La prononciation pour les chanteurs, par Alexander S. Ellis, Londres, J. Curven and sons, p. 8.)

La force ou intensité d'un son dépend de l'amplitude ou de la dimension des vibrations. C'est chose facile à prouver. Faites agir vigoureusement un archet sur une corde, vous verrez de grandes vibrations et vous entendrez un son très intense, et, à mesure que les vibrations deviennent plus petites, le son devient plus faible, jusqu'à ce qu'enfin son et vibrations cessent en même temps. L'intensité dépend aussi de la distance à laquelle le son est entendu ; plus l'instrument qui produit le son est rapproché de l'oreille, plus en est grande la force. C'est là un fait d'expérience journalière, et qui n'a pas besoin de démonstration.

Enfin, l'intensité dépend de la densité de l'air dans lequel le son est produit. Nous en avons déjà eu la preuve lorsque nous avons vu que le son d'une cloche sous un récipient est d'autant plus faible que l'air y est plus raréfié, et d'autant plus intense qu'on y a laissé rentrer une plus grande quantité d'air. De même l'intensité d'un son, produit dans l'air raréfié d'une haute montagne, est moindre que celle d'un son produit (toutes choses égales d'ailleurs), dans l'air plus dense d'une vallée basse nous devons faire observer que l'intensité du son ne dépend pas de la densité de l'air dans lequel on *l'entend*, mais de la densité de l'air dans lequel il est *produit*. C'est pour cela qu'un coup de canon tiré sur la montagne ne sera pas entendu dans la vallée; tandis que le bruit du même canon chargé de la même façon, sera très distinctement entendu sur la montagne, lorsqu'on le tire dans la plaine.

La tonalité, ou hauteur d'un son dépend uniquement du nombre des vibrations; plus le nombre des vibrations produites dans un temps donné est grand, plus le son est élevé.

Les sons qui se composent d'un nombre de vibrations moindre que soixante par seconde, ne sont plus perçus comme sons; ils produisent simplement sur l'oreille l'impression de chocs distincts; et lorsqu'ils se composent de plus de 38,000 vibrations par seconde, ils ne donnent plus lieu à aucune sensation sonore.

La table suivante indiquera le nombre de quelques notes extrêmes employées en musique :

		Vibrations par seconde
Grandes orgues	do^4	16 ½
Grands pianos (derniers modèles)	la^4	27 ½
Pianos modernes ordinaires	do^3	33
Contre-basse	mi^3	41 ¼
Pianos à registre ordinaire	la^3	3520
Pianos à registre exceptionnel	do^4	4224
Flûte Piccolo	ré^4	4752

Les plus basses de ces notes sont trop voisines du point où l'oreille ne perçoit plus qu'une série de chocs, elles sont donc imparfaites au point de vue musical et ne peuvent être employées que réunies aux mêmes notes appartenant à des octaves plus élevées. Les notes les plus hautes du tableau précédent sont, d'autre part, criardes et désagréables. Les notes que l'on peut employer en musiques avec le plus d'avantage, vont de 40 à 4,000 vibrations par seconde, et sont comprises dans huit octaves.

La note la plus inférieure d'une voix de basse est probablement le fa^3 avec 44 vibrations par seconde et, de mémoire d'homme, c'est « Bastardella » qui a atteint la plus haute limite avec le si^2 qui représente 1980 vibrations par seconde. D'après ces données, le registre entier de la voix humaine serait d'environ cinq octaves et demie.

Les sons composés, ainsi que nous l'avons vu, consistent en un certain nombre de sons partiels, ou harmoniques. L'oreille humaine est à même de les distinguer, et on peut augmenter beaucoup, par un exercice spécial, cette faculté d'analyser les sons. Mais, grâce à Helmholtz, nous possédons les « résonnateurs, » qui nous permettent de renforcer chacun de ses sons partiels et, par conséquent, de les reconnaître sans aucune difficulté. Ces résonnateurs sont constitués par des sphères creuses, de verre ou de métal, avec deux orifices situés en des points opposés. L'un de ces orifices est large et ses bords sont tranchants, tandis que l'autre aboutit à une espèce de mamelon que l'on peut s'introduire dans l'oreille. Si nous bouchons une oreille et que nous nous introduisions le mamelon d'un résonnateur dans l'autre, le plus grand nombre des sons qui se produisent autour de nous seront très assourdis ; mais si le son du résonnateur vient à être émis, il retentira dans notre oreille avec une grande force. Une série de ces résonnateurs accordés pour différentes notes, permettra, même à une oreille qui n'est pas exercée au point de vue musical, de distinguer des sons partiels faibles alors même qu'ils sont accompagnés d'autres sons très forts.

Si nous analysons un certain nombre de sons composés, nous trouverons que la disposition des sons partiels y est la suivante :

I. — Le son fondamental qui permet de déterminer la note du son composé.

II. — Un son partiel, une octave au-dessus du son fondamental.

III. — Un son partiel situé à une quinte au-dessus du N° II, ou une douzième au-dessus du son fondamental.

IV. — Un son partiel à une quarte au-dessus du N° III ; ou deux octaves au-dessus du son fondamental.

V. — Un son partiel à une tierce majeure au-dessus du N° IV ; ou deux octaves et une tierce majeure au-dessus du son fondamental.

VI. — Un son partiel à une tierce mineure au-dessus du n° V, ou deux octaves et une quinte au dessus du son fondamental.

VII. — Un son partiel, presque exactement une tierce au-dessus du n° VI, ou deux octaves et une septième mineure au dessus du son fondamental.

VIII. — Un son partiel, un ton au dessus du n° VII, ou trois octaves au-dessus du son fondamental. Le son composé do serait, par conséquent, exprimé en musique de la façon suivante :

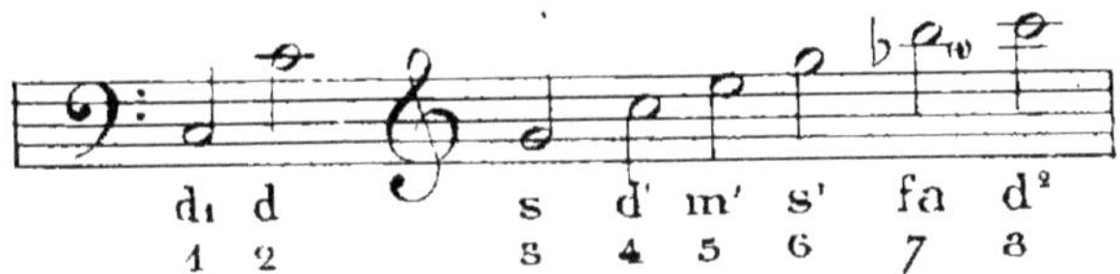

Dans quelques sons composés il y a beaucoup de sons partiels plus élevés que les huit que nous venons d'indiquer. Les sons bas d'un harmonium, par exemple, en possèdent au moins un nombre double et les notes d'une bonne voix de basse renferment au moins vingt sons partiels. Mais ceux que nous avons indiqués plus haut sont les plus importants de la série.

(1) *Baissez légèrement le ton indiqué ici.*

Dans tous les sons composés les sons partiels occupent la même position relative, ce qui ne veut pas dire qu'on les rencontre tous dans tous les cas. Cela signifie, simplement, que l'ordre dans lequel la série est disposée est invariable ; ainsi un son peut renfermer seulement les sons partiels nos 1, 3 et 5 ou bien les nos 1, 2, 4 et 8, les autres étant absents. Mais un son partiel ne saurait, dans aucun cas, sortir de l'ordre régulier et venir, par exemple, s'intercaler entre les nos 1 et 2, 2 et 3, et ainsi de suite.

Nous ne nous sommes occupés jusqu'ici que de deux qualités du son, *l'intensité* et *la hauteur*. Nous devons maintenant étudier la troisième : *le timbre*.

Le timbre du son, c'est « ce caractère particulier qui fait » distinguer le son musical d'un violon de celui d'une flûte, » ou de celui d'une clarinette, ou de la voix humaine, lorsque » tous ces instruments donnent la même note à la même hau- » teur. » (« Les sensations du son, » par Helmholtz.) On dit généralement que le timbre du son dépend de la forme des vibrations. « Nous examinerons plus loin avec soin cette » opinion, que les physiciens avaient, jusqu'ici, basée simple- » ment sur un fait, bien connu d'eux, que le timbre du son ne » pouvait dépendre du nombre des vibrations, dans l'unité de » temps ou de leur amplitude. Nous montrerons, pour être » tout à fait complet, que tout timbre distinct implique une » forme de vibrations différente ; mais, d'un autre côté, on » verra aussi que diverses formes de vibrations peuvent » correspondre au même timbre. » (Helmholtz.)

Si nous pouvions séparer les sons fondamentaux des sons composés de leurs harmoniques supérieurs, nous constaterions que, si leur intensité et leur hauteur sont semblables, on ne peut les distinguer les uns des autres, quels que soient les instruments qui les ont produits ; et c'est la coexistence des sons fondamentaux et des harmoniques supérieurs, leur position relative et leurs divers degrés d'intensité, qui constituent la différence entre les sons produits par les divers instruments. Helmholtz a démontré de la manière suivante que c'est bien ainsi que les choses se passent ; il disposaît une série de diapasons correspondant aux harmoniques d'un son composé, ainsi que nous l'avons décrit plus haut. Il leur imprimait un mouvement constant, au moyen d'un électro-aimant et à chacun d'eux était fixé un résonnateur, qu'il pouvait ouvrir ou fermer à volonté, en agissant simplement sur les touches d'un petit clavier. Il pouvait ainsi renforcer un ou plusieurs des sons des diapasons, en leur donnant des degrés différents d'intensité ; et il constata qu'il pouvait ainsi reproduire non seulement le timbre de presque tous les instruments de musique, mais aussi celui des diverses voyelles.

Nous concluerons, donc, que le timbre d'un son dépend :

1. — Du nombre d'harmoniques qui composent ce son.

2. — De leur position relative.

3. — De leur degré relatif d'intensité.

Les règles qui suivent éclaireront encore cette question.

1. — « *Les sons simples* sont très doux, très agréables, dépourvus de toute rudesse, mais faibles, et sourds dans les notes basses. »

2. — « Les sons musicaux, qui sont accompagnés par une certaine série des harmoniques les plus basses, présentant une intensité moyenne, environ jusqu'à la sixième harmonique, sont plus harmonieux et plus musicaux, comparés aux sons simples, ils sont riches et brillants, et sont en même temps tout à fait doux et moelleux si les harmoniques les plus élevés leur font défaut. »

3. — « Lorsque le son ne possède que des harmoniques irréguliers, on dit que le timbre du son est *creux ;* lorsqu'il y a un grand nombre de ces harmoniques supérieurs, on dit que le son est *nasal*. Lorsque le son fondamental est beaucoup plus intense, on dit que le son est *riche*

ou *plein;* mais, lorsque le son fondamental n'est pas beaucoup plus fort que les harmoniques supérieurs, on dit que le son est *pauvre* ou *vide.* »

4. — « Lorsque les harmoniques, plus élevés que la sixte ou » la septième, sont très distincts, on dit que le son est *dur* » et perçant. La rudesse peut être plus ou moins grande. » Lorsque leur force est insignifiante, les harmoniques supé- » rieurs ne privent pas complètement les sons composés de » leurs qualités musicales ; ils sont utiles, au contraire, pour » donner du caractère et de l'expression à la musique. » (Helmholtz, op. cit.)

Jusqu'ici nous n'avons parlé que de ce qui, pour ainsi dire, constitue les caractères *essentiels* du son. Mais il y a, en outre, d'autres particularités qui doivent être signalées ; les diverses manières de *commencer* et de *finir* un son et ces *bruits accessoires,* plus ou moins sensibles, dont aucun son n'est absolument dégagé.

On sait généralement qu'il y a une grande différence entre une note attaquée brusquement ou graduellement, à coups de poing ou avec une touche légère. Si l'on frappe les cordes d'un piano avec un marteau recouvert de feutre ou avec une baguette, on n'obtient pas le même son. De même, une note sera très différente si on la laisse mourir graduellement ou si on l'interrompt brusquement. Ainsi, tandis que la note que donne une corde de piano, frappée de la manière ordinaire, est plus pleine et plus persistante que celle d'un pizzicato de violon, celle-ci est beaucoup plus perçante et plus pénétrante. Mais les différences d'attaque et de chute ne sont, dans aucun cas, plus caratéristiques que dans la voix humaine, ou elles sont représentées par diverses lettres B, D, G, P, T et K.

Les bruits qui *accompagnent le son* n'ont rien à faire avec ce que nous avons appelé les qualités *essentielles* du son, c'est au moyen de ces bruits qu'un son peut être distingué d'un autre son ; il s'explique, dans les instruments à vent, par le sifflement de l'air qui vient frapper contre les bords tranchants de l'embouchure, et, dans les instruments à cordes, par le grincement de l'archet. Il se produit, dans la voix humaine, des effets du même genre, lorsqu'on prononce les lettres F, V, S, Z, T, H, R et L. Les voyelles elles-mêmes sont accompagnées d'un léger bruit semblable à celui qui se produit en chuchotant ces mêmes sons.

Les instruments a cordes produisent le son par la vibration des cordes. Le nombre de ces vibrations, dans un temps donné, dépend : 1° de la longueur, 2° de la tension, 3° de l'épaisseur, 4° de la densité des cordes ; c'est-à-dire que, plus elles sont courtes, tendues, fines et légères, plus les vibrations, dans un temps donné, seront rapides ; en un mot, plus la tonalité du son produit sera élevée.

Les flûtes, ou instruments à tuyaux, produisent le son par les vibrations de la colonne d'air élastique renfermée dans le tube, vibrations causées par le courant d'air qui est projeté contre les bords tranchants d'un orifice. Le nombre des vibrations, dans un temps donné, dépend presqu'entièrement de la longueur de la colonne, et n'est que très peu modifié par son diamètre, et par la forme de l'embouchure. Plus la colonne est courte, plus le nombre des vibrations est grand, et vice-versa ; si, donc, nous prenons deux tuyaux, dont l'un serait deux fois plus long que l'autre, le tuyau le plus court donnera un son qui sera à une octave plus haut que le son produit par l'autre tuyau. Les tuyaux de l'orgue nous fournissent un exemple familier à tous, il y a un tuyau distinct pour chaque note et leur longueur augmente suivant une progression régulière.

Les instruments a anche peuvent avoir des anches rigides, ou bien des anches flexibles, ou languettes

Les anches rigides sont faites en métal. Elles ne produisent pas le son au moyen de vibrations qui leur soient propres, mais en divisant en bouffées l'air qui passe près d'elles. La hauteur de ces notes est réglée par la longueur et l'élasticité des anches. Il faut donc autant d'anches qu'il y a de notes. On peut employer ces anches seules, comme dans l'harmonium, le concertina, l'accordéon, etc. Ou bien on peut les employer unies à des tubes, comme dans l'orgue. Dans ce cas, l'anche règle les vibrations de la colonne d'air. Pour que le son puisse retirer quelque avantage de l'association du tube avec l'anche, il faudra donc que la longueur du tube soit telle que l'un de ses harmoniques corresponde aux vibrations de l'anche.

Les anches flexibles sont généralement en bois, et elles sont toujours associées à un tube quelconque. Elles produisent, par leurs vibrations propres, un son qui est dominé et gouverné par les vibrations de la colonne d'air. La hauteur de ces sons dépend donc, surtout, de la longueur du tube, et n'est que peu modifiée par la longueur et l'élasticité de l'anche.

Le Professeur Tyndall nous dit : « Le vulgaire chalumeau de » paille de blé représente peut-être l'exemple le plus simple

Fig. II.
Une anche. *(D'après Tyndall.)*

» d'une anche réglée par sa colonne d'air ; en un point distant » d'un nœud d'environ un pouce, je fais pénétrer mon canif » dans cette paille (*s r'* Fig. II) jusqu'au quart environ de son » diamètre: je retourne ensuite la lame et, la maintenant à plat, » je la repousse en haut, vers le nœud, j'ai ainsi soulevé sur la » paille, une bande longue de un pouce.

» Ce fragment *r r'* constituera notre anche et la paille sera » notre tuyau. Il a maintenant une longueur de huit pouces. » Si l'on souffle dedans, il rendra un son musical bien marqué. » Je le coupe maintenant de façon à en réduire la longueur à » six pouces ; la tonalité est alors plus élevée, et, avec une » longueur de quatre pouces, la tonalité sera encore plus » élevée. Je le réduis à deux pouces : le son devient alors très » aigu. Dans toutes ces expériences, nous avons toujours la

» même anche qui doit céder complètement aux exigences de » la colonne d'air vibrante. » (Op. cit., p. 194).

La clarinette est un instrument du même genre, dans lequel le son de l'anche est dominé et gouverné par les vibrations de la colonne d'air : mais la hauteur dépend aussi, dans ce cas, et dans une certaine mesure, du rétrécissement, plus ou moins grand, de la fente située entre l'anche et sa monture, retrécissement produit par les lèvres.

Le hautbois et le basson sont des instruments semblables, mais ils possèdent *deux* anches, entre lesquelles se trouve une fente par laquelle l'air est obligé de passer.

Dans le cor et la trompette, les lèvres de l'artiste remplacent la double anche. Mais les lèvres ne sont que très peu élastiques, et ne peuvent, par conséquent, produire des sons par leurs vibrations propres et indépendantes, mais elles sont facilement mises en mouvement par la pression de la colonne d'air vibrante. Dans les vieux instruments de cette catégorie, les notes étaient réduites aux sons fondamentaux, avec les harmoniques supérieurs du tube, et chacune des notes dépendait de la tension des lèvres et de l'intensité du souffle. Les cors modernes, les trompettes, etc., ont été perfectionnés par l'addition de clés permettant de produire les notes qui manquaient autrefois.

La voix humaine est généralement considérée comme un instrument à anche, mais nous devons faire à cette affirmation quelques restrictions. Nous serons mieux à même de discuter cette question, lorsque nous aurons décrit le mécanisme de l'appareil vocal, et nous différerons jusqu'à ce moment l'examen de cette question.

La résonnance se produit lorsqu'un corps sonore communique ses vibrations à un autre corps, ou, en d'autres termes, lorsque le second corps est amené à vibrer à l'unisson avec le premier. L'exemple que nous allons en donner est familier à beaucoup de personnes. Frappez un diapason et il produira une note, qui sera très faible. Maintenant, faites reposer le diapason vibrant sur une table. Les vibrations se communiqueront à la table ; c'est-à-dire que la table se mettra à vibrer à l'unisson avec le diapason, ce qui augmentera beaucoup la force du son. Le son des cordes de harpe, de violon, de piano, etc., est renforcé de la même manière, c'est-à-dire par la communication directe des vibrations des cordes à la table d'harmonie ou au corps de l'instrument. Dans ces cas, l'intensité du son produit est augmentée parce qu'une plus grande masse d'air est mise en vibration.

Les vibrations d'un corps sonore peuvent, cependant, aussi, être communiquées à un autre corps, sans qu'il y ait contact entre eux. On peut désigner ce phénomène sous le nom de résonnance *sympathique*. Les exemples suivants éclairciront la question.

Roulez une feuille de papier de manière à faire un tube de six pouces de long, et d'un pouce de diamètre. Prenez un diapason ordinaire donnant le do  et placez-le près de l'une des extrémités du tube. Le son qui, au début, était à peine sensible, s'entendra maintenant dans toute la chambre. Nous pouvons, dans une certaine mesure, raccourcir et allonger le tube et, cependant, obtenir une résonnance, mais nous obtenons le plus fort renforcement du son de notre do au-dessus des lignes avec une colonne d'air longue de six pouces.

Si nous transformons le tube ouvert en un tube fermé, en plaçant l'une des extrémités du tube sur la table, et si nous plaçons maintenant le diapason vibrant au dessus de l'ouverture, nous constatons que la résonnance produite est tout-à-fait insignifiante. Si nous substituons à ce diapason qui donne le do au-dessus des lignes un autre diapason qui donne le do à l'octave 

au dessous nous aurons une résonnance très forte. Nous constatons qu'en se servant d'un tube fermé, on obtient la plus forte résonnance avec une note plus basse d'une octave que celle qui est nécessaire, si l'on se sert d'un tube ouvert, de même longueur. Ceci revient à dire que, en ouvrant un tube clos, nous élevons sa tonalité d'une octave.

On peut aussi faire dans le même sens, l'intéressante expérience suivante. Prenez une grande bouteille à large col, telle qu'on en emploie généralement pour conserver les fruits. Frappez le diapason donnant le *do* au-dessus des lignes, et placez-le sur la bouteille vide. Il n'y aura pas de renforcement, et le diapason produira au-dessus de la bouteille, un son aussi faible que s'il s'en était éloigné. Versez alors de l'eau dans la bouteille, très lentement, et en faisant aussi peu de bruit que possible ; vous raccourcirez ainsi la colonne d'air intérieure et vous constaterez que le son du diapason est amplifié peu à peu, jusqu'à ce que, enfin, si vous continuez à verser de l'eau dans le vase, le son éclatera, à un certain moment, avec une très-grande force. Si nous continuons à verser de l'eau, le son diminuera, peu à peu, de nouveau, aussi graduellement qu'il avait augmenté d'abord, pour disparaître, enfin, complètement.

On peut faire l'expérience de la même façon, avec plusieurs jarres de hauteur différente et des diapasons de tonalités diverses. Ou bien l'expérience peut être modifiée de la façon suivante. Frappez un diapason donnant le do et placez-le au-dessus d'un vase quelconque ; puis, rétrécissez-en l'ouverture avec un morceau de carton posé sur le verre. Il se produira un renforcement graduel du son jusqu'à ce que, dans une certaine position, il devienne très-fort. Placez le carton *un peu plus loin*, le son deviendra de plus en plus faible et finira par s'éteindre complètement.

Toutes ces expériences montrent que, pour chaque note,

3

il y a une colonne d'air d'une certaine dimension, qui renforce le son avec le plus de force.

Il existe, aussi, une autre expérience de résonnance sympathique, qui est très intéressante. Si les cordes de deux violons sont accordées exactement à l'unisson, et si l'on fait agir l'archet sur une des cordes, la corde correspondante de l'autre violon se mettra à vibrer, bien que les deux instruments ne soient pas en contact.

« Les diapasons sont les instruments les plus difficiles à faire vibrer sympathiquement. Pour y arriver, on » fixe les diapasons à des boîtes résonnantes qui corres» pondent exactement à leur tonalité. Si nous avons deux » diapasons, de tonalité absolument semblable, et que nous » excitions l'un d'eux avec l'archet d'un violon, l'autre se » met à vibrer sympathiquement, même s'il se trouve » placé à l'extrémité la plus éloignée de la pièce, et il » continuera à vibrer alors même qu'on a arrêté le pre» mier. On se rend compte de ce qu'il y a de vraiment » surprenant dans ces vibrations sympathiques, si l'on » compare simplement la masse lourde et pesante de l'acier » mis en mouvement, à la masse légère et élastique de » l'air (1), qui produit cet effet à la suite d'une excitation » si faible, et qui n'aurait aucune action sur le plus » menu ressort, s'il n'était pas dans le même ton que » le diapason. Avec ces diapasons, il faut un temps » assez long pour les faire bien vibrer par action » sympathique. Si on colle à l'une des branches du second » diapason un morceau de cire suffisant pour le faire » vibrer une fois de moins par seconde que le premier (diffé» rence à peine sensible pour l'oreille la plus exercée) on » fait complètement disparaître les vibrations sympathi» ques ». (Helmholtz, op. cit. p. 63).

(1) *L'acier, à volume égal, pèse environ 6,000 fois plus que l'air.*

CHAPITRE III.

Le chant et la parole.

LA VOIX est un son formé dans le larynx et que peuvent produire tous les animaux qui possèdent cet organe.

LA PAROLE est la voix modifiée dans la cavité buccale. C'est par elle que l'on peut transmettre ses pensées ; elle appartient à l'homme seul, qu'elle élève au-dessus de tous les animaux.

LE CHANT est une expression plus élevée de la même faculté ; c'est, en réalité, un langage musical soutenu.

Il n'est pas possible d'établir une ligne de démarcation bien nette entre le chant et la parole ; l'un et l'autre sont, en effet, produits par les mêmes organes. On doit parler en chantant, à moins de sacrifier tout le charme qui s'attache à la prononciation distincte des mots. Il doit aussi y avoir, dans une certaine mesure, du chant dans la parole sans cela sa tristesse et sa monotonie la rendraient bientôt insupportable. Cependant le chant et la parole diffèrent l'un de l'autre, et sont même, à certains points de vue, antagonistes. Mr Ellis (op. cit. p. 1) fait les distinctions suivantes :

1. — LE CHANT ET LA PAROLE DIFFÈRENT PAR L'ÉTENDUE DES SONS EMPLOYÉS. — Lorsque l'on chante, on cherche à produire de beaux sons, avec des tonalités qui peuvent varier au moins d'une douzième et, parfois, de deux octaves, ou même plus. Lorsque l'on parle, on veut obtenir, non pas des sons musicaux, à proprement parler, mais des sons distincts pour l'oreille, sons dont les tonalités sont comprises dans une quinte et, exceptionnellement, dans une octave.

2. — Le chant exige une tonalité soutenue, la parole une tonalité glissante. — Lorsque l'on chante, le son doit être soutenu pendant longtemps à une hauteur invariable. Lorsque l'on parle, le temps pendant lequel on soutient le son est beaucoup moindre, et doit, parfois, même, être nécessairement très-court ; mais la hauteur à laquelle il est émis, n'est pas définie; elle est variable, constamment elle monte ou descend, parfois elle monte, d'abord, pour descendre ensuite, ou bien commence bas et monte ensuite, pour le même son parlé.

3. — Le chant exige un passage libre pour la respiration, pour la parole il doit être rétréci. — Lorsque l'on chante, on ne peut obtenir de belles notes musicales qu'en disposant d'une façon spéciale les cavités situées entre le larynx et les lèvres, ce qui exige, d'ordinaire, que ces cavités soient libres et sans obstacle. Il faut encore une disposition spéciale du larynx lui-même, qui doit être, au contraire, resserré et rétréci de telle sorte que l'air qui vient du poumon soit obligé d'écarter le larynx par la force pour le traverser. Lorsqu'on parle, les cavités supérieures doivent être obstruées, ou rétrécies, de plusieurs façons, qui sont plus ou moins défavorables pour les qualités musicales du son, et détruisent, parfois, toute espèce de son musical, ne permettent qu'aux simples bruits de passer, ou, même, ne laissant passer absolument aucun son. Et parfois le larynx doit s'ouvrir si largement qu'aucun son musical ne saurait être produit, à moins que la langue et les lèvres ne viennent s'ajuster de façon à produire un sifflement, effet qui n'est pas admis dans le langage.

4. — Le chant doit être rapide et lié ; pour la parole, il ne saurait en être ainsi. — Dans le chant, la mélodie exige, souvent, que les notes soient chantées avec une grande rapidité, et, à d'autres moments, qu'elles soient liées les unes aux autres. Dans toutes les langues, où les voyelles sont séparées par de nombreuses consonnes, cette rapidité est impossible, et la liaison le devient également, en raison de la

nécessité de séparer les sons musicaux de ceux qui ne le sont pas.

Il est généralement admis que l'Anglais offre de plus grande difficultés, pour le chanteur, que l'Italien, le Portugais, l'Espagnol, le Français et l'Allemand.

L'exemple de Duprez qui, dans le récitatif de « Guillaume Tell » prononçait (My country and my *face)* (faith), montre bien à quel degré l'Anglais est une pierre d'achoppement pour les étrangers. (« Dramatic singing », by W. H. Walshe. Londres : Kegan Paul, Trench and C°., p. 77.)

Le passage suivant, emprunté à Jacob Grimm, le plus grand philologue des temps modernes, montre bien, d'autre part, quelles beautés présente l'anglais au point de vue de la parole. « La langue anglaise a une puissance qu'aucune autre langue, peut-être, ne possède. Cette condition et ce développement singulièrement heureux, sont dus à l'union intime de deux des plus nobles langues, le Saxon et le Roman ; la première forme la trame, la seconde fournit les conceptions spirituelles. De fait, ce n'est pas à la suite d'un simple accident que la langue anglaise a produit le plus grand et le plus remarquable poëte des temps modernes (c'est évidemment de Shakespeare que je veux parler), une pareille langue peut avec raison être appelée la langue universelle ; et, de même, le peuple anglais semble destiné, dans l'avenir, à s'étendre et à dominer encore beaucoup plus qu'aujourd'hui, sur toutes les parties du monde. En effet, comme richesse, bon sens et concision, aucune des langues parlées jusqu'à ce jour ne peut lui être comparée, pas même notre allemand, qui a dégénéré comme nous avons dégénéré nous-mêmes, et qui doit se débarrasser de ses défauts avant d'entrer en lutte avec l'anglais. » (James Hunt, op. cit., p. 226).

CHAPITRE IV.

Anatomie et physiologie de l'organe vocal.

La voix humaine, considérée comme instrument de musique, se compose de quatre parties :

1° LA POITRINE OU THORAX, et les POUMONS, contenant l'air, qui représentent *l'élément moteur*.

2° LE TUYAU À AIR ou trachée, dans lequel l'air monte et descend.

3° LA BOÎTE VOCALE OU LARYNX, dans lequel sont situés les ligaments vocaux, formant *l'élément vibrant*.

4° LA PARTIE SUPÉRIEURE DE LA GORGE OU PHARYNX, LA BOUCHE ET LES FOSSES NASALES, formant le résonnateur.

LA POITRINE OU THORAX est une chambre à air close, formée par la *colonne vertébrale* en arrière, les douze *côtes*, de chaque côté, par le *sternum* et les *clavicules*, en avant, par la *base du cou*, en haut, et par le *diaphragme*, en bas. Chacune des côtes étant un peu plus courte que celle qui se trouve au dessous, il s'ensuit que la poitrine, considérée dans son ensemble, représente un cône. En d'autres termes, la poitrine est beaucoup plus large du bas que du haut.

LES CÔTES, à l'exception des deux inférieures de chaque coté, que l'on appelle les *côtes flottantes*, sont rattachées, en arrière, à la colonne vertébrale, et en avant, au sternum, exactement comme l'anse d'un seau est rattachée à ce seau ; et les côtes peuvent subir un mouve-

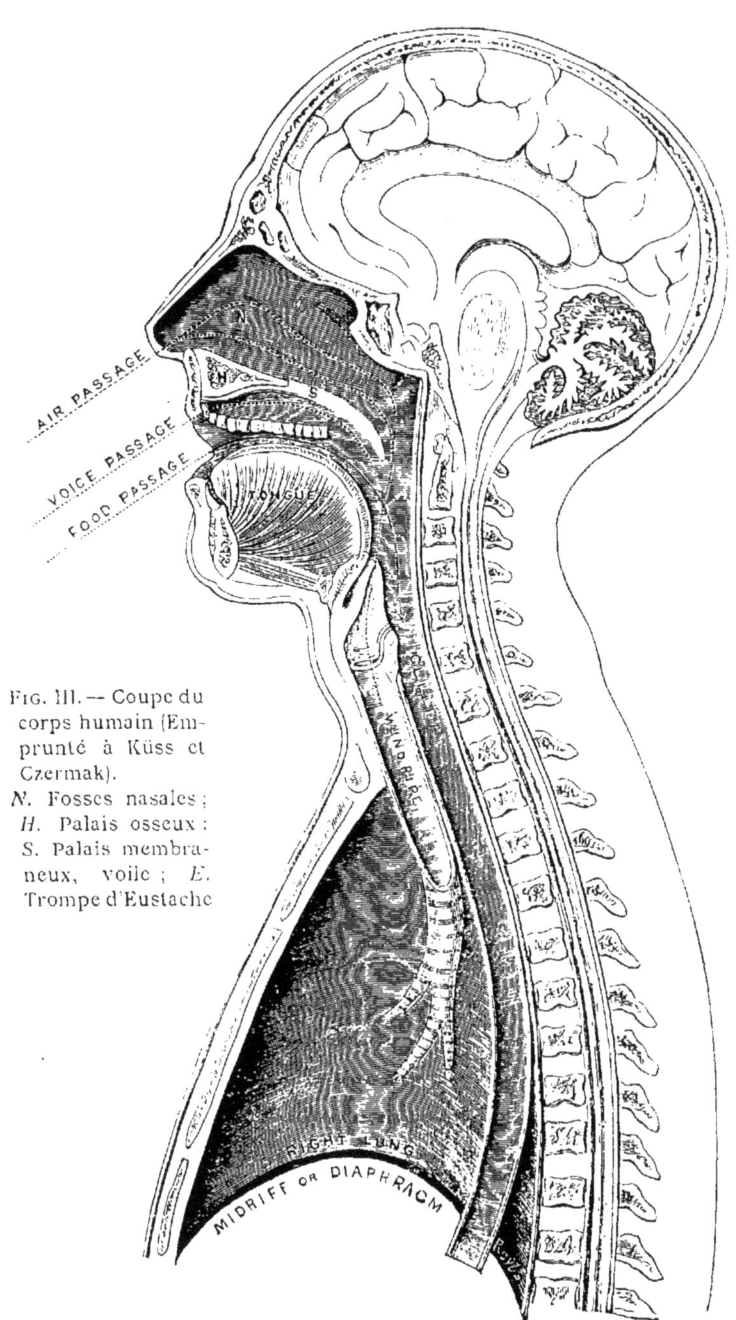

FIG. III. — Coupe du corps humain (Emprunté à Küss et Czermak).
N. Fosses nasales; *H.* Palais osseux; *S.* Palais membraneux, voile; *E.* Trompe d'Eustache

ment d'élévation et d'abaissement, exactement comme l'anse du seau. A l'état de repos, néanmoins, elles occupent une position oblique en avant et en bas.

Le diaphragme (fig. III) est un muscle large et puissant, qui constitue, ainsi que l'indique son nom, une cloison séparant la poitrine de l'abdomen ; à l'état de repos, le diaphragme a la forme d'un bassin renversé sens-dessus dessous, c'est-à-dire qu'il représente une voûte sail-

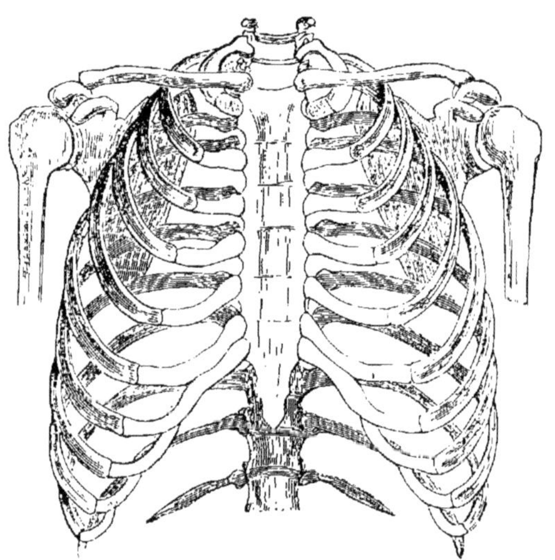

Fig. IV. — Charpente de la poitrine.

lante dans la poitrine. Il possède un grand nombre de fibres qui s'étendent du centre de la face inférieure, en bas et en dehors, jusqu'aux côtes, et nous devons indiquer spécialement deux faisceaux très robustes, appelés les piliers du diaphragme, qui vont jusqu'à la colonne vertébrale. Quand ces fibres et ces piliers se contractent non seulement le diaphragme s'aplatit considérablement, augmentant ainsi la capacité de la poitrine aux dépens de l'abdomen, mais il est encore abaissé dans sa totalité, de manière que son action peut être comparée à celle d'un piston dans le cylindre d'un corps de pompe.

De plus, son bord extérieur est attaché aux côtes inférieures, et, comme elles sont mobiles, il est impossible que la voûte, placée au centre du diaphragme, se dirige vers le bas, sans que son bord circulaire s'élève, ce qui oblige les côtes à s'écarter et à se relever. Il est donc bien clair, que, par cette action du diaphragme, les dimensions de la poitrine sont augmentées suivant trois directions, en hauteur, en profondeur et en largeur.

Quand les fibres musculaires, qui viennent d'être décrites, se relâchent, le diaphragme se voûte de nouveau, comme auparavant, et il est aidé dans ce mouvement par le retour de l'estomac et des intestins à leur position primitive. La poitrine reprend alors naturellement ses dimensions premières.

LES MUSCLES DE LA POITRINE. — Les côtes sont unies deux à deux par deux couches de muscles : les *intercostaux* externes et les *intercostaux* internes. Les intercostaux *externes* élèvent les côtes par leur contraction, ils sont aidés par plusieurs autres muscles unissant les côtes aux parties de la colonne vertébrale situées au-dessus. Si ces muscles se relâchent, les côtes, par leur propre poids, reprendront leur ancienne position, et elles seront aidées dans cette opération par la contraction des intercostaux internes et des autres muscles qui unissent les côtes avec l'anneau osseux appelé pelvis, situé entre la colonne vertébrale et les extrémités inférieures. En raison de ces dispositions, les dimensions de la cavité de la poitrine, d'arrière en avant, et d'un côté à l'autre, augmentent et diminuent alternativement.

Nous devons ajouter qu'il existe une couche de muscles unissant les côtes aux épaules et aux omoplates, nous permettant d'élever et d'abaisser la partie supérieure de la poitrine et les clavicules, en même temps que les épaules. Par l'action de ces muscles, la hauteur de la cavité de la

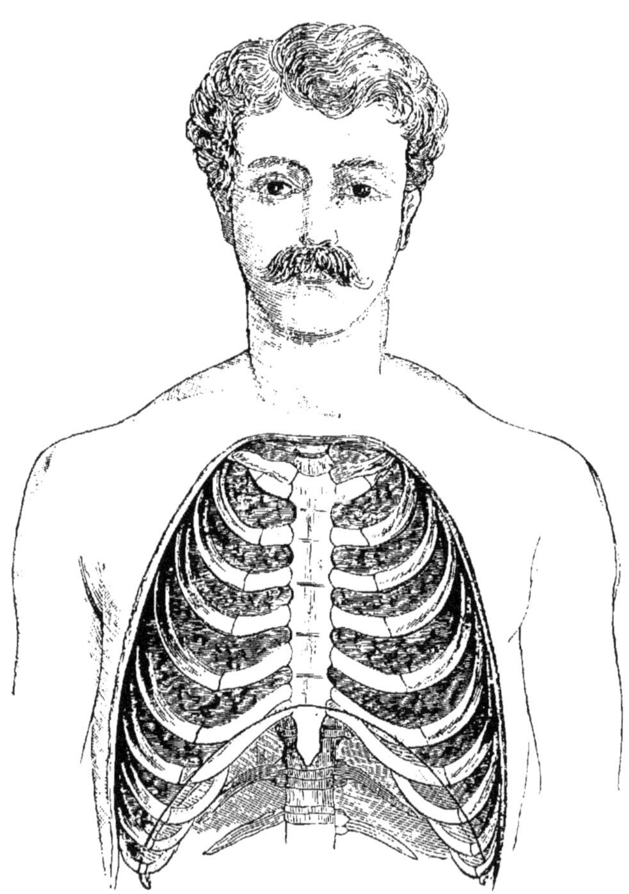

Fig. V. — Poitrine et poumons.
La ligne courbe, au bas du dessin, indique le diaphragme.

poitrine peut ainsi être alternativement augmentée et diminuée, mais seulement dans des limites très étroites.

Les poumons sont contenus dans la poitrine sur laquelle

ils se moulent exactement, et dont ils occupent de beaucoup la plus grande partie, n'en laissant qu'une portion très-petite pour le cœur et les vaisseaux sanguins. Ce sont deux corps distincts, réunis seulement par les branches du tube aérien qu'on appelle les *bronches*. Les poumons ont la

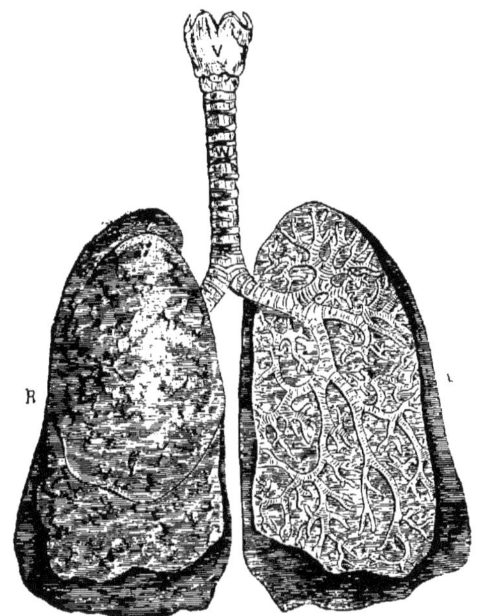

FIG. VI. — Les poumons, etc. (d'après Niemeyer).
V. Boîte vocale, ou larynx; *W*. tube aérifère, ou trachée; *R*. poumon droit; *L*. poumon gauche.
Dans la coupe du poumon gauche, on a indiqué les ramifications de la bronche gauche.

forme de cônes, la partie pointue est en haut et la partie élargie en bas. Ils sont formés par la réunion de plusieurs parties appelées lobes, constituées, chacune, par de nombreuses subdivisions nommées lobules, et ces lobules sont formés par de petits amas de cellules à air, minuscules, ressemblant à des grappes de raisins. On a calculé qu'il n'y a pas moins de *six cents millions* de ces cellules à air dans les poumons d'un homme adulte. Entre ces cellules à air, se trouvent les *vaisseaux capillaires*, qui circulent dans toutes les directions, et qui reçoivent le sang du cœur. Le poumon droit est plus grand que le gauche, et il a trois lobes, le supérieur, le moyen, et l'inférieur ; le poumon gauche n'a que deux lobes, le supérieur et l'inférieur.

Les Plèvres. — Chaque poumon est enfermé dans un double sac appelé *plèvre*. Prenez une vessie, chassez-en l'air et doublez-la en enfonçant le poing à sa surface. Le poing représente le poumon et la vessie doublée, une partie de la plèvre ; ces deux choses réunies donneront une idée assez claire de la disposition générale. Le sac externe constitue la doublure des parois de la poitrine, et le sac interne constitue un revêtement pour les poumons auxquels il adhère. Les lobes des poumons sont séparés les uns des autres par des replis du sac interne. Les surfaces intérieures des deux sacs, qui se trouvent ainsi en contact intime, sont très lisses et sont maintenues humides par un liquide lubrifiant qui les rend capables de se mouvoir l'une sur l'autre sans frottement. La principale fonction des plèvres est de maintenir les poumons dans leur position et de faciliter le travail de la poitrine et des poumons dans la respiration.

Le tube aérien, ou trachée (voir fig. VI) est le tube au moyen duquel l'air pénètre dans les poumons et en sort. Il descend de la partie supérieure de la gorge et est maintenu ouvert par 18 à 20 anneaux formés par du cartilage. Les anneaux sont ouverts en arrière, à l'endroit où le tube aérien entre en contact avec l'œsophage, et les extrémités des anneaux sont reliées par cette même membrane, qui les unit en avant et sur les côtés. Le tube aérien est capable de s'allonger ou de se raccourcir, de s'élargir ou de se rétrécir légèrement; à l'intérieur il est revêtu d'une membrane muqueuse. Ce tube peut être facilement senti et manié à travers la peau, et l'on comprendra par la description précédente, comment il se fait que, bien que ferme et capable de résister aux chocs extérieurs, il possède en même temps une élasticité suffisante pour céder aux pressions modérées et aux mouvements qui viennent de toutes les directions.

Les canaux bronchiques, ou bronches (fig. VI). Au-dessus du point où le tube aérien a pénétré dans la poitrine, il se divise en deux branches, une pour chaque poumon ; on les appelle les *bronches*. Chacune des bronches entre dans le poumon et se divise bientôt en deux tubes plus petits. Ceux-ci, à leur tour, se divisent et se subdivisent, se déploient comme les racines et les fibres d'un arbre, jusqu'à ce qu'enfin leurs ramifications se terminent dans les microscopiques cellules à air des poumons. La membrane muqueuse qui tapisse le canal aérien se prolonge en haut le long des parties supérieures de la gorge, jusque dans les fosses nasales et, en bas, jusque dans les plus petits tubes bronchiaux des poumons. Elle est recouverte d'une multitude de glandes muqueuses qui sécrètent ce liquide peu abondant et glaireux appelé le *mucus,* qui maintient la membrane dans un état humide. Elle est douce, polie, plus ou moins rouge et protégée par une couche de minces cellules. En outre, ces cellules elles-mêmes sont munies d'innombrables prolongements extrêmement fins semblables à des cheveux, que l'on appelle *cils,* faisant tous saillie vers l'extérieur, ces prolongements sont animés d'un continuel mouvement de va-et-vient et chassent ainsi des tubes aérifères l'excès du mucus qui, autrement, s'y accumulerait et les obstruerait.

Respiration. — La fonction des poumons est la respiration, que l'on peut considérer à un point de vue chimique, et à un point de vue mécanique. Le sang *veineux* passe du lobe droit du cœur dans les vaisseaux capillaires des poumons, séparés des cellules à air par une simple membrane d'une si extrême finesse, qu'elle n'empêche pas le sang de recevoir de l'air l'oxygène dont il a besoin, en échange de l'acide carbonique dont il doit se débarrasser. Par suite de ce double échange, on constate que le sang veineux, en quittant les capillaires, s'est transformé en sang *artériel*, qui est rutilant. Ce sang passe alors dans le lobe gauche du cœur, d'où il est pompé par l'artère principale et projeté dans tout l'organisme.

Le but de la respiration, considérée au point de vue chimique, est donc d'introduire dans le sang de l'oxygène sans lequel nous ne pourrions pas vivre, et d'en chasser l'acide carbonique qui nous empoisonnerait s'il y était conservé. L'importance de ces phénomènes ne saurait être exagérée, car la vie ou la mort en dépendent, et les phénomènes mécaniques qui accompagnent la respiration, tels que la production de la voix, sont relativement peu de chose.

Ici nous avons surtout à nous occuper de la respiration considérée mécaniquement. On peut très bien étudier cette question sur des poumons de veau, que l'on se procurera facilement chez les bouchers. Les poumons du veau ressemblent beaucoup à ceux de l'homme et quelques expériences faites sur eux, en apprendront plus que ne sauraient le faire des descriptions et des explications. Il est naturellement nécessaire de faire ces expériences immédiatement après que l'animal a été tué et avant que les poumons se soient refroidis.

Nous voyons que les poumons du veau sont formés, comme ceux de l'homme, de deux corps distincts réunis seulement par le tube aérifère et ses branches. Nous constatons aussi qu'ils sont beaucoup plus larges en bas qu'en haut. Ce point doit être soigneusement vérifié pour des raisons que nous verrons plus loin. Si nous pressons sur les poumons, nous constatons qu'ils sont élastiques et qu'ils fuient sous la pression, en produisant un sifflement particulier. Introduisez un tube dans la trachée, par lequel vous soufflerez, le volume des poumons augmentera considérablement. Liez alors la trachée, les poumons resteront gonflés. Enlevez la ligature, l'air introduit dans les poumons s'échappera et ils reprendront leur taille primitive. Remarquez bien que l'air qui s'échappe est seulement celui que vous avez introduit dans les poumons. Ils contenaient de l'air avant que vous ne commenciez votre expérience, et cet air y reste. Vous pouvez en chasser une partie en pressant sur les poumons, mais, même après cette opération, une grande quantité d'air y restera contenue.

Ces expériences sur le poumon de veau nous conduisent à une conception assez nette de la nature de la respiration qui se produit dans notre propre corps, dans des conditions très-semblables. Lorsque nous voulons respirer nous gonflons nos poumons, comme nous gonflions les poumons du veau en soufflant dedans. En retenant notre respiration nous maintenons nos poumons gonflés, comme nous maintenions les poumons de veau gonflés en liant la trachée ; et, en laissant notre souffle s'écouler, nous permettons à nos poumons de revenir sur eux-mêmes, comme les poumons de veau revenaient sur eux-mêmes quand nous enlevions le lien qui serrait la trachée. De même qu'après cela il reste dans le poumon du veau une grande quantité d'air, de même il en reste encore dans le nôtre ; et, de même que, par une forte pression, nous ne pouvons chasser tout l'air du poumon de veau, de la même façon il n'est pas en notre pouvoir, même en faisant les plus grands efforts, de rejeter tout l'air de notre poumon.

On appelle *air résidual* l'air qu'aucun effort ne peut faire sortir du poumon. La quantité d'air s'ajoutant à celle qui reste dans le poumon après une expiration ordinaire, est l'air supplémentaire. La quantité d'air plus grande, ou moins grande que la précédente, qui rentre dans le poumon et qui en sort pendant la respiration tranquille, est apppelée *air périodique*.

Et, enfin, on appelle l'air qui peut être inhalé dans la plus profonde respiration possible, *air complémentaire*.

Nous pouvons, par conséquent, considérer les poumons comme divisés en zones, et nous trouverons que :

1° Dans la zone inférieure l'air est presque stagnant et jamais pur.

2° Dans la zone moyenne il circule bien et est moins impur.

3° Dans la zone supérieure il est continuellement renouvelé et ressemble beaucoup à l'air que nous inhalons.

La respiration, ainsi que nous l'avons vu, consiste en deux actes, l'inspiration et l'expiration. Voyons maintenant comment ils s'accomplissent l'un et l'autre. Les poumons n'ont pas le pouvoir de se gonfler, ils sont tout à fait passifs. Mais la poitrine s'élargit et les poumons sont obligés d'en faire autant, parce qu'ils sont pressés par l'air contre les parois de la poitrine et ils sont forcés de suivre tous ses mouvements comme la pierre fixée au disque de cuir dont se servent les enfants, et qu'ils appellent suceur. En d'autres termes, quand la poitrine s'élargit, l'air se précipite dans les poumons et les gonfle pour empêcher la formation du vide qui, autrement, se formerait dans la cavité pleurale, c'est-à-dire entre les deux sacs dans lesquels, comme nous l'avons vu, le poumon est renfermé, et dont l'un adhère au poumon, l'autre à la poitrine. Ceci constitue l'*inspiration*.

Cet acte de l'inspiration est rapidement suivi par l'expulsion de l'air. Les poumons sont très-élastiques et ils ont une tendance constante à reprendre leur forme primitive. Aussitôt que la contraction des muscles inspirateurs cesse, cette élasticité, qui, jusqu'à ce moment, s'y est opposée, s'affirme de nouveau, et les poumons se contractent. Le diaphragme et les parois de la poitrine suivent les poumons exactement comme ceux-ci les suivaient dans l'inspiration. En outre, il y a une tendance naturelle des parois de la poitrine, du diaphragme et des parois de l'abdomen, à revenir à leur position première. Ces mouvements chassent l'air, et ceci constitue l'expiration.

Tandis que, dans la respiration ordinaire, *l'inspiration* est la conséquence des contractions musculaires et est, par conséquent, active, *l'expiration* est le résultat de l'élasticité des organes antagonistes pendant *l'inspiration*, et est, par conséquent, *passive*: mais, ainsi que nous pouvons faire de *l'inspiration* forcée, de même nous pouvons forcer l'expiration ; et si nous usons de ce pouvoir, l'expiration cesse d'être passive et devient ainsi le résultat d'une contraction musculaire. Les muscles appelés à agir dans l'inspiration aussi bien que dans l'expiration, ont été décrits à la page 32.

Nous avons vu que la poitrine peut s'élargir de trois manières différentes :

1° Par l'abaissement du diaphragme. Par ce procédé, l'abdomen est projeté en avant et les parois de la poitrine se dilatent graduellement de bas en haut, tandis que les épaules restent immobiles. Ce procédé d'expansion de la poitrine est connu sous le nom de respiration diaphragmatique ou abdominale.

2° Par l'extension latérale des côtés.

Dans ce procédé, les épaules restent aussi immobiles. Ceci constitue la respiration *costale*, ou respiration latérale.

3° En soulevant les épaules avec les clavicules, les omoplates et la partie supérieure de la poitrine. C'est la respiration claviculaire ou scapulaire. Lorsque l'on fait une inspiration profonde, les respirations diaphragmatiques et costales s'établissent presque ensemble et s'aident mutuellement, c'est-à-dire que le diaphragme se contracte et s'aplatit, et qu'immédiatement après les côtes s'étendent latéralement, avec cette différence, cependant, que, chez l'homme, l'action du diaphragme joue un rôle plus important que celles des côtes, tandis que, chez la femme, au contraire, le mouvement des côtes est plus grand que celui du diaphragme.

L'anecdote suivante, qui a pour elle le mérite d'être absolument exacte, amusera peut-être le lecteur, tout en expliquant la différence curieuse de respiration qu'il y a entre l'homme et la femme. Il y a quelque temps, une troupe de chanteurs qui s'appelaient, je crois, « *Les amazones américaines*, » fit une tournée en Angleterre. Leurs figures étaient noircies selon l'usage traditionnel et elles étaient habillées en hommes, portant des vêtements collants d'une forme particulière. Deux amis, tous deux médecins, vinrent les entendre (ou peut-être les voir, je ne sais pas au juste), lorsque M. A. fit remarquer à son compagnon que deux des artistes étaient des hommes. M. B. ne découvrant rien, même quand les individus lui furent désignés, demanda à son ami sur quoi il fondait cette opinion. « Mais, répondit M. A., je le reconnais à leur » respiration abdominale. » Et M. B., en regardant de nouveau, put s'en convaincre et, sans qu'il y eut le moindre doute possible ; car chez les individus en question, l'abdomen se déplaçait d'une manière évidente pendant la respiration, tandis que chez tous les autres, aucun mouvement n'était perceptible, excepté celui de leur poitrine (1).

Pour plus d'explications sur ce sujet très important de la respiration, nous renvoyons le lecteur au chapitre qui traite du point de vue hygiénique ainsi qu'aux figures XXXVI A, B et C, et XXXVII, A, B et C, où la question est étudiée à nouveau dans ses rapports avec son effet direct sur la culture de la voix. Dans la partie qui traite des maladies des chanteurs, aussi bien que

(1) Le mécanisme de la voix humaine, par Emil Behnke. Londres, J. Curven et Sons. 5e édition. p. 16.

dans celle des défauts du langage, on verra que la méthode de respiration a la plus grande importance pour la santé considérée tant au point de vue général qu'au point de vue professionnel, de ceux pour qui nous écrivons. On ne saurait donc lui faire une trop grosse part dans l'ensemble de l'enseignement que renferme ce volume.

La boîte vocale, ou larynx. — La boîte vocale, ou larynx, est l'organe central de l'appareil vocal et est située au sommet du tube aérifère. Son angle antérieur (fig. VII, 1) peut être en même temps vu et touché dans la gorge, ce qui permet de rendre compte de la position générale de la boîte vocale.

Cette position n'est pas du tout fixe, au contraire, le larynx peut être facilement repoussé d'un côté. Il se déplace encore vers le haut et vers le bas, en remplissant les diverses fonctions qui seront décrites dans un autre chapitre.

Pour donner en quelques mots l'idée générale de la boîte vocale, nous dirons que c'est un tube court, triédrique en haut et cylindrique en bas. En outre, elle est plus large du haut que du bas et l'on peut, par conséquent, dire qu'elle ressemble à un entonnoir dont la partie supérieure aurait pris la forme tiédrique.

Le larynx est composé de pièces cartilagineuses reliées entre elles par diverses bandes ligamenteuses et unies par de nombreux muscles. Les noms scientifiques de ces pièces dérivent généralement de mots grecs, dont la signification est tirée, dans quelques cas, des divers objets auxquels on trouvait que ces cartilages ressemblaient ; dans d'autres cas, de leur position ou de leur fonction. De plus, certains cartilages et d'autres parties du larynx portent aussi le nom des anatomistes qui les ont décrites. Toutes ces désignations sont plus ou moins arbitraires, et ont été calculées de façon à augmenter les difficultés que rencontre celui qui se livre à cette étude au lieu de l'aider à les écarter.

Nous avons examiné cette question avec d'autant plus de soin que ce travail est destiné à des lecteurs dont quelques-uns pourraient ne pas avoir d'éducation scientifique, et nous avons, en conséquence, adopté le plan suivant qui s'adressera à toutes les classes.

1° Nous nous servirons, comme dans les pages précédentes, de termes français donnant au lecteur ordinaire quelque idée de la formule et de la nature des parties décrites.

2° Ces mots français, lorsque nous les emploierons pour la première fois et dans tous les diagrammes, seront suivis des termes scientifiques dont ils sont, dans la plupart des cas, des traductions.

3° Nous ajouterons aussi les noms que le Professeur Ludwig a donnés aux cartilages, suivant leurs fonctions.

Ces désignations aideront beaucoup le lecteur, nous le pensons du moins, à se former une conception claire de cette petite pièce merveilleuse dont nous allons maintenant décrire le mécanisme.

La CHARPENTE du larynx est formée par cinq pièces de cartilages.

1° Le cartilage annulaire, ou l'anneau (*cartilage cricoïde*) ou de fondation.

2° Le bouclier (*cartilage thyroïde*), ou cartilage de tension.

3° L'opercule (*épiglotte*), ou cartilage de recouvrement.

4° et 5° Les pyramides (*cartilages aryténoïdes*) ou cartilages de position.

CARTILAGE ANNULAIRE (*cricoïde*) (fig. VII, 2) est situé au sommet du tube aérifère qu'il termine. Il a la forme d'un anneau muni d'un sceau étroit en avant et présente, en arrière, une plaque élargie correspondant au sceau.

Le bord supérieur (fig. VII, 3 et 4) s'élève considérablement en arrière, où l'anneau est environ quatre fois aussi haut qu'en avant. Le bord inférieur (fig. VII, 5 et 6) s'étend

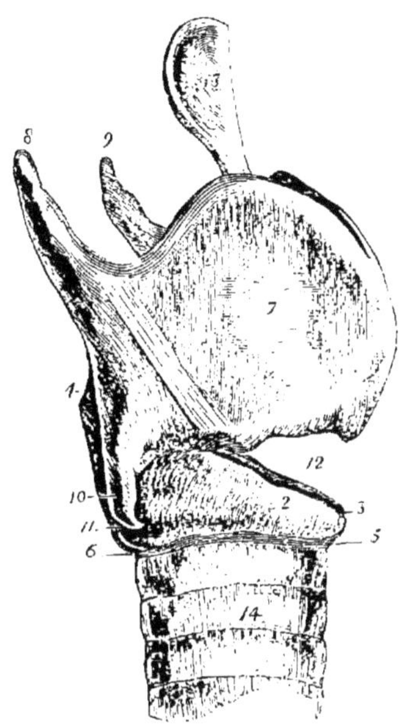

FIG. VII. — Vue latérale de la boite vocale ou larynx.

1. Saillie antérieure ou angle de la boite vocale (pomme d'Adam).
2. Anneau, cartilage cricoïde.
3, 4 Bord supérieur de l'anneau.
5, 6. Bord inférieur de l'anneau.
7. Bouclier, cartilage thyroïde.
8, 9. Cornes supérieures du bouclier.
10. Corne inférieure droite du bouclier.
11. Point où le bouclier se meut sur l'anneau.
12. Orifice crico-thyroïdien.
13. Opercule, épiglotte.
14. Tube aérifère, trachée.

à peu près parallèlement aux anneaux de la trachée, c'est-à-dire que sa direction générale est horizontale ; mais il est généralement uni à l'anneau supérieur de la trachée au moyen de prolongements de taille variée, qui lui donnent une apparence plus ou moins singulière. Dans la figure VII, le cartilage annulaire est en partie caché, mais nous le retrouverons dans un autre dessin où il apparait en entier. L'anneau forme la base du larynx, car la charpente laryngienne est, pour ainsi dire, construite sur lui. C'est pour cette raison qu'on l'appelle aussi *cartilage de fondation*.

Le BOUCLIER *(cartilage thyroïde)* (fig. VII, 7) est ainsi dénommé parce que, comme un bouclier, il protège les parties les plus délicates de l'appareil vocal qu'il cache, comme nous le verrons plus tard. Il est composé de deux plaques symétriques ou ailes réunies en avant au moyen d'une pièce centrale étroite, sous un angle plus ou moins aigu, qui constitue cette proéminence correspondant à cet angle de la boite vocale triédrique (fig. VII, 1) que l'on appelle vulgairement la « pomme d'Adam ». Ce nom lui a été donné parce que dans l'esprit des anatomistes superstitieux des âges d'ignorance, cette protubérance était causée par l'arrêt, dans la gorge, du fruit défendu qu'Adam avait mangé.

Les plaques ou ailes du bouclier présentent chacune, en arrière, deux cornes : la supérieure et l'inférieure. La corne supérieure (fig. VIII, 1, 2) du bouclier est rattachée au moyen de ligaments (fig. VIII, 8 et 9) aux prolongements correspondants (fig. VIII, 6 et 7) de l'os lingual (fig. VIII, 5). Par l'intermédiaire des cornes inférieures, (fig. VIII, 3, 4) il se déplace sur le cartilage annulaire comme sur une double charnière. Le diagramme précédent (fig. VII, 11), bien qu'il montre seulement une des cornes inférieures, rendra cela encore plus clair.

Si le bouclier (fig. VII, 7) était graduellement tiré en bas et en avant, la distance entre la face antérieure du bouclier (fig. VII, 1) et la partie la plus élevée du dos du cartilage annulaire (fig. VII, 4) s'accroîtrait et l'espace que nous constatons maintenant, entre le bouclier et l'anneau, (fig. VII, 12) deviendrait de plus en plus petit, jusqu'à ce qu'il disparaisse complètement.

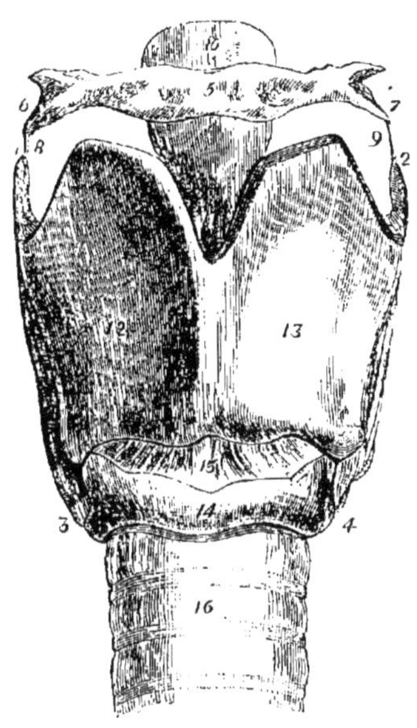

Fig. VIII.— La boîte vocale ou larynx vue par devant.

1, 2. Cornes supérieures du bouclier.
3, 4. Cornes inférieures du bouclier.
5. Os lingual ou hyoïde.
6, 7. Cornes de l'os lingual.
8, 9. Ligaments qui unissent le bouclier à l'os lingual.
10, 11. Opercule.
12, 13. Lames du bouclier.
14. Anneau.
15. Ligament élastique unissant le bouclier à l'anneau.
16. Tube aérifère ou trachée.

Parmi les auteurs qui font autorité, les uns prétendent que le bouclier se déplace sur l'anneau, d'autres prétendent que c'est l'inverse, d'autres, enfin, que tous les deux sont mobiles en même temps. Mais il nous suffit, pour le but que nous nous proposons, de savoir qu'il se produit un mouvement semblable à celui d'une charnière; dans ce mouvement, ainsi que nous l'expliquions tout à l'heure, la distance augmente entre la face antérieure du bouclier et la partie postérieure la plus élevée de l'anneau.

Supposons, pour le moment, que le cartilage annulaire reste en position et que le bouclier se déplace sur lui en bas et en avant, la tension des ligaments vocaux, comme nous le verrons bientôt, dépendra surtout de l'action, semblable à celle d'un levier, qu'exercera le bouclier, à qui, pour cette raison, on a encore donné le nom de cartillage de *tension*.

L'Opercule *(épiglotte)* cartilage de recouvrement. En examinant la coupe du corps humain (fig. III), on verra que les aliments, après avoir été avalés, doivent passer par dessus la boite vocale et, après avoir traversé l'œsophage, pénétrer dans l'estomac. Mais le larynx est ouvert dans le haut, de telle façon qu'un mécanisme doit le fermer pendant l'acte de déglutition. Cette fonction est remplie par l'opercule, cartilage élastique que l'on rencontre au-dessus de la boîte vocale et qui y empêche toute pénétration de substances étrangères. C'est un cartilage mince, flexible, en forme de feuilles (fig. VIII, 10) rattaché par sa base rétrécie (fig. VIII, 11) à la face interne du bouclier, juste au-dessous du point où les deux plaques, ou ailes, se réunissent.

On ne doit donc pas s'imaginer l'épiglotte comme un opercule plat semblable à celui d'une boite, mais comme une substance molle fermant l'ouverture du larynx par ses extrémités, qui la recouvrent, et par sa projection à l'intérieur semblable à celle d'un coussin.

C'est en raison de ces diverses particularités que le nom de cartilage de recouvrement lui a été donné, c'est un nom qui lui convient très bien.

Il arrive parfois, surtout quand nous rions ou causons tout en mangeant, que l'opercule ne ferme pas exactement l'ouverture de la boîte vocale et y laisse entrer quelque particule alimentaire. Lorsque cela arrive, nous disons que nous avons avalé de travers, et nous n'avons pas de repos avant que l'intrus ait été expulsé, ce qui ne s'obtient généralement que par un violent effort de toux. Les conséquences de la pénétration d'un corps étranger dans le larynx sont quelquefois très-graves, et il y a eu des cas dans lesquels de petits objets, tels que grains de café ou noyaux de cerises logés dans la boite vocale ont rapidement causé la mort.

L'opercule n'est cependant pas le seul moyen de protection que possède le larynx; il y a des organes situés immédiatement au-dessus de lui, qui peuvent être pressés les uns contre les autres, aidant ainsi à empêcher que quoi que ce soit ne pénètre dans la boite vocale. Il y a même eu des gens privés d'opercule, soit dès leur naissance, soit qu'ils l'eussent perdu à la suite d'une maladie et cependant ils n'éprouvaient aucune difficulté à avaler. Mais « les exceptions confirment la règle », et en dépit de ces quelques cas, le fait reste établi que l'épiglotte est évidemment le premier protecteur et le plus naturel de la boîte vocale.

Nous avons ainsi étudié quatre cartilages sur cinq. Enlevons maintenant une des lames du bouclier en le coupant avec un bistouri (fig. IX), afin de pouvoir regarder à l'interieur, et de pouvoir examiner les deux derniers cartilages qui, jusqu'ici, nous ont été cachés. Ce sont :

Les pyramides (cartilages *aryténoides*) ou cartilages de position : à les considérer dans leur ensemble, on a pu leur trouver quelque ressemblance avec une « aiguière », bien qu'il faille pour cela beaucoup d'imagination, en tous cas, c'est d'après cette apparence réelle ou imaginaire que le nom grec de cartilages, « *aryténoides* », leur fut donné. En réalité, ce sont deux petits corps triangulaires, larges à leur base, s'amincissant vers le sommet. C'est pour cela qu'on les appele aussi les pyramides. Parmi les cinq cartilages qui forment la charpente du larynx, les deux pyramides jouent incontestablement le rôle le plus important; il est vraiment très-malheureux qu'il soit presque impossible d'en donner une idée claire sans l'aide d'un modèle artificiel, tel que nous en employons dans nos leçons et au moyens desquels nous pouvons en imiter les mouvements.

Dans un autre dessin (fig. IX, 1, 2) on voit très-nettement la forme des pyramides. Leur base présente trois cornes et est légèrement excavée, de façon à bien s'adapter au bord supérieur de l'anneau. Chaque base envoie une corne en avant (fig. IX, 3.3) et une latéralement (fig. IX, 4). Dans notre dessin nous ne pouvons, naturellement, voir que la pointe qui part de l'aryténoïde droit. Les deux cornes qui font saillie, en avant, portent le nom de *processus vocaux* et celles qui font saillie en dehors, celui de *processus musculaires*.

Les côtés des pyramides correspondent au dessin de la base, de telle sorte que chaque pyramide présente une face dorsale, une face interne et une face externe. En réalité, les surfaces internes sont opposées l'une à l'autre et parallèles. Cependant, les pyramides ne sont parallèles que lorsqu'elles occupent la position figurée dans le diagramme IX, et elles sont capables d'exécuter un grand nombre de mouvements avec une rapidité surprenante. Les faces internes peuvent se placer parallèlement ou diverger. De plus, elles peuvent s'éloigner ou se rapprocher l'une de l'autre, de telle façon que leurs sommets peuvent aussi s'éloigner ou se rapprocher fortement. Nous verrons bientôt que la forme et la largeur de la fente glottique, ainsi que, dans une certaine mesure, la tension des cordes vocales, dépendent beaucoup de la position des pyramides.

On ne pouvait donc trouver, pour ces petits corps, un nom mieux approprié que celui de cartilage de *position.*

Les ligaments vocaux (fig. IX, 3, 3-6) sont deux bandes

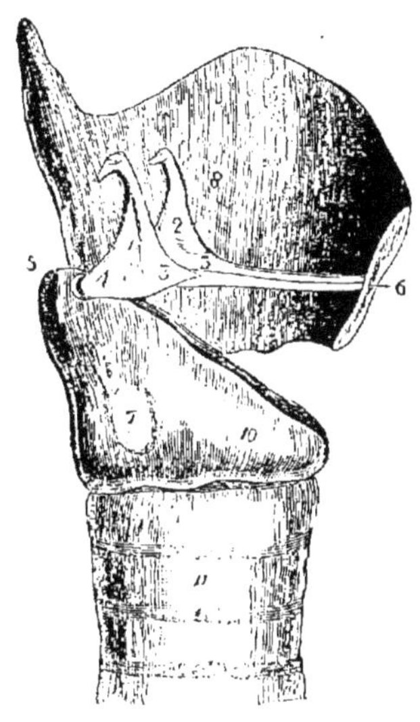

Fig. IX. — Intérieur de la boîte vocale ou larynx vu par le côté, après l'ablation de la lame droite du bouclier.

1, 2. Pyramides, cartilages aryténoïdes.
3, 3. Apophyses vocales des pyramides.
4. Apophyse musculaire de la pyramide droite.
5. Bord supérieur de l'anneau.
6, 3, 3. Ligaments vocaux.
7. Point où ils se fixent au bouclier.
8. Lame gauche du bouclier.
9. Corne supérieure gauche du bouclier.
10. Anneau.
11. Tube aérifère, trachée.

de tissu élastique, recouvertes d'une membrane très-fine. Chacune d'elles est unie latéralement, dans toute sa longueur, au bouclier. Les ligaments vocaux sont unis, par leurs extrémités postérieures, à ces petites cornes des pyramides, saillantes en avant, que l'on appelle les processus vocaux (fig. IX, 3, 3) et, par leur extrémités antérieures, au centre du bouclier (fig. IX, 6) au point où les deux plaques se réunissent sous un angle plus ou moins aigu.

On désigne, généralement, les ligaments vocaux sous le nom de *cordes*, mais ce terme est mauvais parce qu'il fait songer à des cordes semblables, par exemple, à celles d'un violon, qui sont attachées seulement à leur extrémité et restent libres dans toute leur étendue. Comme nous venons de le voir, il n'en est pas ainsi, car les « cordes » ne sont libres que sur leur bord interne. Le ligament vocal gauche, que l'on voit dans la figure X, 1, 2, 3, 4, montre ceci d'une façon très distincte et il forme, avec un muscle qui en fait partie intégrante, un rebord triangulaire attaché, par sa base élargie, au bouclier. Le nom de « bandes vocales » que les physiologistes allemands ont substitué à celui de cordes vocales, ne vaut guère mieux, car il est exactement susceptible de la même objection. Le terme « lèvres vocales », employé aussi par quelques écrivains, donne une idée également inexacte de ces organes, et comme il n'existe aucun nom précis, nous préférons le mot « *ligament* », qui a, au moins, l'avantage négatif de ne pas évoquer d'image fausse. En conséquence, dans ce livre, lorsque nous parlerons des organes qui produisent les sons, nous dirons toujours « ligaments vocaux ».

Les ligaments élastiques, arrivés au contact, sont frappés par l'air qui, de bas en haut, est projeté contre eux, et, comme ils sont élastiques, ils cèdent et se laissent forcer. Alors une petite quantité d'air devient libre et la pression inférieure diminue ; par suite, les ligaments vocaux reprennent leur position et même redescendent un peu plus bas.

La pression de l'air renouvelée triomphe une fois de plus des ligaments vocaux qui cèdent encore, aussitôt qu'une nouvelle expulsion d'air s'est produite, et ce processus se répète rapidement et régulièrement.

Nous avons, ici, deux catégories de vibrations — primaires et secondaires.

Les vibrations primaires sont celles des ligaments vocaux, et les vibrations secondaires sont celles de la colonne d'air qui passe entre les ligaments vocaux. Le résultat de ces vibrations est le *son vocal*. Le son ainsi pro-

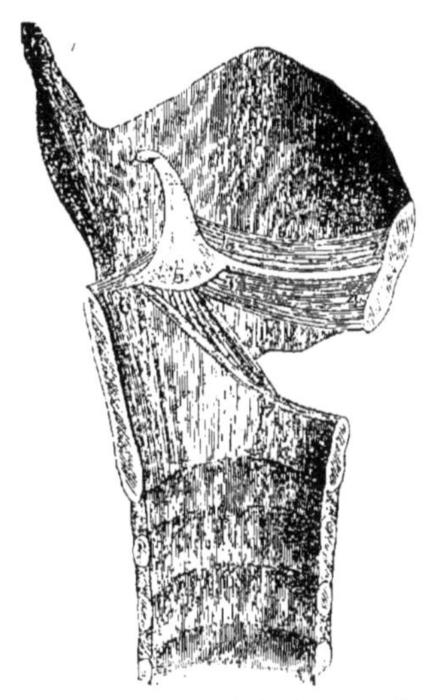

FIG. X. — Vue latérale de la boîte vocale, ou larynx, montrant l'intérieur de la moitié gauche.

1, 2, 3, 4. Ligament vocal gauche et muscle thyro-aryténoïdien.
5. Pyramide gauche.
6, 7. Anneau.
5, 7. Crico-aryténoïdien latéral.

duit ne constitue pas à lui seul, comme nous l'expliquerons, avec détails, ailleurs, la voix humaine, il ne représente que le son original. Toutes les autorités sont cependant d'accord aujourd'hui, pour reconnaître que ce son original est le résultat des vibrations des ligaments vocaux.

On pourrait apporter de nombreuses citations à l'appui

de ce que nous venons dire ; il nous suffira d'en donner une, d'après le Professeur Marshall, qui est concluante. « Des expériences faites sur des animaux vivants montrent » que les ligaments vocaux, seuls, sont les organes » essentiels de la production de la voix, car, tant qu'ils » restent intacts, bien que toutes les autres parties » internes du larynx soient détruites, l'animal est capa- » ble d'émettre des sons vocaux. L'existence d'une ouver- » ture dans le larynx d'un animal vivant, ou d'un homme, » située au-dessus de la glotte (1), n'empêche en aucune » façon la formation des sons vocaux ; la présence d'une » ouverture semblable dans la trachée détertermine la perte » complète de la voix, mais il suffit de la fermer pour » que les sons puissent se produire à nouveau. Les ori- » fices de ce genre se rencontrent chez l'homme, à la » suite d'accidents, ou de tentatives de suicide, ou d'opé- » rations faites sur le larynx ou la trachée, dans un but » thérapeutique ».

Les ligaments vocaux, chez un homme adulte, ont, à l'état de repos, environ trois quarts de pouce de longueur, et, chez la femme, environ un demi pouce. Ils sont effilés dans leur partie antérieure, réunis en avant au bouclier (fig. IX, 6) et, en arrière, aux pyramides (fig. IX, 3,3). Maintenant, mettons-nous bien dans l'esprit : 1° que les pyramides, dans leur évolution, restent attachées au bord supérieur de l'anneau ; 2° qu'en tirant le bouclier en bas et en avant sur l'anneau, ou que, en rapprochant de n'importe quelle manière ces deux cartilages en avant, la distance entre le bord supérieur de l'anneau (fig. IX, 5) et la face antérieure du bouclier (fig. IX, 6) augmentera, et l'on verra que tous ces mouvements ont nécessairement pour effets de tendre les ligaments vocaux, et élèvent ainsi le *ton* de la voix.

(1) On appelle glotte l'élément vibrant de la boite vocale.

Le bouclier est attiré en avant et en bas sur l'anneau et ce mouvement est produit par une paire de muscles qui s'élèvent de chaque côté, en forme d'éventail, de l'anneau au bouclier (fig. XI, 1, 2, 3). On appelle ces

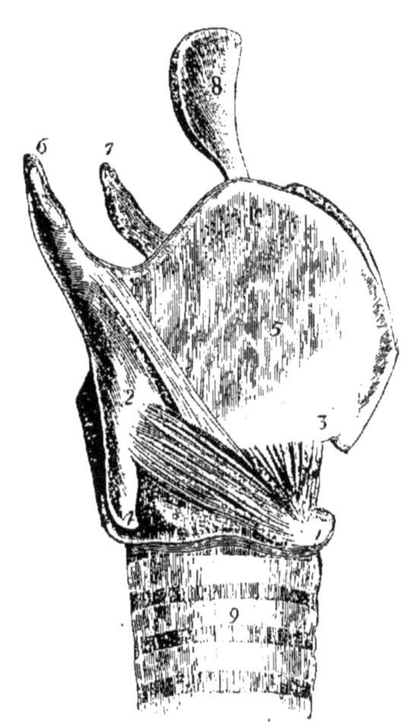

FIG. — XI. — Vue latérale de la boîte vocale, ou larynx, montrant un des muscles extérieurs.

1, 2, 3. Muscle crico-thyroïdien.
4. Corne inférieure droite du bouclier.
5. Bouclier.
6, 7. Cornes supérieures du bouclier.
8. Opercule.
9. Tube aérifère, ou trachée.

muscles « muscles de l'anneau et du bouclier » ou muscles *crico-thyroïdiens*. Il y a, à l'intérieur du bouclier, une autre paire de muscles, antagonistes des précédents, qui s'étendent parallèlement aux ligaments vocaux, dont ils constituent, en réalité, la partie la plus importante (fig. X, 1, 2, 3, 4). Ils sont fixés, comme les ligaments vocaux, en avant, au bouclier, en arrière, aux pyramides, et, c'est pour cette raison, qu'on les appelle « muscles du bouclier et des pyramides, » ou *thyro-aryténoïdiens*. Une de leurs fonctions consiste à lutter contre les muscles crico-thyroïdiens et lorsqu'ils ont vaincu leur résistance, à attirer encore le bouclier, ce qui, naturellement, relâche les ligaments vocaux et abaisse le ton de la voix. Les muscles crico-thyroïdiens (fig. XI, 1, 2, 3) tendent donc les ligaments vocaux, et les muscles thyro-aryténoïdiens (fig. X, 1, 2, 3, 4) les relâchent.

Mais, ce n'est pas là la seule fonction que remplissent ces muscles. Leur action est, en réalité, si compliquée, qu'il est presque impossible d'en donner une description claire.

Il n'y a peut-être aucun autre muscle, dans le corps humain, chez lequel les points d'origine et d'insertion de ses fibres soient aussi variés. Ces fibres vont dans toutes les directions et permettent aux muscles de modifier leur tension, leur densité, leur élasticité et leur forme. Il serait tout à fait hors du plan de ce manuel de rentrer dans les détails intimes de leur structure, et à notre avis, nous ne rendrions pas la question plus intelligible en suivant l'exemple de quelques auteurs, qui divisent ces muscles en deux faisceaux et les désignent sous le nom de muscles thyro-aryténoïdiens internes et externes. Cette distinction est difficile au point de vue anatomique et ne servirait, en réalité, qu'à embrouiller le lecteur au lieu de l'éclairer.

La plus grande partie des fibres s'étend parallèlement aux ligaments vocaux, suivant la même ligne légèrement recourbée (fig. X, 1, 2, 3, 4); beaucoup d'entre elles remontent directement dans les ligaments ventriculaires, et celles qui restent se dirigent dans presque toutes les autres directions. Toutes ces fibres sont entremêlées de telle façon que ce serait une tâche sans espoir que d'essayer de les classer. Les muscles thyro-aryténoïdiens agissent de quatre façons différentes :

1° Ils relâchent les ligaments vocaux.

2° Ils font subir un mouvement de torsion aux pyramides, en tirant sur les processus musculaires, rapprochant ainsi les processus vocaux.

3° Ils pressent vers l'intérieur les ligaments qu'ils ramènent au contact l'un de l'autre, sur une plus grande étendue, et réduisent ainsi la longueur de la fente vocale.

4° Leurs fibres externes, verticales, en se contractant, diminuent le diamètre de la portion interne des muscles crico-thyroïdiens et des ligaments vocaux, et les rend plus plats et plus minces.

Nous prouverons, dans un autre chapitre, que cette action n'est pas, ainsi qu'on pourrait le croire, une conception de l'esprit, et l'on verra alors que son action a la plus grande importance dans la production de l'un des registres vocaux. On observera, en même temps, que si les muscles crico-thyroïdiens abaissent le ton de la voix, dans d'autres conditions ils peuvent aussi l'élever.

En raison de cette structure que nous venons de décrire, les muscles crico-thyroïdiens ont aussi, dans ces derniers temps, été appelés « muscle sphincter » (1) de la glotte. On les a également appelés « muscles vocaux », car ils jouent un rôle si important dans la formation de tous les sons vocaux, que leur paralysie entraîne une perte complète de la voix.

Ces deux paires de muscles, les muscles crico-thyroïdiens (fig. XI, 1, 2, 3) et les muscles thyro-aryténoïdiens (fig. X, 1, 2, 3, 4) peuvent, en tirant, en déserrant et en comprimant les ligaments vocaux, modifier essentiellement

(1) Le mot *sphincter* est un terme anatomique, qui s'applique aux muscles circulaires qui resserrent ou ferment certains orifices naturels.

la hauteur de sons produits par leurs vibrations. Les muscles crico-tyroïdiens sont aidés, dans leurs fonctions de tenseurs des cordes vocales, par un autre agent, dont nous parlerons plus loin.

Nous possédons, maintenant, des notions sur les ligaments vocaux et nous avons vu par quels moyens la tension en est modifiée. Mais, cependant, comme, à l'état de repos, les ligaments divergent en arrière, ils doivent, d'abord, avoir pris la position parallèle avant d'être prêts à produire le son.

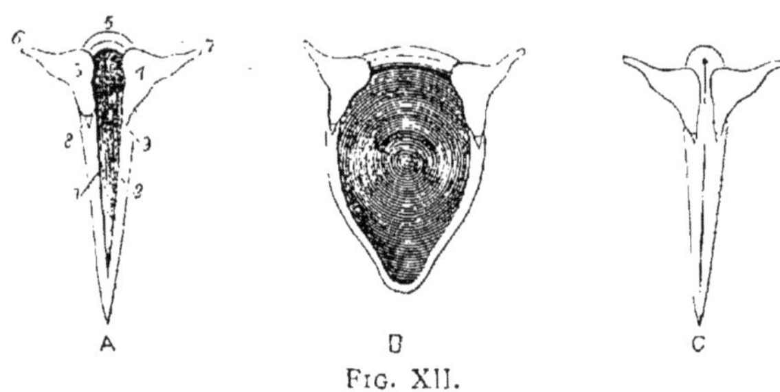

Fig. XII.

A Glotte au repos.
B Glotte pendant la respiration profonde.
C Glotte pendant la production du son.
1, 2. Ligaments vocaux.
3, 4. Section des pyramides.
5. Ligament élastique.
6, 7. Apophyses musculaires.
8, 9. Apophyses vocales.

Afin d'expliquer comment cela s'opère, figurons-nous que nous avons coupé cette partie de la pyramide qui est placée au-dessous des ligaments vocaux (fig. IX, p. 59) et alors notre regard plongera par en haut sur ces organes. On voit les ligaments (fig. XII. A, 1, 2) une section des pyramides (fig. XII, A, 3, 4) et une bande élastique qui les unit (fig. XII, A, 5). On donne ordinairement, à ces parties le nom de « glotte, » et les anatomistes distinguent une glotte *ligamenteuse*, formée par les ligaments vocaux et une glotte cartilagineuse, formée par les pyramides.

Le mot glotte signifie, en réalité, les « langues » ou « languettes » (*lingulæ laryngis*) du larynx, et comme les pyramides ne prennent en aucune façon part, par des vibrations qui leur soient propres, à la production des sons, la désignation ne s'applique, à proprement parler, qu'aux ligaments vocaux seuls. Malheureusement, on a encore compliqué les choses en employant le mot glotte pour désigner la fente qui existe entre les ligaments, et de ceci résultent de nouvelles difficultés et de nouveaux inconvénients. Les médecins parlent de « spasmes de la glotte », les professeurs de chant du « choc de la glotte » termes qui n'ont aucune signification, quand on les applique à un espace. Dans les ouvrages physiologiques, on appelle aussi l'ouverture dont nous venons de parler « orifice de la glotte », ou bien « rima glottidis », et l'on ne voit pas pourquoi on ne lui conserverait pas exclusivement cette dénomination, réservant le mot « glotte » pour les ligaments vocaux.

Ici, comme partout, il est extrêmement désirable de posséder une définition claire des termes ; nous nous servirons donc du mot « glotte », uniquement pour désigner les éléments vibrants du larynx. Nous appellerons « fente de la glotte » l'espace qu'ils limitent, lorsqu'il s'agit des variations de sa forme en rapport avec la production des sons, ou « fente vocale », lorsqu'on en parle à un point de vue général.

Dans la figure XIII on voit toutes les parties à l'état de repos. Le lecteur devra étudier avec beaucoup de soin ce dessin dont l'exécution nous a coûté plus de travail que celle d'aucun des autres.

On y trouve une représentation très complète du larynx

disséqué, vu d'en haut, et, s'il est bien compris, il aidera beaucoup à interpréter les autres. Une paire de muscles est attachée aux processus musculaires des pyramides (fig. XIII, 1 et 2) leurs bases sont fixées au dos de l'anneau cartilagineux vers le bas (fig. XIII, 4 et 5). L'action de ces

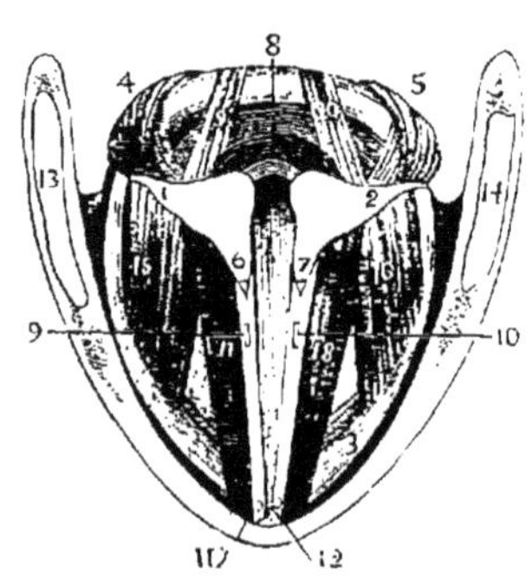

Fig. XIII. — Section du la boite vocale ou larynx, vue d'en haut.

1, 2. Apophyses vocales des pyramides.
3, 3. Anneau.
4. 1 et 5, 2. Crico-aryténoïdiens postérieurs.
6, 7. Apophyses vocales des pyramides.
6, 11 et 7, 12. Ligaments vocaux.
8. Muscles aryténoïdiens.
9 et 10. « Nodules vocaux » d'Elsberg.
11 et 12. Cartilages sésamoïdes.
13 et 14. Bouclier.
15 et 16. Crico-aryténoïdiens latéraux.
17 et 18. Muscles thyro-aryténoïdiens.
19 et 20. Ligaments qui unissent les pyramides à l'anneau.

muscles crico-aryténoïdiens, postérieurs, est de se contracter aussitôt que nous reprenons notre respiration, chacun d'eux tire alors les pyramides en *arrière* et les sépare en avant ; ils tendent ainsi la bande élastique située en arrière. Par l'action de ce mouvement, la fente glottique est largement ouverte, et prend la forme représentée (fig. XII, B).

Pendant l'expiration, les muscles crico-aryténoïdiens, postérieurs, se relâchent, la bande élastique se contracte et la fente vocale reprend la forme de la fig. XII A. Ces mouvements se produisent depuis le commencement de notre existence jusqu'à la mort, que nous soyons endormis ou éveillés, avec plus ou moins d'énergie suivant que nous respirons plus ou moins profondément. Les muscles crico-aryténoïdiens postérieurs (fig. XIII, 4, 1 et 5, 2) remplissent donc cette mission, extrêmement importante, de maintenir ouverte la porte par laquelle l'air que nous respirons pénètre dans les poumons. On a donc pu les appeler poétiquement les « gardiens de la porte de la vie. » En tirant les pyramides en arrière, ils aident aussi les crico-thyroïdens (fig. XI, 1, 2, 3) à tendre les ligaments vocaux.

Ces « muscles ouvreurs » ont comme antagonistes une paire de muscles qui ont leur point d'insertion sur les bords latéraux de l'anneau (fig. XIII, 3, 3) ; ils viennent se fixer à la partie frontale des apophyses musculaires des pyramides (fig. XIII, 1 et 2), qui servent à réunir les processus vocaux (fig. XIII, 6 et 7) auxquels les ligaments vocaux sont attachés ; ceux-ci, par suite de cette action, deviennent parallèles l'un à l'autre.

Ces muscles crico-aryténoïdiens latéraux (fig. XIII, 15 et 16 ; voir aussi fig. X, 5, 7, p. 61) sont aidés, dans leur action, par un muscle unique, qui réunit les pyramides en arrière de la bande élastique que nous avons déjà indiquée. Nous appellerons ce muscle, le muscle aryténoïdien (fig. XIII, 8). Lorsque les muscles que nous venons de décrire et que l'on peut, à juste titre, appeler les « muscles fermeurs » combinent leur action, la fente vocale prend la forme représentée dans la figure XII C., et les ligaments vocaux se trouvent alors dans une position convenable pour produire le son.

Avant d'aller plus loin, il serait bon de revoir une

dernière fois les muscles dont nous venons de nous occuper, afin qu'il ne nous reste aucune incertitude sur leurs fonctions.

Muscles

I. — MODIFIANT LA FORME DE LA FENTE VOCALE

Les muscles crico-aryténoïdiens postérieurs	Ouvreurs de la fente vocale.
Les muscles crico-aryténoïdiens latéraux, Les muscles aryténoïdiens aidés par les muscles thyro-aryténoïdiens	Fermeurs de la fente vocale.

II. — MUSCLES MODIFIANT LA HAUTEUR DE LA VOIX

Les muscles crico-thyroïdiens aidés par les Muscles crico-aryténoïdiens postérieurs	Tenseurs des ligaments vocaux.
Les muscles thyro-aryténoïdiens	Relâcheurs, ou compresseurs des ligaments vocaux.

Les ligaments des poches, ou fausses cordes vocales, sont formés par un repli horizontal parallèle aux cordes vocales, et placé au-dessus d'elles. Si nous voulons avoir une idée exacte de ces organes, ainsi que des autres parties de la boite vocale qui nous restent à voir, et dont quelques-unes sont très minuscules, il nous sera nécessaire de les étudier en détail. Examinons donc le dessin ci-joint, qui montre l'intérieur de la moitié gauche du larynx, que nous voyons, pour la première fois, recouvert de sa muqueuse, c'est-à-dire à l'état naturel.

Nous reconnaissons le ligament vocal (fig. XIV, 1, 2) et nous en voyons l'insertion au bouclier (fig. XIV, 2)

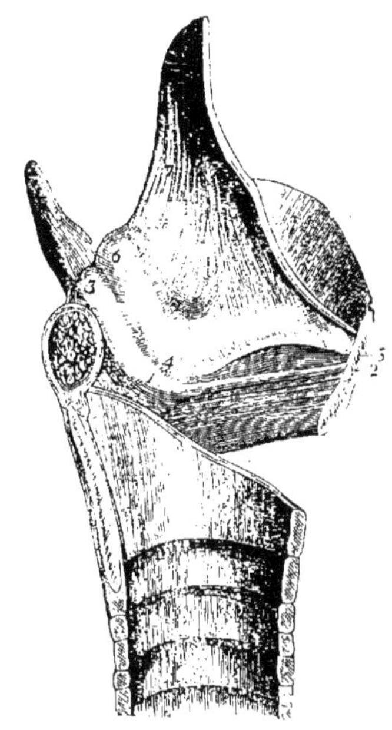

Fig. XIV.— Vue latérale de la boite vocale, ou larynx montrant la poche gauche et les replis de la muqueuse.

1, 2. Ligament vocal gauche.
3. Saillie indiquant le cartilage tampon (cartilage de Santorini) gauche.
4, 5, 2, 1. Orifice de la poche gauche.
4, 5. Ligament de la poche du côté gauche.
6. Elévation indiquant le cartilage gauche de Wrisberg avec le cartilage de soutien (cartilage cunéiforme, situé au-dessous de 4.
7. Repli de la muqueuse (ary-épiglottique) réunissant la pyramide à l'opercule.
8. Muscle pyramidal.

moins la pyramide qui est à gauche du dessin, et à laquelle l'autre extrémité du ligament vocal est attachée, ne se voit pas, bien que nous puissions en suivre, à peine, il est vrai, le contour oblique, en haut et en arrière (fig. XIV, 1, 3).

Au-dessus du ligament vocal, nous voyons un autre repli horizontal (fig. XIV, 4. 5) ; celui--ci, comme le ligament vócal, est attaché en avant (sur la droite du dessin) au bouclier, et, en arrière (sur la gauche du dessin), à la pyramide. On doit cependant observer, et c'est là un point qui a une certaine importance pratique, que, tandis que les deux points d'insertion en avant (fig. XIV, 2 et 5) sont situés sur une même verticale, ou, en d'autres termes, exactement l'un au-dessus de l'autre, les deux points d'insèrtion en arrière (fig. XIV, 1 et 4) ne sont pas placés de la même façon.

Le nº 4 est situé plus en dehors que nº 1. Nous devons indiquer, aussi, que le repli supérieur (fig. XIV, 4, 5) ne forme pas une ligne droite, mais une courbe, qui ressemble à une paupière ouverte. Ce pli horizontal, courbe, dont nous venons d'indiquer la position, n'est autre chose que le ligament ventriculaire.

Les poches du larynx, ou *ventricules de Morgagni*, sont deux cavités auxquelles les auteurs attribuent les fonctions les plus diverses. L'espace limité par le ligament vocal et le ligament ventriculaire, représente l'entrée de la poche gauche (fig. XIV, 1, [2, 4, 5) : la poche elle-même se trouvant derrière.

Le Professeur Struthers, de l'Université d'Aberdeen, compare cette disposition à un foyer avec la cheminée derrière. L'âtre se prolonge dans la paroi en suivant une direction horizontale et pénètre dans la cheminée, située derrière, et dirigée verticalement. L'ouverture 1, 2, 4, 5 correspond à l'âtre et la poche située derrière à la cheminée est ouverte à sa partie supérieure et reste dans le larynx. La hauteur de la poche varie beaucoup suivant les individus ; d'une façon générale, elle n'est pas supérieure à deux cinquièmes de pouce, de telle façon qu'elle n'arrive pas jusqu'au niveau du bord supérieur du cartilage. Mais il y a des cas dans lesquels les poches ont près de trois quarts de pouce de hauteur, et alors la poche se prolonge au-dessus du bouclier. Quelquefois les poches montent assez haut pour atteindre presque la base de la langue, tandis que, dans d'autres cas, elles restent très superficielles. Leurs parois externes sont surtout formées par un tissu lâche, adipeux, cellulaire, et elles sont presque entièrement entourées par une multitude de petites glandes.

Les cartilages de Santorini, qui portent le nom de celui qui les a découverts, sont deux petits cartilages flexibles attachés aux sommets des pyramides. Ils les protègent contre la pression qu'exerce sur elles l'opercule, qui vient les comprimer dans l'acte de la déglutition. On les a aussi appelés, en raison de cette fonction, « cartilages tampon. » (The Throat and its Functions. Louis Elsberg, New-York, G. P. Putmans et Sons, p. 31). Dans notre dessin (fig. XIV, 3), nous voyons une élévation de la muqueuse qui nous révèle la présence de l'un de ces cartilages au sommet de la pyramide gauche.

Il existe un repli de la muqueuse, qui va du cartilage tampon (fig, XIV, 3), à l'opercule (fig. XIV, 7) *(repli aryténo-épiglottique)* et il existe, naturellement, un repli correspondant dans la moitié droite du larynx. Ces deux replis de muqueuse sont soutenus par deux petits fragments de cartilage, qu'on appelle les cartilages *cunéiformes,* et qui répondent aussi au nom bien choisi de « cartilages de soutien » (Elsberg, op. cit. p. 31). On appelle « cartilage de Wrisberg » la portion terminale, élargie, des cartilages de soutien. Dans la fig. 6, on voit, à gauche, ce cartilage, et l'on pourrait dessiner le cartilage de soutien lui-même, à travers la membrane muqueuse qui se dirige vers le bas (fig. XIV, 6, 4).

Nous en savons assez maintenant pour comprendre le dessin suivant (fig. XV) et pour l'étudier en détail. Il

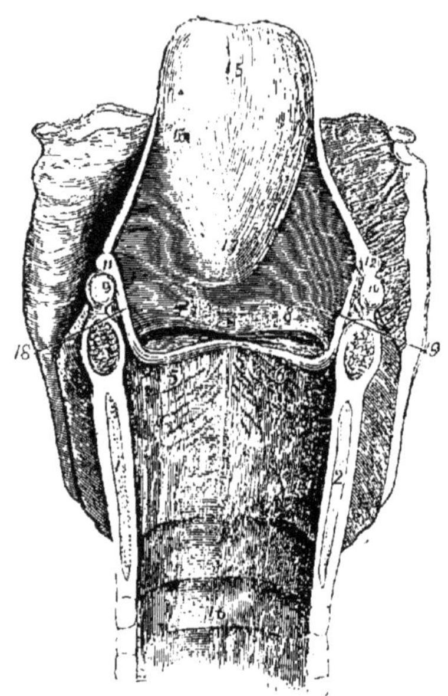

Fig. XV. — Vue de la boîte vocale, ou larynx coupé et ouvert en arrière.

1, 2. Anneau.
3, 4. Muscle aryténoïdien.
5 et 6. Ligaments vocaux.
5, 7, 6, 8. Entrées des poches.
7 et 8. Ligaments des poches.
9 et 10. Cartilages de Santorini.
11 et 12. Cartilages de Wrisberg.
11. 13, et 12, 14. Replis ary-épiglottiques.
15. Opercule.
16. Tube aérifère.
17. Coussinet de l'opercule.
18 et 19. Cartilages de soutien.

représente un larynx entier, coupé et ouvert par sa partie postérieure, et nous n'avons aucune peine à reconnaître les parties qui viennent d'être décrites. Si nous pouvions recourber le larynx, de façon à mettre en contact les deux extrémités de l'anneau (fig. XV, 1 et 2) et les deux extrémités du muscle aryténoidien (fig. XV, 3 et 4) nous rendrions au larynx sa forme naturelle, les ligaments vocaux (fig. XV, 5 et 6) et les ligaments des poches (fig. XV, 7 et 8) prendraient une direction antéro-postérieure, se rencontrant en avant et divergeant un peu en arrière; et, au-dessus d'eux, il y aurait une sorte de tube, appelé le « vestibule du larynx ». Le bord supérieur du vestibule est formé par les deux cartilages tampons (fig. XVI, 12 et 9), par les deux cartilages de Wrisberg, (fig. XVI, 10 et 13), les deux replis de muqueuse qui s'étendent jusqu'à l'opercule (fig. XVI, 10. 11, 13 et 14), et par la partie supérieure de l'opercule (fig. XVI, 15). Le vestibule du larynx s'étend vers le bas jusqu'aux ligaments des poches, et nous observons, sur ses côtés, les cartilages de soutien (fig. XV, 18 et 19) qui, ainsi que nous l'avons vu plus haut, aident à le maintenir béant. Nous notons aussi, juste au-dessus du point où les ligaments des poches se rejoignent, une saillie (fig. XV, 17) que l'on appelle le « coussinet » de l'épiglotte.

L'air, pendant l'acte de la respiration, et le son, pendant l'acte du chant et de la parole, passent à travers le vestibule (fig. XVI, 12, 10, 11, 15, 14, 13, 9), et nous devons examiner ce tube au laryngoscope, si nous voulons étudier les conditions dans lesquelles se trouve le larynx pendant l'acte de la phonation.

Les aliments que nous prenons passent *au-dessus* de ce tube et nous savons que, pour cette raison, son orifice est recouvert par l'opercule. Mais nous avons vu, aussi, que la partie supérieure, libre, de l'épiglotte (fig. XVI, 15) qui, à elle seule, pourrait recouvrir cet orifice, manque entièrement chez quelques personnes qui, néanmoins, n'éprouvent aucune difficulté à avaler. Il faut qu'il y ait d'autres moyens de protection, et nous découvrons par un examen plus minutieux, une disposition qui est aussi simple qu'efficace, consistant en ce que les ligaments des poches

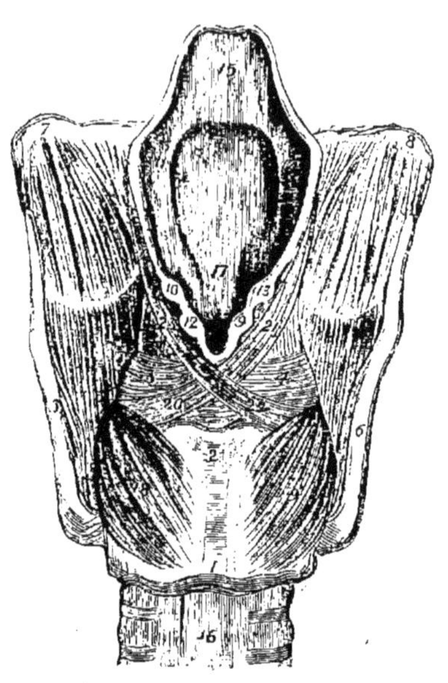

FIG. XVI. — La boîte vocale ou larynx vue par l'arrière.

1, 2. Anneau.
3, 4. Muscles aryténoïdiens.
5 et 6. Bouclier.
7 et 8. Os de la langue.
9 et 12. Cartilages de Santorini.
10 et 13. Cartilages de Wrisberg.
11, 15, 14. Opercule.
16. Tube aérifère.
17. Coussinet de l'opercule.
18 et 19. Muscles crico-aryténoïdiens postérieurs.
20, 21 et 22, 23. Constricteurs du vestibule.

viennent se presser l'un contre l'autre. Les ligaments des poches se ferment par la contraction des faisceaux verticaux des portions externes des muscles thyro-aryténoïdiens, et par la contraction du « constricteur » du vestibule (arytenoïdeus constrictor vestibuli laryngis) (fig. XVI, 20, 21, 22 et 23) qui s'étend des bases des pyramides jusqu'à l'opercule entourant les sommets des pyramides au-dessous des tampons et passant, de là, sur les cartilages de soutien.

La figure XVI expliquera cette disposition plus clairement que toute description orale, et nous savons maintenant que la fermeture du larynx est produite par trois agents, les ligaments vocaux, les ligaments des poches et l'opercule. Bien que l'opercule ne puisse être considéré comme le principal moyen d'occlusion du larynx, nous comprenons facilement, maintenant, comment, en son absence, les autres parties que nous venons de passer en revue peuvent le suppléer et protéger efficacement la boite vocale contre la pénétration des corps étrangers.

Nous devons ici faire remarquer que la fermeture du *larynx* et la fermeture de la *glotte* sont deux choses très différentes. Le larynx est fermé pendant la déglutition, le vomissement et dans les efforts de constriction, lorsque les deux parois se pressent l'une contre l'autre, lorsqu'on fait de violents efforts ou qu'on soulève de lourds fardeaux ; mais il est douteux que, dans aucun cas, les ligaments des poches puissent se rapprocher suffisamment en arrière pour empêcher complètement le passage de l'air parce que leurs points d'insertion ne se trouvent pas, ainsi que nous l'avons déjà fait remarquer, sur la ligne médiane du larynx, mais un peu à droite et à gauche, et nous verrons quels moyens il faut employer, dans les expériences sur le cadavre, pour les amener en intime contact. Mais, quoi qu'il en soit, *il est absolument certain que, dans la production des sons, les ligaments des poches, à l'état sain,* NE SE RENCONTRENT JAMAIS et que la glotte seule est fermée. C'est un fait sur lequel il ne peut y avoir l'ombre d'un doute dans l'esprit de l'élève le moins exercé au maniement du laryngoscope.

Les poches constituent des moyens d'isolement pour les ligaments vocaux, leur fournissent ainsi un espace qu'ils peuvent parcourir librement et où ils peuvent vibrer facilement et sans obstacles. Elles permettent, aussi, aux ondes sonores, de s'étendre latéralement et, enfin, elles secrètent, par le moyen de leurs nombreuses petites glandes, la mucosité qui doit lubrifier les ligaments vocaux et sans laquelle, d'après les recherches de J. Muller, la production des sons ne peut se produire (Ueber die Compensation der physischen Kräfte am menschliehen Stimmorgan, p. 8, Berlin, 1830).

Nous devons encore revenir sur l'étude des cartilages de soutien (fig. XV, 18 et 19). D'après quelques auteurs, ils ont la forme d'un L, et leur petite branche horizontale s'étend dans les ligaments vocaux, ce qui permet à ces ligaments de se réunir et de vibrer, dans la production du son, sur une partie seulement de leur longueur. Un auteur a considéré la petite branche horizontale des cartilages de soutien comme l'agent de la production de la « voix de tête, » c'est-à-dire le registre le plus élevé de la voix de femme.

Mme Seiler dit qu'ils « s'étendent jusqu'à la région moyenne des ligaments vocaux qui les enveloppent » (Voice in Singing. Philadelphie : J. B. Lippincott & Co., p. 189).

Le Dr Witkowski (The Mechanism of Voice, Speech, and Taste. Traduit et publié par Lennox Browne. London : Bailhere, Tindall & Cox, p. 12), donne de ces cartilages une description qui ressemble beaucoup à celle de Mme Seiler. A propos des glandes de la boîte vocale, il dit : « elles sont disposées en forme d'L ; la branche verticale de l'L est placée le long des cartilages aryténoïdes, *la branche horizontale suit la direction des cordes vocales.*

On trouve souvent, au milieu de ce groupe de glandes, le cartilage cunéiforme de Wrisberg, réduit, parfois, à un simple nodule cartilagineux.

Le Dr Elsberg (op. cit., p. 37) les désigne sous le nom de « nodules vocaux postérieurs », il les décrit comme des « nodules allongés, » situés dans la portion postérieure des ligaments vocaux et dit qu'on les trouve « plus souvent chez les femmes que chez les hommes » (fig. XIII, 9 et 10, p. 66).

La description du larynx ne serait pas complète, si nous ne mentionnions, encore, une autre paire de cartilages très petits, appelés « nodules vocaux antérieurs » ou *sésamoïdes antérieurs* (Fig. XIII, 11 et 12), bien que l'on ne voie pas clairement quelle fonction ils remplissent ; peut-être renforcent-ils les ligaments vocaux aux points où ils s'attachent au bouclier.

L'APPAREIL RÉSONNATEUR DE L'ORGANE VOCAL.

L'APPAREIL RÉSONNATEUR est représenté par :

1. Les poches ;
2. Les ligaments des poches ;
3. Le vestibule ;
4. L'opercule ;
5. La partie supérieure de la gorge, ou pharynx.
6. Les cavités du nez ; et
7. La bouche.

Nous avons déjà dit que les poches du larynx permettent aux ondes sonores de s'étendre latéralement. Cette circonstance doit évidemment avoir quelque influence sur la nature du son, et les dimensions des poches qui, ainsi que nous l'avons vu, varient beaucoup suivant les différentes personnes, peuvent être considérées avec certitude comme jouant un rôle important à ce point de vue. Certains auteurs ont comparé les poches aux sacs membraneux qui font saillie sur le cou de quelques batraciens, lorsqu'ils coassent ; ou aux énormes poches des *mycètes*, singes hurleurs d'Amérique, dont les voix sont plus bruyantes que le rugissement des lions. Les poches du larynx humain sont si petites, relativement aux parties environnantes, qu'il n'y a aucune excuse en faveur de cette comparaison fantaisiste dont il est bien facile de montrer le peu de valeur, en faisant remarquer que des animaux tels que le tigre et le bœuf, qui possèdent cependant une voix puissante, n'ont pas de poches laryngiennes(1).

Supposons maintenant que le son sort des poches ; dans sa course ascensionnelle il vient frapper contre les extrémités des ligaments et leur minceur ou leur épaisseur, leur forme effilée ou arrondie, le modifient sûrement dans une certaine mesure. Le son traverse ensuite le vestibule, qui peut, comme nous le savons, se contracter ou se dilater, et il rencontre alors l'opercule, ou épiglotte, dont la taille, la forme et la position varient probablement plus que n'importe quelle autre partie de l'appareil vocal, suivant les individus. Chez quelques-uns, il est à peine haut de trois quarts de pouce, tandis que, chez d'autres, il est assez grand pour faire saillie au dessus de la langue, de telle façon qu'on peut le voir dès que la bouche est ouverte,

L'opercule peut être simplement un peu retroussé à son sommet, ou bien il peut être enroulé comme l'écorce du cannellier. Il peut être placé verticalement laissant le

(1) *Il nous est impossible d'admettre cette opinion. Pour les batraciens, il n'y aurait même pas lieu de la discuter, et si, toutes proportions gardées, nous supposions le larynx des bœufs, ou celui des tigres, ainsi constitué, leur voix aurait l'intensité du tonnerre. Mais bien que les ventricules de l'homme et les singes hurleurs soient des organes qui aient incontestablement la même valeur morphologique, il est en effet très probable que, chez ce dernier, son importance, comme résonnateur, est bien faible.*

Dr G.

larynx tout-à-fait libre, ou bien il peut s'incliner en arrière, recouvrant alors la boîte vocale. Si la forme, la taille et la position de l'opercule varient chez les divers individus, sa position se modifie constamment chez la même personne.

Il ressort très-clairement des considérations précédentes que l'opercule constitue un moyen de modifier, plus ou moins rapidement et plus ou moins brusquement, la direction des ondes vocales, et de les diriger sous un angle variable contre la paroi de la gorge, d'où elles sont réfléchies vers la bouche. Nous sommes donc en droit de conclure que l'opercule a une influence considérable sur la qualité de la voix. Là, peut-être, réside la cause de certaines particularités qui nous permettent de reconnaître la voix d'un ami sans le voir, et nous trouvons, dans cette disposition, l'explication de certaines ressemblances de voix que l'on constate chez certaines familles, comme il y a des ressemblances de traits. Nous avançons ceci beaucoup plus comme une conjecture que comme un fait certain. Nous avons cependant assez d'exemples pour rendre intéressant ce problème de phonation qui sera sans doute complètement résolu un jour.

LA RÉGION SUPÉRIEURE DE LA GORGE, que l'on appelle aussi, dans les ouvrages médicaux, le *pharynx*, est une cavité dont on voit la plus grande partie à travers l'arcade située au fond de la bouche. Le gosier et le larynx s'y ouvrent en bas, la bouche et les narines en haut. Cette cavité communique encore avec la caisse des tympans, par l'intermédiaire de deux canaux étroits qu'on appelle les « trompes d'Eustache ».

Les fosses nasales sont limitées en bas par le palais osseux et le palais membraneux (fig. III, 4 et 5, p. 39) et divisées en deux par une cloison osseuse. Chacune des cavités est formée par trois canaux ; nous n'en étudierons que deux ; le troisième remplissant un rôle dont nous n'avons pas à nous occuper ici Ces tubes ont une forme très irrégulière, et ils sont ainsi contournés pour que l'air n'arrive pas froid dans l'appareil vocal. De même que les tubes aérifères situés plus bas, ils sont recouverts par une membrane muqueuse pourvue de ces petits appareils merveilleux qu'on appelle des *cils*, saillants vers l'extérieur, et qui exécutent de continuels mouvements de va et vient d'arrière en avant. Cette disposition, combinée à la secrétion d'un fluide glaireux secrété par les innombrables glandes minuscules de la membrane muqueuse, permet aux cavités nasales d'arrêter toutes les impuretés de l'air qui, autrement, pénétreraient dans le larynx, la trachée, ou même dans le poumon. Les cavités du nez réchauffent ainsi et purifient l'air que nous inhalons, et peuvent être considérés comme un « respirateur » naturel.

La bouche ou cavité buccale, est un espace compris entre les lèvres, en avant, et le pharynx en arrière. Nous sommes tous familiers avec la forme des lèvres, de la langue et des dents, et nous connaissons aussi leurs mouvements et leurs fonctions. Par conséquent, la seule partie de la bouche dont nous ayons ici à donner une description est le palais. Le palais est divisé en deux parties : le palais dur, en avant, ou palais osseux ; le palais mou ou palais membraneux ou voile du palais, en arrière.

Le palais dur est la partie osseuse de la voûte buccale, il s'unit, en avant et par côtés, aux alvéoles dentaires dans la mâchoire supérieure et, en arrière, il se termine par le voile. Il est recouvert d'une membrane muqueuse, il a la forme d'un dôme et constitue non seulement la voûte buccale, mais, aussi, le plancher des fosses nasales.

Le palais mou, voile du palais (fig. XII, 1) est la partie mobile que nous voyons au fond de la bouche ; il est formé d'un grand nombre de muscles recouverts par un prolongement de cette même membrane qui tapisse le palais osseux. Il a la forme d'une voûte supportée, de chaque côté, par deux piliers musculaires recourbés, qu'on appelle les « piliers de la gorge ». Les piliers *antérieurs* (fig. XIII, 3 et 4) renferment une paire de muscles (palato-glosses) qui, par leur contraction, les tendent et les raidissent, les rapprochent l'un de l'autre, rétrécissent l'espace qu'il y a entre eux, appelé « isthme du gosier ».

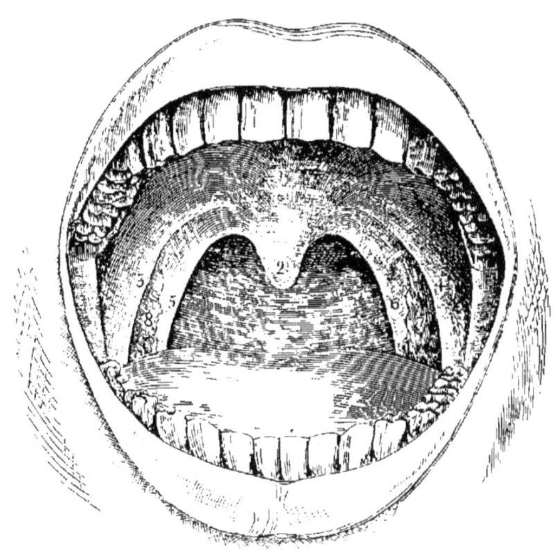

FIG. XVII. — VOILE DU PALAIS

1. Voile du palais.
2. Luette.
3 et 4. Piliers antérieurs du gosier.
5 et 6. Piliers postérieurs du gosier.
7 et 8. Amygdales.
L'espace situé entre les piliers 3 et 4, 5 et 6, est appelé gosier.

Les piliers postérieurs (fig. XVII, 5 et 6) renferment une autre paire de muscles (palato-pharyngiens), qui partent des cornes supérieures du bouclier et qui, par leur contraction, non-seulement rapprochent les piliers postérieurs, mais, aussi, les plaques du bouclier, et rétrécissent ainsi l'espace qu'il y a entre elles.

LA LUETTE (fig. XVII, 2) est un petit appendice, ressemblant à un grain de raisin, qui est suspendu au centre du voile du palais. Il est principalement formé par un muscle (azygos uvulæ) qui suit la ligne médiane du voile du palais et qui peut raccourcir, élever et rétracter la luette. Le lecteur pourra se faire une idée claire de son action en comparant les dessins de la fig. XL, qui montrent la luette à divers états de contraction.

Nous avons encore à ajouter à la liste des muscles déjà décrits, le « tenseur » et « l'élévateur », qui, ainsi que leurs noms l'indiquent, servent à tendre et à élever le voile du palais.

Maintenant que nous avons ainsi étudié les diverses parties qui composent le voile du palais, nous comprenons facilement que ce soit un organe essentiellement mobile. En réalité, le voile du palais est un organe mobile, par l'intermédiaire duquel la bouche et les cavités nasales peuvent être séparées presque complètement de la gorge. Pour bien se rendre compte de ce que nous venons de dire, le lecteur devra examiner les lignes qui indiquent le « trajet de la voix » et le « trajet de l'air », sur la fig. III. Si les cavités nasales doivent être séparées de la gorge, le voile du palais se *soulève*, et vient presser contre la partie postérieure du larynx. Le dos de la luette, par suite de la contraction du muscle qui élève cet organe, forme une sorte de coussinet qui facilite la fermeture. Si c'est la bouche qui doit être séparée de la gorge, le voile s'abaisse et s'applique exactement sur le dos de la langue.

Le voile du palais joue un rôle extrêmement important dans la vocalisation. Dans la formation du son de toute voyelle pure, il se soulève, et ferme, plus ou moins, les cavités nasales; et l'on a constaté que cette disposition se modifie, pour les diverses voyelles, de la façon suivante : c'est pour donner le son *a* qu'il est le plus lâche, plus rigide pour donner l'*e*, plus encore pour *o*, plus encore pour *ou*, il arrive à son maximun de rigidité pour *i*.

Czermak a clairement démontré ces faits de la façon suivante : se plaçant sur le dos, il remplissait ses narines d'eau tiède; il émettait alors les sons des diverses voyelles et concluait, d'après la quantité d'eau nécessaire pour forcer le voile, au degré de tension que présentait cet organe pour chaque voyelle.

Il construisit ensuite un appareil très ingénieux, au moyen duquel, dans une de ses leçons, il démontrait ce fait à son auditoire.

Le voile du palais s'élève aussi graduellement, lorsque nous montons la gamme et il occupe une position différente pour chaque note ; cependant, dans la voix de « fausset, » il se trouve plus bas que dans les notes de même hauteur de la voix de « poitrine ». On doit aussi faire observer que la fermeture du voile n'est jamais suffisante pour empêcher complètement la formation dans le nez, de vibrations synchroniques, de celles qui passent du pharynx dans la bouche.

CHAPITRE V

Différence entre les larynx de l'enfant, de la femme et de l'homme

Le larynx d'un enfant nouveau-né possède à peu près le tiers du volume de celui d'une femme, mais il paraît plus petit, parce qu'il est plus rapproché de l'os hyoïde qu'il ne le sera plus tard, et parce que sa surface externe, formée par les deux plaques du bouclier, présente une courbure tout-à-fait insignifiante, si nous la comparons à l'angle aigu que nous trouvons dans le larynx de l'homme. La boite vocale s'accroit très rapidement jusqu'à la troisième année et moins vite jusqu'a la sixième ; et, à partir de ce moment jusqu'à la quatorzième ou quinzième année, il semble qu'il ne se produit aucune modification dans ses proportions et il est tout-à-fait semblable chez les garçons et chez les filles. La hauteur de la voix reste la même pendant toute la vie, et le nombre de ces vibrations ne dépasse pas celui que l'on constate chez une femme adulte.

Au moment de la puberté, qui, généralement, se produit vers l'âge de quatorze ou quinze ans, mais parfois, une couple d'années plus tôt ou plus tard, le larynx se développe rapidement pendant une période qui peut durer de six mois à deux ou trois ans, pour arriver enfin à sa taille définitive. Chez les garçons, ses proportions se modifient dans le rapport de 5 à 10, chez les filles de 5 à 7. A ce moment, le larynx est plus ou moins rouge et ses tissus sont relâchés ; les ligaments vocaux se développent non-seulement en longueur, mais aussi en épaisseur. Chez les garçons, le bouclier perd sa courbe gracieuse et constitue la proéminence qui porte le nom de « pomme d'Adam, »; le larynx, dans son ensemble, s'accroît plus en profondeur qu'en hauteur; par conséquent, la longueur des cordes augmentant, elles deviennent capables de produire des sons plus bas.

Chez la jeune fille, la hauteur du larynx croît plus que son épaisseur ou sa profondeur, et le larynx ne fait pas saillie à l'extérieur. Les ligaments vocaux restent plus courts et plus minces que dans le larynx de l'homme. On dit à ce moment que la voix mue et on comprendra facilement, d'après l'explication que nous venons de donner, pourquoi la voix enfantine du garçon se transforme en la voix de ténor ou de basse de l'homme; tandis que, chez les filles, la modification est très légère et souvent si graduelle qu'elle est presque insensible. L'incertitude de la voix du garçon, pendant la mue, est un phénomène curieux, et qui, si l'on songe qu'à la même époque le larynx se développe dans toutes les parties qui le composent, n'est pas facile à expliquer. L'explication pourrait être la suivante : les cartilages croissent plus facilement que les muscles, et, pour cette raison, les muscles ne peuvent gouverner exactement les cartilages, jusqu'à ce qu'enfin s'établisse un équilibre durable (1).

Nous venons donc de voir que, tandis qu'avant la période de puberté, la boite vocale ne présente pas de différences sensibles dans les deux sexes, il s'en produit,

(1) *On dit que le célèbre Lablache acquit en une seule nuit sa magnifique voix de basse, après avoir, le jour précédent, fait les plus grands efforts vocaux dans une fête d'église (James Hunt, op. cit. p. III).*

La question de (La voix des enfants et de son traitement dans ses rapports avec son développement ultérieur), a été traitée en détail dans un ouvrage spécial, publié par les deux auteurs de ce livre. Chez Sampson, Low & Cº.

plus tard, de très-considérables au point de vue de la forme. Nous pouvons nous en convaincre, en comparant simplement la gorge de l'homme à celle de la femme : l'une est ronde et unie, l'autre présente une protubérance plus ou moins marquée. On constate bien plus nettement ces différences sur des préparations anatomiques du larynx, c'est-à-dire sur des boîtes vocales enlevées à des cadavres ; et nous y voyons :

1° Que le larynx féminin est environ d'un tiers plus petit que le larynx masculin.

2° Que tous ses cartilages sont plus minces et plus délicats.

3° Que le contour horizontal externe du bouclier est arrondi et régulier, chez la femme, tandis que celui de l'homme forme un angle aigu.

4° Que la partie qui fait suite, vers le haut, aux ligaments des poches, est relativement plus basse chez la femme que chez l'homme et beaucoup moins développée.

5° Que les cornes supérieures du larynx féminin sont relativement plus courtes que celles du larynx masculin.

6° Que, par conséquent, le larynx féminin se trouve beaucoup plus rapproché de l'os de la langue que le larynx masculin, ce qui fait que, chez la femme, la boite vocale est située dans son ensemble plus haut que chez l'homme.

Les mensurations suivantes, empruntées au grand travail de Luchka, sur le larynx (Der Kehlkopf des Menschen), montrent, d'une façon évidente, les différences qui existent dans les proportions du larynx de l'homme et de celui de la femme.

	H	F
Hauteur de la boîte vocale en avant, avec l'opercule relevé.	7 cent.	4,8 cent.
Le plus grand diamètre reliant les plaques du bouclier	4 »	3,5 »
Distance entre le bord inférieur du bouclier et le point opposé de l'anneau.	3 »	2,4 »
Longueur de la fente vocale.	25 mm.	15 mm.

Si, entre le larynx de l'homme et celui de la femme, il n'y avait d'autres différences que celles de la taille, leurs proportions relatives seraient les mêmes. Mais nous venons de voir, par le tableau ci-dessus, que tel n'est pas le cas.

Différences dans les proportions relatives des larynx masculins et féminins.

En hauteur	$\frac{9}{10}$	de pouce
En largeur	$\frac{1}{5}$	»
En profondeur.	$\frac{1}{5}$	»
En longueur de la corde vocale	$\frac{2}{5}$	»

Avec l'âge, les cartilages du larynx masculin s'ossifient, tandis que, chez la femme, il se produit une espèce de seconde mue, à la suite de laquelle la voix change, perd de sa puissance, de sa beauté et de sa flexibilité.

L'exercice régulier semble retarder beaucoup cette évolution ; en tous cas, il y a beaucoup d'exceptions à la règle, comme la plupart de nos lecteurs auront pu, eux-mêmes, l'observer.

CHAPITRE VI

Mouvements du larynx que l'on peut voir ou sentir

A l'état de repos, le larynx de l'homme se trouve placé au milieu de la gorge, tandis que celui de la femme, pour des raisons que nous venons d'indiquer dans le dernier chapitre, occupe une position beaucoup plus élevée. Nous avons vu, aussi, à un autre endroit, que la boîte vocale se trouve attachée, par des ligaments, à l'os lingual, et que l'os lingual est fortement uni à la racine de la langue. Par suite, tous les mouvements de la langue modifient la position du larynx. Il y a, de plus, les muscles extrinsèques du larynx, que l'on peut décrire d'un mot : ce sont les « élévateurs » et les « abaisseurs » du larynx, qui ont la faculté, ainsi que leur nom l'indique, d'élever ou d'abaisser le larynx.

Le larynx descend pendant l'inspiration : il atteint un point d'autant plus bas, et descend avec une rapidité d'autant plus grande que la respiration a été plus profonde et plus vigoureuse. Si nous ouvrons la bouche plus ou moins largement, nous faisons exécuter à notre larynx des mouvements de descente correspondants. Lorsque nous chantons, nous faisons opérer à notre larynx un notable mouvement de descente en descendant la gamme. Le larynx descend complètement dans l'acte de sucer ou de bâiller ; alors, il se trouve placé si bas dans la gorge, que la trachée entière, et même une partie de l'anneau, y disparaissent.

Le larynx monte dans l'expiration ; l'étendue et la rapidité du mouvement dépendent, dans une large mesure, de la nature de la précédente respiration. De plus, il est évident qu'en fermant la bouche, nous devons élever le larynx si nous l'avions abaissé auparavant, en l'ouvrant. Lorsque nous montons la gamme, le larynx s'élève graduellement bien que, lorsque nous changeons la mode de production du son, il se place plus bas pour les premières notes du « registre » élevé, que pour les notes correspondantes du registre inférieur.

Il est, de plus, nécessaire de bien se dire qu'il est parfaitement possible, et même, dans certaines circonstances, tout-à-fait nécessaire, de limiter ces mouvements dans une large mesure.

C'est dans l'acte d'avaler que le larynx occupe la position la plus élevé, il monte alors tellement qu'on ne le retrouve plus dans la gorge.

De plus, le larynx occupe des positions diverses dans la gorge, lorsqu'on chuchotte les diverses voyelles. C'est pour *ou* qu'il se trouve le plus bas et pour *i* qu'il est le plus haut, la succession étant la suivante : *ou, o, a, e, i.*

CHAPITRE VII

La voix humaine, considérée comme un instrument de musique

« Les physiologistes, dit le Dr Witkowski (op. cit., p. 1), ne sont pas du tout d'accord lorsqu'ils se demandent à quel instrument de musique le larynx ressemble : Galien, en effet, le compare à une flûte, Magendie à un hautbois, Despinez à un trombone, Diday à un cor de chasse, Savart à un appeau pour appeler les oiseaux, Biot à un tuyau d'orgue, Malaigne à une pratique et Ferrein à une épinette ou clavecin. Ferrein comparait les lèvres de la glotte aux cordes d'un violon ; c'est pour cela qu'on leur a donné le nom de *cordes vocales* qu'elles ont gardé depuis. Le courant d'air était l'archet, les cartilages thyroïdes les points d'appui, les aryténoïdes les chevilles, et, enfin, les muscles qui s'y insèrent représentent les forces qui tendent ou relâchent les cordes. »

De toutes ces théories, il y en a trois qui paraissent plus plausibles et que nous allons discuter.

La théorie des cordes. — Les ligaments vocaux ont été comparés, il y a 200 ans, par Ferrein, à des cordes vibrantes, et comme les sons s'élèvent, dans les deux cas, par la tension, il semble, à première vue, que cette comparaison soit fondée. Nous avons appris, depuis, ce que ne savait pas Ferrein, que l'on peut élever les sons rendus par les ligaments vocaux, comme ceux rendus par les cordes, en les raccourcissant, ce qui ajoute une solide confirmation à sa théorie. La comparaison, néanmoins, ne soutient pas un examen plus approfondi, car on constate, par l'expérience, que la gamme des sons, produite par la tension des cordes, est complètement différente de celle que donnerait le même procédé appliqué aux ligaments vocaux. Mais, en outre, il est manifestement impossible à des cordes aussi courtes que les ligaments vocaux, de produire les notes résonnantes les plus basses des voix de basse-taille. Nous devons donc rejeter la théorie qui compare la voix humaine à un instrument à cordes, comme inadmissible.

Théorie de la flute. — Nous avons vu, dans le chapitre du son, que la hauteur des notes données par des tuyaux de flûte est surtout en rapport avec la longueur du tube. Comme le larynx descend plus bas, dans la gorge, au moment de la production des sons graves que dans la production des sons aigus, ce qui, naturellement, veut dire que le tube vocal s'allonge pour produire des sons graves et se raccourcit pour produire des sons aigus, il semblerait, par conséquent, y avoir de bonnes raisons de comparer la voix humaine à une flûte. Mais si nous réfléchissons qu'il faudrait un tube ouvert d'environ six pieds pour produire le sol grave d'une voix de basse ordinaire, la comparaison ne se tient plus debout, et il devient alors inutile d'entrer dans plus de détails sur les changements de hauteur des sons, etc.

La théorie de l'anche est celle qui a été le plus généralement acceptée par les écrivains modernes, et en ce qui regarde la production elle-même des sons fondamentaux de la voix, elle est absolument correcte, car les ligaments vocaux coupent la colonne d'air qui passe entre eux par une série de chocs rapides et réguliers, exactement comme une anche. S'il ne fallait pas d'autres preuves, on considérerait, sans aucun doute, la voix humaine comme un instrument à anche. Etudions donc de plus près cette question. Nous avons vu, au chapitre des sons, qu'il y a deux espèces d'anches, les anches rigides et les anches flexibles. Nous devons, bien entendu, porter uniquement notre attention sur les secondes. La hauteur du son qu'elles rendent, ainsi que nous l'avons vu, est presqu'entièrement déterminée par la longueur du tube auquel elles sont attachées. C'est-à-dire que les vibrations de la colonne d'air du tube ont une puissance supérieure à celle de l'anche et la forcent à vibrer synchroniquement avec elles. On comprendra aisément la portée de ce fait, si l'on se rappelle que dans les instruments tels que la clarinette ou le hautbois, la *même anche*, donnant le *même son*, sert à produire toute l'échelle musicale, et que les modifications de la tonalité sont dues uniquement aux modifications dans la longueur du tube.

Et ce n'est pas tout; non seulement il y a des instruments, tels que ceux qui viennent d'être indiqués, qui sont *capables* de produire des sons bas d'une tonalité très différente de celle des notes élevées correspondantes, ou correspondant, presque, aux sons propres de leur languette, mais ces sons ne sont pas du tout employés en musique, parce qu'ils sont aigres et déplaisants et la tonalité ne peut en être maintenue avec une certitude suffisante.

Il y a encore une autre espèce d'instrument à anches, dans lesquels les anches sont formées par les lèvres de l'homme, instruments de cuivre, et, comme les lèvres, forment des languettes *membraneuses*, on peut supposer que leur action, ajoutée à celle du tube auquel elles sont attachées, correspond très exactement à celle des ligaments vocaux et des cavités au-dessus et au-dessous d'eux.

Mais les lèvres ne sauraient produire de sons par des vibrations qui leur soient propres. « On entend souvent les enfants très jeunes (faire vibrer leurs lèvres) et les cochers allemands se servent d'une espèce de vibration des lèvres très perceptible pour arrêter leurs chevaux; mais, dans tous les cas, le véritable son est produit par le larynx, et la vibration des lèvres sert seulement à interrompre ce son. Ces exemples, cependant, nous permettent de juger l'importance de la vibration naturelle des lèvres ». (Helmholtz, op. cit., p. 147. Note de Alexandre Ellis). Nous savons aussi que, dans les cors et les trompettes, etc. (sans clés), l'échelle est limitée au son fondamental du tube avec ses harmoniques supérieurs spéciaux. « Dans les instruments de cuivre, les différences de forme et de tension des lèvres du joueur agissent seulement pour faire naître tel ou tel des sons propres au tube; la hauteur de chaque note est presque entièrement indépendante de la tension des lèvres ». (Helmholtz, op. cit., p. 149).

Ayant ainsi complètement passé en revue la nature des instruments à anche, à languettes flexibles et membraneuses, il nous reste, maintenant, à comparer leurs caractères principaux à ceux de la voix humaine. Tout d'abord, la grande différence qu'il y a entre les anches et les ligaments vocaux, consiste en ce que ces derniers « ont » sur toutes les languettes construites artificiellement l'avantage de pouvoir modifier la largeur de leur fente ; leur tension, leur forme même peut varier à volonté, avec une rapidité et une certitude extraordinaire ». (Helmholtz, op. cit. p. 147). Tout ceci s'applique aussi bien aux ligaments vocaux comparés aux lèvres de l'homme, dans l'acte de jouer des instruments de cuivre.

En ce qui concerne le tube vocal, nous pensons que là serait la vérité : le résonnateur de la voix humaine commence aux poches du larynx, ou ventricules de Morgagni, et, se terminant aux lèvres et aux fosses nasales, « présente une grande variété de formes, de telle sorte » qu'il peut produire un bien plus grand nombre de sons

» que n'importe quel instrument artificiel. » (Helmholtz, op. cit., p. 147.) Ces faits ont aussi *une certaine* influence sur la hauteur des sons. Ce qui le prouve, sans qu'il puisse rester l'ombre d'un doute, c'est ce fait, découvert par Donders, et étudié, ensuite, avec plus de soin, par Helmholtz, Merkel, Kœnig et autres, que la cavité buccale, à chaque voyelle, s'accorde pour une tonalité différente. Comme chacun le sait, par son expérience pratique, nous pouvons entendre encore les diverses voyelles en dehors de ces notes dont les parties sont renforcées par les différentes formes que peut prendre la cavité buccale ; mais il est incontestable que certaines notes sont beaucoup plus favorables à certaines voyelles que d'autres.

En outre, le voile du palais se contracte de plus en plus, et l'arc limité par les piliers du gosier, devient plus étroit et plus élevé, au fur et à mesure que nous montons la gamme ; il se relâche, au contraire, visiblement, lorsque nous passons du registre de « poitrine » au registre de « fausset », exactement comme le larynx, dans les mêmes circonstances, descend, après s'être auparavant élevé dans la gorge. La contraction des piliers du gosier ne peut se produire sans que les cornes supérieures du larynx soient attirées vers le haut, rétrécissant, par conséquent, l'espace situé entre les ailes du bouclier ; ce mouvement a pour effet d'élever le ton de la voix, ainsi que chacun peut s'en rendre compte sur lui-même, en représentant ce phénomène avec ses doigts dans l'acte de chanter une note.

Enfin, nous devons avoir présent à l'esprit, que la trachée peut, dans une certaine mesure, modifier sa longueur et son calibre, et prendre divers degrés de tension. « Les expériences de Savart ont démontré, qu'une cavité qui correspond uniquement à une note aiguë, lorsque ses parois sont rigides et sèches, pourra donner un grand nombre de sons plus bas, lorsque ses parois seront humectécs et relâchées à divers degrés. Cette observation peut probablement aussi s'appliquer à la trachée ». (Principles of human Physiology by Dr Carpenter. London, 7e ed., p. 791).

« Sir Charles Wheatstone, il y a plus de quarante ans, a attiré l'attention sur cette relation qui existe entre les variations de tension du tube par rapport à une anche libre, et citait comme exemple l'instrument connu sous le nom de guimbarde, dans lequel l'anche, mise en mouvement, produit une note basse soutenue. La variété des sons qui peuvent être produits est en rapport direct avec l'habileté du joueur, qui devra modifier sa cavité buccale de façon à produire une série de volumes d'air calculés, et à faire vibrer les divers multiples de sa base fondamentale.

On constate, par l'expérience, que l'influence du tube est la même, qu'il soit placé après l'anche, comme dans certains instruments à vent, ou qu'il soit placé avant *et* après, comme dans les organes vocaux. » Medical Hints on the Production and Management of the Singing Voice by Lennox Browne F. R. C. S. London : Chappell & Co., p. 27).

En raison de ces faits, nous pouvons donc rejeter cette idée : que les changements de longueur de forme et de tension des tubes situés au-dessus et au-dessous des ligaments vocaux, aient aucune influence sur la hauteur de la voix, mais nous devons admettre qu'ils jouent seulement un rôle secondaire dans la question. Helmholtz a admirablement résumé la question de la façon suivante : « Dans le larynx, la tension des cordes vocales qui y forment les languettes membraneuses, est variable et détermine la hauteur du son. Les chambres à air, unies au larynx, ne sont pas disposées de façon à modifier matériellement le ton des cordes vocales. Ces parois sont si souples, qu'elles ne peuvent permettre dans l'air qui les traverse la formation de vibrations assez puis santes pour forcer les cordes vocales à donner des périodes vibratoires différentes de celles qu'exige leur élasticité propre. De plus, la cavité buccale s'ouvre beaucoup trop rapidement et, d'ordinaire, beaucoup trop largement, pour pouvoir jouer le rôle d'une caisse de résonnance qui ait quelque influence sur la hauteur de la voix ». (Op. cit., p. 149).

Il ressort évidemment, des considérations précédentes, que la voix humaine, malgré le rôle fondamental et initial qu'y jouent les ligaments vocaux, n'est pas plus dans sa totalité, un instrument à anche qu'une flûte, un tuyau d'orgue ou un instrument à cordes.

Il y a des auteurs qui, étant arrivés aux mêmes conclusions, essaient d'arranger les choses en soutenant que la voix humaine réunit les propriétés des trois sortes d'instruments dont nous venons de parler, mais les lois qui régissent les anches, les flûtes et tuyaux, et les cordes sont si différentes, qu'il y a impossibilité physique à une combinaison de ce genre. Ce qui est certain, c'est que la voix humaine est tellement supérieure à tous les instruments faits par les mains de l'homme, que toute tentative pour en définir la nature restera nécessairement incomplète. « *La voix humaine* du divin artisan est un instrument incomparablement plus beau et plus compliqué qu'aucun de ses congénères, sa construction en est stupéfiante et merveilleuse. Non-seulement le mécanisme en est plus complexe, non-seulement les parties élémentaires en sont plus nombreuses et plus délicates que celles de tout autre instrument artificiel, mais l'action en est encore compliquée par des conditions qui n'existent dans aucun autre instrument. » (The Cultivation of the Speaking Voice, by John Hullah. London : Macmillan & C°, p. 9.)

CHAPITRE VIII.

Causes physiques de la division des voix.

Nous arrivons, maintenant, à cette question : comment peut-on expliquer, par des différences physiques, les diverses espèces de voix, voix de soprano, de contralto, de ténor et de basse. Le son est produit par les vibrations des ligaments vocaux; il est donc incontestable qu'une voix peut être haute ou basse, suivant le nombre de vibrations que les ligaments sont capables de fournir dans un temps donné. Ces faits sont d'accord avec les lois du son et ne souffrent aucune objection. Mais, cependant, lorsque nous essayons de déterminer les conditions dont dépend le nombre des vibrations, nous rencontrons de grandes difficultés, parce que le sujet est encore, dans une large mesure, entouré de mystère.

Mais, par une conséquence logique de la conclusion à laquelle nous sommes arrivés lorsque nous avons discuté la question de savoir si la voix humaine est ou n'est pas un instrument à anche, nous sommes maintenant conduits à admettre que la principale cause, bien que ce ne soit pas la seule, de la différence entre les diverses espèces de voix, doit être recherchée dans les ligaments vocaux.

Lorsque nous comparons les ligaments vocaux d'un soprano à ceux d'une basse, nous constatons une si grande différence dans les dimensions des deux paires de ligaments, c'est-à-dire dans leur longueur, leur largeur, et leur épaisseur, que personne n'hésiterait à dire quels sont ceux qui donnent la voix basse. Cette différence de taille est encore plus frappante sur le larynx disséqué que sur le vivant, parce que, dans le premier cas, nous pouvons examiner avec soin les ligaments vocaux, non-seulement par le haut mais par le bas; et nous ne pouvons manquer d'être frappés de ce fait que les proportions de l'organe laryngien, sont beaucoup plus grandes chez l'homme que chez la femme, dans toutes ses dimensions.

Jusqu'ici donc, la question est assez claire, et aboutit à la confirmation de ce principe, que les petits ligaments vocaux produisent les voix élevées et que les grands ligaments vocaux produisent les voix basses. Mais la différence entre les ligaments vocaux de soprano et de contralto, d'un côté, et entre ceux de ténor et de basse, de l'autre, ne sont pas toujours également marquées. Il est vrai que, en règle générale, les ligaments vocaux de soprano et de ténor sont plus courts que ceux de contralto et de basse; mais il est absolument vrai aussi que l'on constate parfois le contraire.

Lorsque les ligaments de contralto ou basse sont relativement courts, ils sont relativement épais aussi, leur tension est faible, parce que leur épaisseur est due au grand développement des muscles thyro-aryténoïdiens qu'ils renferment; ils cèdent, alors, moins qu'ils ne le feraient, s'ils étaient plus minces, à l'action des muscles crico-thyroïdiens qui agissent comme tenseurs.

Lorsque les ligaments de soprano et de ténor sont relativement longs, ils sont minces en proportion; leur tension est, aussi, relativement grande, parce que leur minceur est due au faible développement des muscles thyro-aryténoïdiens; ceci ne leur permet pas, contrairement à ce qui se produirait dans le cas inverse, de résister à l'action des muscles crico-thyroïdiens, qui agissent comme tenseurs. Dans ces conditions, les ligaments vocaux ont une position très-oblique, ce qui fait qu'ils « répondent » très-facilement, c'est-à-dire qu'une petite quantité d'air suffit pour les faire entrer en vibration. Les voix de soprano et de ténor, qui sont produites par un mécanisme de ce genre, sont d'espèce légère et flexible, et leurs registres élevés se relient facilement aux registres inférieurs.

Les données que nous venons d'exposer sont confirmées par la grande autorité du professeur Merkel, de Leipzig, qui a étudié la question de très-près, dans son dernier travail sur le larynx (Der Kehlkopf, par Carl Ludwig Merkel. Leipzig. J. J. Weber). Il y a, cependant, sans aucun doute, d'autres facteurs que ceux que nous venons d'énumérer, et qui ont pour résultat de déterminer l'espèce particulière de voix qui doit être produite par tel ou tel appareil vocal : ce sont, par exemple, le tube situé au-dessus des ligaments vocaux, ou le tube aérifère, ou tous les deux. Ainsi, nous avons vu qu'une pression exercée de chaque côté de la portion supérieure du bouclier a pour effet d'élever le ton de la voix. On est donc fondé à supposer qu'un larynx dans lequel cette partie est naturellement plus étroite, donnera une voix plus élevée.

En ce qui concerne la trachée, le Dr Jagielski a avancé que « D'après une loi générale, le calibre et la longueur de la trachée sont moins grands chez les gens de petite taille que chez ceux de grande taille, et que, par conséquent, les personnes dont la voix est haute sont généralement de petite stature. Lorsque le chanteur est grand, et possède cependant une voix de ténor ou de soprano, il pense que la division de la trachée en ses deux branches se trouve reportée très haut, que la trachée et le larynx ne sont pas proportionnés à la stature, et que *c'est l'inverse* lorsque des personnes de petite taille ont une voix basse. » (Lennox Browne, op. cit. p. 29). Il est possible que la capacité de la poitrine, la structure de tout le corps, ou même, ainsi que quelques auteurs l'ont pensé, la complexion, puissent avoir quelques rapports avec la nature de la voix que présentent les individus ; mais nous n'avons, quant à présent, aucune notion sur ces influences, et, par conséquent, elles constituent, pour le moment, matière à spéculation.

On pourra voir, en lisant l'amusant article qui suit, emprunté à *l'Opinion Musicale*, 1er mars 1883, jusqu'à quel point certains auteurs sont allés dans la voie de la spéculation. « La voix est plus aiguë chez les animaux d'ordre inférieur que chez ceux d'ordre supérieur, chez les oiseaux que chez les mammifères, chez les petites espèces que chez les grandes. Les anciennes nations devaient avoir la voix plus haute, parce que la pomme d'Adam, qui est d'autant plus proéminente que la voix est plus basse, était regardée comme une difformité. Le diamètre antéro-postérieur du larynx se développe en même temps que la race. La pomme d'Adam devient de plus en plus prononcée et la voix tend constamment à devenir plus basse. Les peuples primitifs de l'Europe n'ont dû avoir que des voix de ténor ; leurs descendants actuels sont des barytons et notre postérité dans l'avenir se composera de basses. Nous sommes en train de descendre l'échelle des sons. Les races qui sont encore dans un état de civilisation rudimentaire doivent donc, dit le Dr Delaunay, posséder des voix plus hautes que les races blanches. Ce serait le cas, affirme-t-il, des nègres et des Mongols. La hauteur de la voix, poursuit-il, est si nettement une caractéristique du degré d'évolution, qu'à mesure que l'âge avance, les limites de la voix humaine évoluent régulièment de l'aigu vers le grave ; par conséquent, on peut être un ténor à seize ans, un baryton à vint-cinq et une basse à trente-cinq.

» En général (c'est toujours le docteur qui parle), les

sopranos et les ténors sont blonds, tandis que les contraltos et les basses sont bruns. Les ténors sont minces et les basses sont gras. La voix est grave chez les hommes sérieux et intelligents ; elle est flûtée (nous citons toujours le Dr Delaunay), chez les gens frivoles et les écervelés.

» La voix est plus haute avant qu'après les repas. C'est pourquoi les ténors et les sopranos dînent de bonne heure. Les aliments excitants et les liqueurs fortes, en provoquant une certaine congestion du larynx, rendent la voix plus basse. Les ténors sont donc sobres et évitent les liqueurs alcooliques. Les basses, au contraire, peuvent impunément manger et boire ce qui leur plaît.

» L'action de chanter détermine une congestion des organes de la phonation. Un ténor qui abuse de sa voix perd ses notes hautes et devient baryton. Tous les chanteurs des deux sexes peuvent, le matin, atteindre des notes plus élevées que le soir. La musique des matines est plus haute que celle des vêpres. La voix est plus haute dans le sud que dans le nord. Le plus grand nombre des ténors français vient des départements qui bordent la Méditerranée et les Pyrénées. D'autre part, dans le Nord, nous trouvons les basses. A l'église Russe, de Paris, il y a des basses qui peuvent donner le *contre-ut de poitrine*.

» La voix est un peu plus haute en été qu'en hiver. Le son est modifié par les variations de température. » M. Delaunay aurait pu ajouter : qu'il dépend aussi des variations barométriques.

CHAPITRE IX

Hygiène de l'appareil vocal

Ceux qui auront étudié avec soin les chapitres précédents et qui auront apprécié à sa juste valeur l'importance que présente la connaissance approfondie de leur organe vocal, dans son ensemble et à l'état normal, comprendront, sans peine, l'intérêt qu'il y a à observer les simples lois de la nature pour maintenir le chanteur et l'orateur en bonne santé, nous n'avons pas besoin d'employer beaucoup d'arguments pour démontrer que, si pour un esprit sain, un corps sain n'a qu'une importance secondaire, cette condition devient une nécessité lorsqu'on veut arriver à posséder une voix pure. Ce qui doit encourager le lecteur, c'est de savoir, comme nous le lui avons appris au début de ces observations, que la santé et la force de son organe vocal se conserveront en proportion des soins qu'il prend de son corps ; et, d'autre part, que meilleure est la voix, meilleure est d'ordinaire la santé générale, et plus robuste l'organe vocal. En effet, par-dessus tout, la bonne production des sons implique une forte oxygénation des tissus ; et lorsque la gorge est délicate, cela provient fréquemment, sinon toujours, d'un mauvais usage ou d'un abus de ses fonctions.

La force physique et la digestion n'ont, d'une façon générale, aucun rapport avec la force cérébrale de l'écrivain ou du compositeur, ou avec la main du peintre ; et bien que, naturellement, la plume et le pinceau restent en souffrance lorsque la santé de celui qui les manie est altérée, beaucoup de belles œuvres littéraires et artistiques (peut-être des meilleures) ont eu pour auteurs des faibles et des délicats. Dans le chant, cependant, le corps est une partie essentielle de la voix ; c'est la véritable enveloppe de l'instrument, et si à quelque moment, il se produit des désordres dans la santé, il s'ensuit, comme résultat immédiat et direct, une altération de la fonction vocale. Car, dans la production de la voix, il ne saurait plus y avoir de correction possible une fois que le son a été rendu, et, contrairement à ce qui se passe pour l'œuvre écrite ou peinte, le son raconte son histoire au moment même où il est émis.

Nous pensons que nos lecteurs ont trop de bon sens pour considérer comme négligeables les conseils au sujet du régime de l'exercice, de la santé, parce que, à première vue, ils semblent trop triviaux. La vie d'un chanteur en vogue doit être faite de renoncement. Certains aliments qui, s'ils ne sont pas avantageux au point de vue alimentaire, sont, au moins, sans danger pour tout le monde, modifieront d'une manière néfaste la capacité respiratoire nécessaire au chanteur, ou bien ils pourront, en raison de leur action irritante sur la gorge, altérer le *timbre* et la résonnance, de même que les reflexes irritants affectent la volonté, et la sûreté d'émission des sons. On doit éviter les exercices athlétiques violents ou même modérés, ou bien l'on doit s'y livrer en prenant de grandes précautions contre le refroidissement subit succédant à l'élévation de la température du corps. Il faudra renoncer à la danse et aux autres plaisirs innocents, pour cette raison qu'il exposent souvent à avaler de la poussière et à se coucher trop tard, ou bien il faudra qu'en s'y livrant, le chanteur n'oublie pas qu'il risque de perdre ses grands moyens. S'il est certain, d'une part, qu'un grand nombre de grands chanteurs ont perdu irrévocablement leur voix pour n'avoir point voulu renoncer ainsi à eux-mêmes, il est aussi vrai que des milliers d'autres personnes se sont très-bien trouvées de s'abstenir des jouissances de la table et des soi-disant plaisirs, goûtés par leurs amis et connaissances, qui ne chantaient pas, et cela dans le but de conserver le don précieux qu'ils avaient reçu du ciel ; ils ont obtenu ce résultat matériel de conserver leur santé générale et leurs forces aussi bien que leur voix. Pour des raisons qui ont déjà été signalées, il n'y a, en effet, aucune des précautions indiquées comme faisant partie du règlement d'existence du chanteur, qui ne soit utile pour la santé de chacun ; seulement tandis que, pour les uns, l'observation des détails est essentielle pour l'accomplissement du travail quotidien, pour d'autres, quoique toujours avantageuse, elle n'est absolument nécessaire que lorsqu'ils sont avertis par la maladie que les lois de la nature ont été violées.

Le traitement de la voix humaine doit être considéré à des points de vue nombreux et variés, mais également importants. Tout d'abord, on doit le considérer, au point de vue de l'hygiène, dans ses rapports avec les affections des éléments qui le composent et dont nous avons déjà fait l'étude, lorsque nous avons examiné le mécanisme qui la produit ; ce sera l'objet de ce chapitre. Il contiendra : 1° sur la partie motrice, c'est-à-dire les poumons et leur fonction respiratoire ; 2° sur la partie vibrante, c'est-à-dire le larynx, et le rôle qu'il joue dans la production des sons vocaux fondamentaux, par l'emploi des divers registres ; 3° sur les cavités résonnantes, c'est-à-dire le pharynx, le gosier, la bouche et les fosses nasales ; et, enfin, l'appareil d'articulation, qui comprend la langue, le palais, les lèvres, les dents, etc.

Pour compléter l'étude de toutes les questions qui se rattachent à ces diverses parties de l'organe vocal, depuis la force initiale jusqu'à l'émission vocale articulée, il sera, de plus, nécessaire de considérer l'influence de la mode, du vêtement, de la nourriture et de nombreux points d'hygiène dans leurs rapports avec la santé générale : ces questions peuvent être considérées comme les éléments de la vie journalière du chanteur.

Pour terminer, nous dirons quelques mots au sujet des maladies les plus ordinaires, au point de vue des altérations de la voix qu'elle peuvent produire, et de la médication que le malade, alors même qu'il n'est pas médecin, peut leur opposer.

Nous ne conseillerons pas un seul instant au lecteur de se médicamenter constamment lui-même ; en fait, rien ne saurait être plus dangereux qu'une pareille habitude, tant pour les organes vocaux eux-mêmes que pour la tranquillité morale de leur possesseur : au contraire, nous espérons pouvoir démontrer que les défectuosités dans la production de la voix, au point de vue médical, aussi bien qu'au point de vue professionnel, dépendent dans la grande majorité des cas, de causes générales et non de causes locales : et par le seul fait de les indiquer, nous rendrons un grand service à ceux pour qui nous écrivons, en les engageant à rechercher la cause, plutôt qu'à traiter les symptômes par des remèdes de charlatan, presque toujours inefficaces, s'ils ne sont pas réellement dangereux.

I. — *Règles hygiéniques pour le fonctionnement de la partie motrice. — Respiration*

La question de la *respiration* a été étudiée très complètement au point de vue physiologique, et des indications très complètes sur les meilleures manières de respirer se trouvent au chapitre de la pratique ; mais nous devons l'étudier aussi au point de vue médical, en tant qu'acte chimique ; ainsi quelle influence a-t-elle sur la vie en général, indépendamment de son action sur les ligaments vocaux ? Et, alors, comment, à un point de vue mécanique, agit-t-elle sur l'état de santé ou le parfait fonctionnement du mécanisme vocal, dans son ensemble ou ses parties ?

La respiration considérée chimiquement. — L'air sec se compose de quatre volumes d'azote, d'un volume d'oxygène, d'une très petite quantité d'acide carbonique et de traces de quelques autres substances.

L'*oxygène* est, de beaucoup, le plus actif des éléments de l'air, c'est son action qui engendre les phénomènes de la vie animale, l'entretien de la combustion, etc.

L'*azote* constitue la plus grande partie de l'air. Il n'a pas de propriétés chimiques saillantes, mais il a une fonction importante, celle de diluer l'oxygène qui, s'il était inspiré seul, agirait avec une trop grande intensité.

Dans la citation qui va suivre, le Dr Paul Niemeyer a résumé la description du processus de la respiration et de ses effets sur l'économie. Die Lunge. (Leipzig. J. J. Weber, 1872.)

« *Les poumons*, 1° avalent l'air, 2° le digèrent et 3° le rejettent, après qu'il est devenu inutile.

L'*air* que nous *expirons* est 1° plus chaud que celui que nous inspirons; nous en avons la preuve en hiver, lorsque nos poumons semblent réellement lancer de la vapeur ; 2° Cet air charrie de l'eau que nous pouvons condenser sur un morceau de verre froid, et qui, lorsqu'il fait très froid, gèle dans notre barbe, sur les voiles des femmes, etc. ; 3° Il est aussi modifié au point de vue chimique, comme nous nous en rendons compte en pénétrant dans une chambre fermée pleine de monde, instinctivement, nous nous précipitons vers la fenêtre la plus rapprochée pour l'ouvrir. Nous éprouvons cette impression que l'air de la chambre est très différent de celui que nous venons de respirer ; et, c'est une chose facile à démontrer, si l'un des assistants souffle à travers un tube de verre dans une bouteille remplie d'eau de chaux, ou si nous laissons un vase, à large orifice, rempli de ce liquide, ouvert au milieu de la salle, l'eau de chaux se troublera bientôt. Ce phénomène provient de ce que la chaux, en s'unissant à l'acide carbonique de la respiration, donne du carbonate de chaux blanc, ou, vulgairement de la chaux. Il se fait alors *un échange* de gaz dans les poumons, et cela de la façon suivante : le sang consomme de l'oxygène et rejette de l'acide carbonique en échange.

Le *résultat* de cet échange, est que le sang bleu sombre est transformé en sang rutilant, sans lequel nous ne pourrions accomplir l'acte musculaire le plus simple, tel que de lever un bras ou de remuer un doigt ; c'est là ce qu'on appelle les phénomènes chimiques de la respiration.

L'oxygène est donc l'huile qui entretient la lampe de la vie, et il va de soi qu'il faut toujours de l'air frais. La question de la pureté de l'air que l'on doit respirer présente une immense importance, mais, en général, elle est très négligée. La différence qu'il y a entre la chambre d'étude du chanteur, pendant la journée, et la salle de concert ou de théâtre, chauffée par le gaz et souvent remplie de poussière, est la cause incontestable de bien des échecs, de bien des désappointements des chanteurs et des *impressarii*, qui, sur les résultats obtenus aux répétitions, ont escompté un succès qui ne s'est pas toujours réalisé devant le public.

Mais puisque la nature nous fournit, dans les narines, un appareil qui sert en même temps à réchauffer l'air et à le filtrer, il est important de faire passer l'air par cette voie, qui doit toujours rester ouverte et sans obstacle ; ces obstacles peuvent être de plusieurs sortes.

La respiration nasale est avantageuse aussi, parce que les muscles de la bouche et de la gorge, dont on se sert dans l'articulation, ne doivent pas être fatigués par des mouvements inutiles et contraires. L'un et l'autre nous avons insisté sur ce point, dans des travaux antérieurs, et de nombreux auteurs compétents en ont reconnu l'importance.

En réalité, il existe, cependant, beaucoup d'idées fausses sur ce sujet. Mais, si nous insistons sur l'importance de la respiration nasale, dans les grands mouvements de respiration qui doivent s'accomplir lentement et progressivement, nous ne contestons pas que, dans les demi-respirations rapides qui sont parfois nécessaires au chanteur et à l'orateur, la respiration buccale est non-seulement justifiée mais inévitable. Cependant, l'usage habituel de la respiration buccale peut causer de graves troubles et même des états pathologiques réels de la gorge, de la trachée et de la poitrine. Il est très probable que cette action néfaste provient de l'action du brouillard et du froid humide du printemps, de l'automne et de l'hiver. En Angleterre, comme le fait remarquer le Dr Elsberg (Op. cit., p. 17), « La respiration nasale est le procédé naturel de la respiration tranquille ; la respiration buccale est une acquisition. Un enfant nouveau-né périrait étouffé si on lui fermait le nez ; il n'est pas immédiatement capable de faire pénétrer l'air dans ses poumons par la bouche, il faut pour cela qu'on lui ait déprimé la langue, et que l'on ait, une première fois, ouvert le passage de l'air. » Ceux qui ont eu un rhume de cerveau qui ferme leurs narines, connaissent ce grand malaise et il n'y a probablement pas de maladie plus désagréable et plus déprimante que la fermeture permanente des narines, produite par un polype ou quelque autre obstruction. Nous devons ajouter que l'asthme lui-même, ainsi que d'autres maladies graves de la poitrine, sont produits par cette cause et que la pureté de la résonnance du son vocal tout entier est plus ou moins diminuée et détruite, suivant que l'obstruction est plus ou moins prononcée. Nous répondrons ailleurs à l'objection absurde faite par ceux qui pensent que cette méthode naturelle que nous conseillons, a pour résultat de produire ces sons désagréables qu'on appelle sons « nasaux ».

M. Walsham a publié dans le journal *Lancet*, le 21 avril 1883, un cas très instructif : un malade avait, depuis quelques années, perdu complètement la faculté de chanter par suite d'une forte déviation à droite de la cloison. Après avoir été soigné et guéri, « il perdit son intonation nasale, actuellement il chante agréablement et ses amis trouvent qu'il a une très jolie voix ». Ce fait a été maintes fois confirmé par de très nombreux observateurs dans ces dix dernières années.

M. Curwen, dans son admirable « Manuel des professeurs », a dit avec raison : « Pour chanter, il faut faire un plus large usage du souffle que pour la respiration ordinaire ».

Il en est, en effet, pour cela, comme pour tous les exercices qui exigent un effort musculaire extraordinaire, tels que : lever des poids, courir, etc.; mais il ne s'ensuit pas que les efforts tendant à augmenter la capacité pulmonaire dans aucun de ces actes, soient néfastes ; au contraire, ils sont avantageux, car l'acte en lui-même implique, à moins que les muscles ne soient usés et surmenés, et pourvu aussi, que l'air inhalé soit pur — une purification plus grande du sang ; par suite, la santé générale en est d'autant plus améliorée. De là nous concluons que, tant au point de vue de la santé qu'au point de vue des intérêts du chanteur, les poumons doivent être gonflés par un air de bonne qualité ; par conséquent, non seulement la chambre dans laquelle le chanteur travaille sera bien ventillée, de façon à ce que l'air inspiré soit pur, mais les objets qui l'entourent immédiatement, les vêtements, par exemple, doivent le laisser libre, pour ne pas gêner l'inspiration ; rien ne doit empêcher la régularité et l'économie de l'expiration.

C'est ici que nous devons étudier, au point de vue de l'hygiène, les respirateurs. Bien qu'ils soient, sans aucun doute, d'une certaine utilité pour quelques personnes, surtout pour les femmes, dans quelques circonstances, l'usage n'en est pas sans inconvénients.

En premier lieu, ils habituent celui qui respire par la bouche à négliger la respiration nasale. De plus, en raison de l'excessive chaleur de l'air inspiré, ils rendent la gorge et les poumons très délicats, plus susceptibles au froid lorsqu'on cesse de les employer ; les respirateurs vont donc justement à l'encontre du but qu'on se propose. Troisièmement, ils font réinspirer constamment le même air, mélangé à une grande quantité d'impuretés qui s'accumulent dans l'instrument. Si on les emploie, il faut qu'ils soient très bon marché, de façon à ce qu'on puisse les détruire sans hésitation lorsqu'ils sont souillés. Le voile inventé par Lennox Browne vaut mieux que le respirateur, la gaze qui le forme se replie au point où elle tombe sur la bouche, les narines et les oreilles et remplit le but qu'on se propose, en évitant les dangers qui viennent d'être indiqués. Naturellement, il n'y a que les femmes qui peuvent porter ces voiles. Nous pensons que les respirateurs ne seraient pas nécessaires pour les hommes s'ils ne se rasaient pas et s'ils apprenaient à respirer par les voies naturelles, c'est-à-dire par le nez.

Pendant plusieurs années, nous avons l'un et l'autre insisté sur la nécessité de remplir la poitrine d'abord par la base au moyen de l'abaissement du diaphragme, puis par la circonférence, au moyen de l'expansion des côtes, et seulement, dans une mesure tout à fait négligeable et dans des circonstances tout à fait exceptionnelles, par une élévation plus ou moins accentuée de la clavicule. Nous avons éprouvé un très sensible regret en voyant que certains maîtres, qui ont d'ailleurs une grande valeur à d'autres points de vue, ont cherché, et cela, semble-t-il, pour dire quelque chose de nouveau, à prouver le contraire. Un de ces écrivains présente des arguments avec une habileté si rare qu'ils prennent l'apparence du bon sens aux yeux du lecteur non initié. Il essaie de justifier la respiration claviculaire, en soutenant que l'acte de l'inspiration doit être produit par un effort expiratoire soudain et violent, comme lorsqu'on souffle une bougie ; il oublie que, lorsqu'on chante, l'air doit être expulsé si graduellement que la flamme d'une bougie ne doit pas remuer et que l'on doit éviter les inspirations exagérées.

Nous devons insister encore une fois, brièvement, sur ce fait, que la respiration par l'abaissement du diaphragme constitue la méthode la plus naturelle dans toutes les positions du corps, même dans celles où les poumons ont la plus petite capacité, c'est-à-dire lorsqu'on est couché sur le dos. Dans ce procédé d'inspiration, il y a moins de résistances de la part des muscles qui la régissent, et lorsque le diaphragme s'est abaissé et que les côtes flottantes se sont portées en dehors, obéissant à l'action de certains muscles affectés à cette fonction, les côtes supérieures suivent, par une conséquence naturelle, pour ainsi dire, du même acte respiratoire. Si la respiration va jusqu'à l'élévation des clavicules et des omoplates, non-seulement le poumon n'augmente pas beaucoup sa capacité, mais il s'ensuit une fatigue musculaire très considérable, parce que les côtes supérieures subissent la surcharge des épaules et des bras et parce que les muscles qui s'insèrent dans cette région sont attachés à d'autres fonctions qu'à la respiration. C'est, de plus, une cause de congestion pour les vaisseaux du cou et de la gorge. Par suite de ces efforts, les muscles qui gouvernent l'acte respiratoire n'agissent plus avec régularité et assurance ; et nous pouvons constater que ce mode défectueux de respiration fatigue très vite et produit, comme conséquence, la respiration haletante et saccadée, ainsi que l'inégalité, le tremblement, les vibrations irrégulières dans la production et l'émission des sons vocaux.

Pour corriger ces défectuosités, les muscles du pharynx

8

font un effort qui détermine alternativement la congestion et le relâchement de cette région.

On demandera peut-être pourquoi on doit repousser le procédé d'inspiration qui consiste à élever la clavicule et

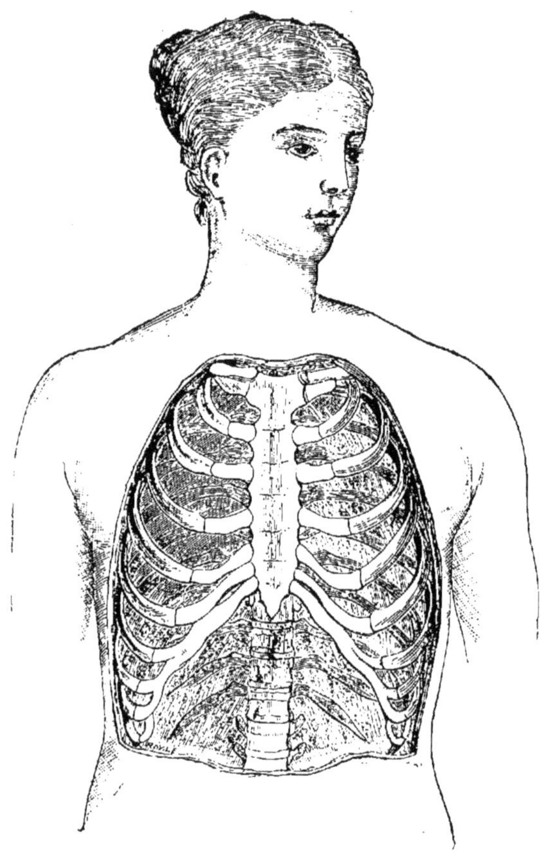

Fig. 18. — Charpente de la poitrine. Taille naturelle (emprunté à « La Mode et la difformité » du Professeur Flower).

les omoplates, si le jeu des muscles qui s'insèrent sur ces os permet de remplir le poumon. Nous répondrons que l'on n'emploie cette méthode respiratoire que par un phénomène d'instinct naturel, lorsque, par suite de maladie, la respiration diaphragmatique ou costale ne peut s'opérer. Le fait seul de voir un malade respirer de cette manière est considéré par le médecin comme un symp-

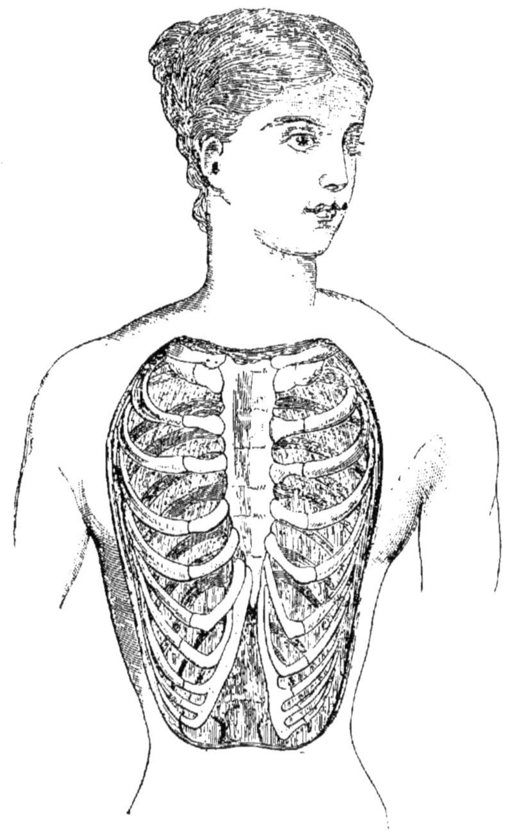

Fig. XIX. — Charpente de la poitrine, taille déformée (emprunté à « La Mode et la difformité » du Professeur Flower).

tôme grave, parce qu'il indique un trouble d'une importance vitale dans le poumon, le cœur, ou d'autres organes importants.

Rien n'est plus funeste pour la libre expansion de la

poitrine que l'usage du corset, avec sa forme actuelle et les matériaux qui le composent, alors même qu'il n'est pas fortement lacé. Tous les gens sensés admettront ce fait, qui, ainsi qu'on va le voir, est facile à démontrer. Mais si la respiration costo-supérieure était la bonne méthode de respiration, avec le léger mouvement d'enfoncement qui en est la conséquence forcée, et qui résulte du mouvement d'expansion et d'allongement des côtes supérieures, l'emprisonnement de la partie inférieure de la poitrine n'aurait aucun inconvénient. On peut se rendre compte des inconvénients que présentent les corsets, tels qu'on les porte, en comparant la figure XVIII, dans laquelle on a dessiné les côtes, telles quelles sont dans une poitrine qui n'a pas été serrée ou naturelle, avec la figure XIX, qui est répandue par milliers dans les gravures de mode, et aussi en comparant les figures XX et XXI, où l'on a montré les différences de position que l'on observe pour les poumons et autres organes importants dans les cavités restées naturelles et dans celles qui ont été serrées.

M. Bernard Roth, à qui nous devons l'idée de ces deux dernières figures, explique très bien les effets néfastes du corset, et nous ne saurions mieux faire que de le citer tout au long (Le vêtement au point de vue de la santé) Churchill, Londres 1880; p. 8 à 11). « Les dernières côtes qui sont le moins soutenues en avant, sont précisément celles qui subissent le plus l'influence de la moindre pression exercée au niveau de la taille; ainsi on porte généralement des corsets qui serrent beaucoup, rigides, comprimant peu à peu les côtes flexibles, jusqu'à ce que leurs extrémités antérieures, au lieu de rester éloignées, se rapprochent considérablement ou même se rejoignent sur la ligne médiane. Comparez les figures XVIII et XIX. Cette difformité se produit si progressivement, pendant les années de croissance, que celles qui les portent n'ont pas conscience de s'être défigurées, et je n'ai encore jamais rencontré une dame qui m'avouât qu'elle portait un corset serré. « Je puis mettre ma main entière dedans, » disent-elles toujours, quand on les prend en faute; et c'est généralement exact, car en contractant les muscles abdominaux qui agissent sur les extrémités antérieures des côtes, en tendant le diaphragme et en inclinant légèrement le corps en avant, on peut encore diminuer le volume de la taille. Pour que l'expérience soit bien faite, le corset doit être dégrafé, tous les autres liens relâchés; il faut prier la personne de respirer un certain nombre de fois, profondément et lentement, avec les bras dirigés vers le haut, si c'est nécessaire : elle doit alors endosser son vêtement *extérieur* seul, en tenant le corps aussi droit que possible. Il est généralement impossible de mettre ce vêtement immédiatement après cette expérience, car la poitrine, trouvant enfin une occasion de respirer librement, s'est un peu dilatée et refuse de rentrer dans son étroite prison. Cette pression sur les côtes, qui finissent par se déformer d'une façon permanente, détermine nécessairement une grande diminution de la capacité de la poitrine et des cavités abdominales. (Comparez encore les figures XVIII et XIX ainsi que les figures XX et XXI). La conséquence très sérieuse de cet état de choses, est que les bases, ou parties inférieures des poumons, ne remplissent plus convenablement leurs fonctions; en effet, en ce point, les parois de la poitrine peuvent à peine se déplacer pendant la respiration; et, de plus, le volume en est très diminué; les moitiés supérieures du poumon doivent exécuter un travail supérieur à la part qui leur revient. » Un écrivain du *Knowledge*, 13 octobre 1882, se sert naïvement de ce fait comme d'un argument en faveur du « corset serré ». Il constate qu'il « laisse la partie supérieure de la poitrine complètement libre et développe la capacité des poumons dans cette région — qui est la plus importante, soit dit par parenthèse, surtout chez la femme. La phtisie pulmonaire, s'attaque d'ordinaire aux sommets du poumon, point bien éloigné de ceux où s'exerce

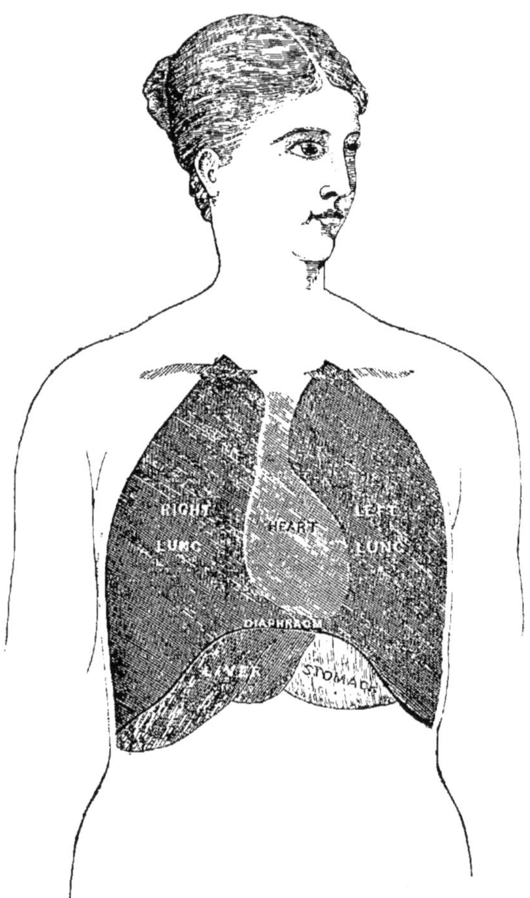

Fig. XX. — Position naturelle des organes dans une poitrine qui n'a pas été serrée (emprunté à Roth).

la pression du corset, bien qu'il soit serré — en réalité, plus le corset est serré dans les parties inférieures de la poitrine, plus la somme de travail et d'expansion des parties supérieures est grande, mais il n'y a là rien qui prédispose à la phtisie pulmonaire. »

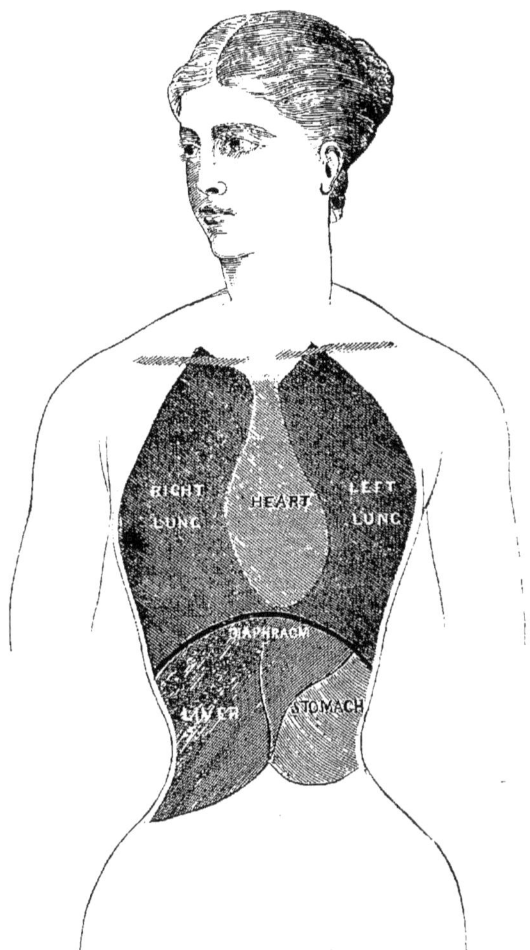

Fig. XXI. — Position que prennent les organes torturés par le corset (emprunté à Roth).

Une pareille argumentation ne soutient pas un seul instant la critique, car un excès de travail d'une partie du poumon et un obstacle aux fonctions de l'autre partie doivent fatalement avoir pour conséquence un état pathologique de ces deux régions. Pour en revenir à la thèse de M. Roth, cet écrivain continue : « De même, l'action respiratoire du diaphragme est gênée, non seulement parce que l'étendue de ses points d'attache aux côtes est réduite, mais aussi en raison de la compression de l'abdomen. On peut considérer cette insuffisance de la puissance respiratoire et cette diminution du volume du poumon comme une affection sérieuse, elle aboutit à l'oxygénation insuffisante du sang ; de plus, tous les organes abdominaux, que nous avons signalés, sont déplacés vers le bas, parce qu'il n'y a plus de place pour eux dans une taille soi-disant élégante. Le foie descend jusqu'aux hanches (pelvis); tandis que, lorsqu'il est dans sa position naturelle, c'est à peine s'il dépasse les bords de la cage thoracique (Comparez les figures XX et XXI). Le déplacement de ces organes importants et la pression qui s'exerce sur eux, les gênent considérablement dans l'exercice de leurs fonctions spéciales; de là des indigestions et des congestions du foie et autres désordres du même genre. Il n'y a aucun doute que la quantité malheureusement très grande des affections des organes abdominaux ne soit due à cette funeste habitude de se lacer serré, qui est plus générale qu'on ne le suppose, si l'on n'a étudié ce sujet d'une façon spéciale. La *Lancet* du 10 janvier 1880, s'exprime de la façon suivante : « Cette idée que l'on « perfectionne » la nature en se serrant les pieds dans des souliers étroits, et en s'imposant ces déformations variées par lesquelles la mode trompe le besoin que l'on éprouve de s'embellir, sont déjà assez monstrueux ; mais avoir l'audace de chercher à se comprimer le tronc, qui renferme les organes centraux de la vie, pour le simple plaisir des yeux, dépasse l'imagination... Peut-être la mort de cette personne qui se laçait fortement, et chez laquelle on constata que l'action du cœur était gênée au point de rendre la vie impossible, aura-t-elle quelque influence pour détourner les gens de cette pratique, mais nous en doutons. La mode prévaudra et on continuera, par une sorte de défi jeté à la nature et à l'art, à se faire des tailles de guêpes. »

« En outre des effets néfastes que nous avons déjà signalés, les corsets serrés constituent une cause fréquente de ce qu'on appelle la (faiblesse) de l'épine dorsale, due à la faiblesse des muscles du dos. C'est un fait bien connu en physiologie, que, pour qu'un muscle se porte bien, il faut qu'il remplisse convenablement ses fonctions spéciales, c'est-à-dire qu'il doit alternativement se relâcher et se contracter. Lorsque quelque cause vient empêcher un muscle de fonctionner, il doit nécessairement s'altérer. Tous ceux chez qui les os longs des membres supérieurs ou inférieurs ont été brisés, ou qui ont été atteints de quelque blessure ou affection locale qui a nécessité une fixation complète du membre dans les attelles pendant six semaines ou plus, se rappelleront combien les muscles de leur membre immobilisé s'étaient atrophiés et le temps qu'il leur a fallu pour recouvrer leur force musculaire primitive. Un corset fortement lacé agit précisément sur le tronc comme une attelle : il empêche, ou, tout au moins gêne beaucoup l'action des principaux muscles du dos, qui, par conséquent, s'atrophient. La malheureuse sent son épine dorsale faible, et pensant que c'est parce qu'elle n'est pas soutenue elle se lace encore plus serré : il est incontestable qu'elle se soutient un peu en agissant ainsi, mais à quel prix horrible? Tout ce qui est entouré par ces corsets serrés est fortement comprimé. Et cela a toujours été pour moi une énigme anatomique, de m'expliquer comment les nombreux organes que nous savons s'y trouver, peuvent arriver à se loger, chez certaines femmes, dont on peut, à bon droit, comparer le corps à celui des guêpes.

« Je ne dis pas qu'il soit nécessaire de rejeter complètement les corsets, bien que, s'il en était ainsi, beaucoup de femmes jouiraient d'une santé bien meilleure. Le corset certainement est utile pour soutenir le buste de la femme adulte » — à condition qu'on l'ait habituée de bonne heure à s'en servir, mais ils n'est nullement indispensable si on n'en a pas porté dès l'enfance. — « Cependant il peut bien rendre ce service sans comprimer les côtes inférieures et sans gêner les mouvements respiratoires. Un corset rationnel devrait être fait en étoffe souple, avec des bandes de tissu élastique dans toute la hauteur sur les côtés ; et moins il y aura de baleines, et plus elles seront petites, mieux cela vaudra. »

Les femmes (1) qui ont des tendances à l'embonpoint trouveront dans le « coutil léger » ou le satin une matière très convenable pour fabriquer des corsets hygiéniques. Sa forme devra être celle d'un « petit corsage décolleté » avec ou sans bretelles ou bandes passant sur les épaules. Ce corset ou corsage se fermera par devant avec des boutons ou avec la fermeture ordinaire, mais il ne devra pas être lacé ; il pourra descendre sur les hanches, à peu près aussi bas que les corsets ordinaires. Des bandes de tissu élastique *mince*, larges de deux pouces, devront être placées de chaque côté sous les bras. Nous insistons particulièrement sur ce fait que le tissu doit être *mince*. Il y en a qui sont très-résistants et exigent un effort musculaire considérable pour les distendre ; ils rendraient le corset mauvais pour la personne qui le porte, en empêchant la circulation. Une baleine ou un ressort en acier, extrêmement léger et flexible, serait placée de chaque côté de l'épine dorsale — c'est-à-dire le long du milieu du dos — *non pas sur elle*, car il doit y avoir un intervalle d'un pouce et demi entre les deux pièces — une autre baleine, située

(1) Nous tenons d'une dame les indications ci-jointes.

de chaque côté des boutons ou agrafes, suffira à empêcher le corset de faire des plis. Il ne doit pas comprimer la partie arrondie des côtes et en gêner, par conséquent, l'expansion latérale ; et, si l'on veut parfaire le vêtement, on peut ajouter des « lacets ».

A la partie inférieure du corset se trouveraient cousus des boutons plats, à égale distance les uns des autres, et tous les vêtements de dessous porteraient des boutonnières au moyen desquelles ils seraient suspendus au corset, c'est-à-dire aux hanches, au lieu d'être fixés au-dessus d'elles, par des bandes et des cordons autour de la taille. Pour les enfants, les jeunes filles et les femmes bien faites, le coutil est un tissu trop lourd et à sa place on emploiera une étoffe très légère, comme celle dont on se sert pour les corsets d'été. Les femmes minces pourront employer les corsets faits sur le type des corsets dits « d'équitation » mais avec les matériaux et la forme que nous avons indiqués ; ils répondront à toutes les exigences. On peut, si on le désire, introduire sur le devant de la robe, de chaque côté de la ligne d'attache, et afin de la maintenir raide, des baleines *minces* ou des tiges d'acier d'égale minceur, mais cela n'est pas nécessaire comme moyen de « soutien ». S'il fallait réellement un support, en raison de la faiblesse de l'épine dorsale, ou de quelque difformité tendant à s'établir, les baleines ou ressorts, dont nous avons déjà parlé, de chaque côté de l'épine dorsale — *et, nous le répétons, non pas sur elle* — seront suffisants. On prendra la mesure de la poitrine et de la taille aussi bien pour cette forme de corsets que pour toutes les autres, *la femme ou l'enfant se tenant debout, la tête, les omoplates et les talons appuyés à un mur ;* le corps très droit, et les bouts des doigts de chaque main placés aussi loin que possible des épaules, en arrière. Toute femme devrait pouvoir attacher ses dessous et ses vêtements, pendant qu'elle se tient debout contre le mur.

Si le corset est bien à sa place, on n'a plus aucune raison de se serrer, et de diminuer son tour de taille.

Si nous arrivons à persuader aux mères d'adopter ce corset pour leurs enfants, elles verraient bientôt combien les jeunes filles gagneraient en beauté et combien leur tournure deviendrait gracieuse. Car il est impossible qu'une femme corsetée de façon à étouffer, soit libre et élégante dans ses mouvements. La taille emprisonnée, avec ses muscles flasques, n'a aucune souplesse. Dans les bals, le peu de grâce de nos dames à taille raide est déjà assez déplorable; mais où cela se manifeste de la façon la plus ridicule et la plus triste pour l'observateur, c'est au tennis. Remarquez les mouvements des joueuses et comparez-les à ceux des joueurs. Ces tailles sans flexibilité, rondes, déformées, frappent de suite péniblement. Les femmes ne peuvent courber le corps qu'au niveau de l'articulation des hanches. Toute la série des charnières de la colonne vertébrale, si merveilleusement conçue, ainsi que les muscles qui s'y rattachent, sont incapables de ramener les épaules en arrière; leur taille rappelle celle des poupées hollandaises, en bois, de l'ancien temps.

Une autre raison vient encore plaider pour l'abandon des corsets trop serrés, elle impressionnera peut-être l'esprit de nos lectrices : c'est que leur usage tend à produire l'obésité, nous ne sommes pas les seuls de cet avis. Dans une lettre intitulée : « Le corset et la graisse » qui parut dans le « *Knowledge* » du 6 avril 1883, M. Mathieu Williams s'exprime ainsi : « Il y a une chose qu'une femme ne peut contempler sans horreur, c'est la graisse. Qu'est-ce que la graisse? c'est une accumulation de combustible qui n'a pas été brûlé. Comment pouvons-nous nous débarrasser de ce corps lorsqu'il s'accumule en grande masse? Tout simplement en le brûlant, la combustion s'opérant au moyen de l'oxygène inhalé dans les poumons. Si, comme M. Lennox Browne l'a montré, une femme possédant une capacité pulmonaire normale de 125 pouces cubes, la réduit à 78 au moyen de son corset et n'atteint 118 pouces que lorsqu'elle le quitte, il est certain qu'elle augmente beaucoup ses chances de devenir grasse et molle, lorsqu'elle arrivera à l'âge moyen en se serrant fortement, ce qui entraîne une suppression consécutive de la respiration naturelle ».

Les corsets hygiéniques, tels que nous les avons décrits, permettent aux mouvements respiratoires de la partie inférieure de la poitrine de s'exécuter; de plus, ils ne produisent aucune difformité, ne favorisent pas la production anormale de la graisse, tout en maintenant suffisamment la taille au gré des couturières. Le goût moderne est malheureusement si perverti que, lorsqu'une femme ne déforme pas son corps et que sa taille est naturelle, on fait d'ironiques réflexions sur sa tournure peu élégante, à moins qu'elle ne soit excessivement mince. Les hommes s'en mêlent, tout comme les déformées de son propre sexe. Il semblerait que cette mode désastreuse aurait atteint même les hommes, si les réclames coûteuses qui paraissent dans tant de journaux, pour les corsets masculins, rapportent réellement à ceux qui les font.

On peut voir, d'après les observations qui précèdent, que l'idée qu'il faut un soutien pour la taille est absolument sans fondement. Le Créateur de toutes choses a donné à la femme autant de muscles qu'à l'homme. Personne ne songerait à prétendre qu'il faut à un homme, ou à un garçon, un corset « pour le soutenir », suivant l'expression consacrée ; pourquoi en faudrait-il pour les femmes et pour les jeunes filles ? D'après ce que nous savons, nous pouvons affirmer qu'il n'est pas une jeune fille n'ayant jamais porté de corset qui ressente le besoin « d'être soutenue ». Le corset n'a d'avantages qu'au point de vue de la chaleur ; c'est là bien peu de chose, et encore peut-on le remplacer, et même avantageusement, par un vêtement moins serré et moins roide qui couvrirait également les parties supérieures de la poitrine et du dos. Et ici, mettons les femmes en garde contre cette idée erronée que si seulement leur poitrine est protégée contre le froid, elles n'auront rien à craindre. La chaleur extérieure est nécessaire dans le dos, en raison de la situation de la chaîne nerveuse connue sous le nom de sympathique, dont la fonction est de régler l'apport sanguin aux divers organes de la respiration et de la digestion et de maintenir l'harmonie entre ces divers organes. C'est certainement par des courants d'air dans le dos, le cou, la poitrine et les reins, que l'on prend le plus souvent froid, et que l'on contracte les maladies inflammatoires dues au froid. Et la preuve que les choses se passent bien ainsi, c'est que les nerfs sympathiques, qui se trouvent le long de la colonne vertébrale, n'exercent plus, lorsqu'ils ont été atteints par le froid, leur contrôle sur la circulation.

Au moyen du spiromètre, on a démontré, à la suite d'expériences faites sur des milliers d'individus du sexe masculin, à l'état de santé et de professions diverses, que les poumons sont capables de contenir une quantité variable d'air proportionnelle à la hauteur de l'individu. Cette quantité varie environ de 10 pouces cubes par pouce de hauteur, entre 5 et 6 pieds. Au-dessus de cette limite, la proportion de l'accroissement de capacité par rapport à l'accroissement de taille est moindre. Ces mensurations s'appliquent à des individus qui ont de 15 à 55 ans, la capacité vitale étant à son maximum entre 30 et 35 ans, et plus tard seulement se trouve affectée par le poids de l'individu, et aussi, fréquemment, parce que la corpulence devient réellement excessive. Un homme en bonne santé, de 5 pieds 7 pouces à 5 pieds 8 pouces de haut, devrait respirer en moyenne 250 pouces cubes d'air. Il devrait peser 156 livres, mais il peut peser 10 ou 12 livres de plus sans que sa puissance respiratoire soit affectée. On pourra tolérer cette augmentation, ainsi que les variations qui ne dépasseront pas 16 %, c'est-à-dire une diminution de 38 à 40 pouces cubes;

si elles dépassent ce chiffre le médecin devra soupçonner un état maladif. Nous constatons cependant chaque jour que beaucoup de gens ne respirent pas la quantité minimum que l'on doit respirer en bonne santé, parce qu'ils ne savent pas remplir leur poumons par un effort musculaire soutenu ainsi qu'il est nécessaire de le faire, lorsqu'on se sert de sa voix. Nous constatons aussi que, par la pratique, le volume moyen de l'air vital peut être augmenté de moitié. Ainsi, on peut démontrer que la pratique de la respiration, en d'autres termes l'éducation des organes moteurs chez les orateurs ou les chanteurs, basée sur de bons principes, a une influence heureuse sur la santé générale.

Jusqu'à ces derniers temps on n'avait pas encore institué d'expériences sur un grand nombre de femmes et l'on est arrivé à une réduction de 33 % pour le « sexe faible ». Nous avons eu longtemps l'habitude de faire pour la femme, une réduction de 25 % ; et des expériences plus récentes, nous amènent à croire que cette différence est plus grande que ne l'indiqueraient les faits observés chez des personnes qui n'ont pas été déformées par la mode (1). On peut démontrer que les lourds vêtements des femmes ont une grande influence sur leur pouvoir respiratoire ; il faut, pour cela, l'étudier d'abord lorsqu'elles ont sur leurs épaules le manteau doublé de bugle ou de loutre, et, ensuite, lorsqu'elles s'en sont débarrassées. Dans ce dernier cas, elles ont toujours présenté un gain de 10 à 15 pouces. Mais si l'on fait l'expérience, dans des conditions telles que, même pour un œil d'homme, il ne puisse être question de corset trop *serré*; si le corset est composé d'éléments rigides, il se produira presque uniformément une différence d'un tiers et un gain immédiat du pouvoir respiratoire, qui atteindra presque le chiffre théorique, dès que le sujet se sera dépouillé de

(1) Consultez le tableau que M. Roberts F. R. C. S. a bien voulu dresser spécialement pour cet ouvrage, page 130.

son corset. Cela, nous l'avons observé à plusieurs reprises, et nous avons, l'un et l'autre, publié dans le *Knowledge*, une observation qui vient confirmer notre opinion.

Dans l'un de ces cas, une jeune femme qui, en raison de sa taille, aurait dû, d'après les tables de Hutchinson (Medico-chirurgical, transactions, vol. XXIX. London, 1846), respirer 145 pouces cubes, avait de la peine à en expirer 100; mais, dès qu'elle avait enlevé son corset elle respirait alors sans difficulté 140 pouces cubes dans le spiromètre. Une autre dame, qui avait une taille de moins de cinq pieds aurait dû respirer environ 120 pouces cubes. Avec son corset, elle n'arrivait, après quelques violents efforts, qu'à respirsr 75 pouces; mais lorsqu'elle l'avait enlevé, elle arrivait, du premier coup, à respirer 118 pouces. Elle cessa de se servir de cette sorte de corset et en prit un autre sans baleine ni acier, et conserva la même augmentation de son pouvoir respiratoire.

Nous allons encore rapporter deux autres cas qui montrent bien que, chez les jeunes femmes qui ne portent pas de corset, la capacité du poumon est plus grande.

La première de ces dames devait, d'après sa taille et son âge (26 ans), avoir une capacité respiratoire moyenne de 148 pouces cubes. Sa capacité respiratoire actuelle est de 156 pouces cubes, 8 au dessus de la moyenne. On l'obligea, lorsqu'elle était enfant, à porter des corsets très serrés, mais elle les abandonna à l'âge de 13 à 14 ans pour ne plus les reprendre.

Le second cas est celui d'une enfant de 12 à 13 ans, qui paraissait prédisposée à la phtisie. Ses parents, reconnaissant la nécessité de soins hygiéniques, avaient rigoureusement évité toute forme de vêtements pouvant gêner le développement des organes vitaux. Sa puissance respiratoire moyenne, si l'enfant avait eu plus de quinze ans, au lieu d'en avoir moins de treize, eut été de 118 pouces cubes, mais sa capacité pulmonaire est actuellement de 130 pouces, c'est-à-dire de 12 au-dessus de la moyenne. Les parents de cette enfant délicate, en l'élevant convenablement, ont pu la préserver du terrible fléau qui emporte les deux tiers de l'humanité, la phtisie.

Que tout chanteur, tout orateur, se demande si une aussi forte augmentation de sa puissance expiratoire ordinaire n'est pas bonne à prendre. Aussi sûrement qu'une locomotive s'arrêtera, si elle ne possède pas une quantité suffisante de combustible pour produire sa force motrice, « la vapeur », d'une façon aussi certaine, le chanteur ou l'orateur finira par perdre sa voix et peut-être sa santé, s'il ne peut fournir en quantité suffisante, et régler convenablement sa force motrice, « la respiration ».

Il y a beaucoup d'autres questions qui se rattachent au costume considéré dans ses rapports avec la respiration, tels que, par exemple, l'usage de cols serrés autour du cou, mauvaise habitude qui, de temps en temps, revient à la mode. Il n'est pas douteux non plus, que les vêtements lourds et nombreux que les femmes portent suspendus autour de la taille, que les ceintures comprimant fortement l'abdomen et que les bretelles fortement serrées, chez l'homme, empêchent, par leur poids, l'expansion de la poitrine.

La position a une influence remarquable sur la respiration. Le spiromètre nous enseigne que le volume vital est maximum dans la position droite, moindre lorsque l'on est assis, et minimum lorsqu'on est couché. Mais, comme il y a beaucoup de gens qui sont obligés de se servir de leur voix dans la position assise, par exemple lorsqu'ils s'accompagnent au piano ; comme, au théâtre, il est aussi parfois nécessaire de chanter couché, nous donnerons des conseils pratiques pour toutes ces positions. On peut s'exercer avec fruit dans la position couchée, le matin, de bonne heure, avant de sortir du lit, lorque le corps n'est pas gêné par les vêtements, et aussi en se levant, les bras étant placés à angle droit par rapport au

TABLEAU donnant les moyennes de la hauteur, du poids, de la capacité respiratoire, de la force observée chez l'homme et la femme adultes, en Angleterre. — Dressé par Charles Roberts, Esq., F. R. C. S., d'après les données recueillies par le comité anthropométrique de l'association britannique pour l'avancement des sciences :

HOMMES				HAUTEUR sans souliers	FEMMES			
FORCE des bras mesurée avec le dynamomètre (1)	TOUR de poitrine après l'expiration (2)	POIDS avec les vêtements (3)	CAPACITÉ respiratoire (4)		CAPACITÉ respiratoire (4)	POIDS avec les vêtements (3)	TOUR de poitrine au-dessous des seins (2)	FORCE des bras mesurée avec le dynamomètre (1)
livres	pouces	livres	pouces cubes	pouces	pouces cubes	livres	pouces	livres
85.1	38.9	165.6	290	72	238	141.1	32.7	51.1
83.9	38.4	163.3	280	71	230	139.1	32.2	50.4
82.7	37.8	161.0	270	70	221	137.2	31.7	49.7
81.5	37.3	158.7	260	69	213	135.2	31.2	49.0
80.3	36.7	156.4	250	68	204	133.3	30.8	48.3
79.2	36.2	154.1	240	67	196	131.3	30.4	47.6
78.0	35.7	151.8	230	66	187	129.4	30.0	46.8
76.8	35.1	149.5	220	65	179	127.4	29.5	46.1
75.6	34.6	147.2	210	64	170	125.4	29.0	45.4
74.4	34.0	144.9	200	63	162	123.5	28.5	44.7
73.3	33.5	142.6	190	62	153	121.5	28.1	44.0
72.1	33.0	140.3	180	61	145	119.6	27.6	43.3
70.9	32.4	138.0	170	60	136	117.6	27.2	42.6
69.7	31.9	135.7	160	59	128	115.6	26.6	41.9
68.5	31.3	133.4	150	58	119	113.7	26.1	41.2

(1) Mesurée avec le dynamomètre à ressort de Herbert et fils.

(2) Mesure militaire ; mesurez avec un ruban le tour de la taille, au niveau du mamelon, les bras pendant librement sur les côtés ; faites compter de un à dix, et lisez la mensuration.

(3) Le poids moyen des vêtements, à la maison, avec les souliers, est, pour les gens qui ont une profession, de 8 livres, pour les ouvriers de 10 livres, en moyenne 9 livres. Le poids moyen des vêtements des femmes n'a pas été exactement déterminé, mais pour les demoiselles de magasin et les maîtresses d'école, il est d'environ 7 livres ; nous avons beaucoup moins de renseignements sur le poids de la toilette des dames. La moyenne est probablement presque égale à celle des ouvriers hommes.

(4) Capacité respiratoire des hommes. Le tableau d'Hutchinson, publié en 1846, donne seulement une différence de 8 pouces cubes par pouce de hauteur. Le tableau ci dessus indique une différence de 10 pouces par pouce de hauteur, et une augmentation relative de plus de 20 pouces cubes au-dessus du tableau d'Hutchinson. Ces différences sont dues probablement à la plus grande précision des instruments employés actuellement.

La capacité respiratoire des femmes donne, dans ce tableau, une diminution moyenne de la puissance respiratoire comparée à celle des hommes, de 20 pour 100 seulement, au lieu de 33 pour 100, d'après les évaluations d'Hutchinson. Ayant ainsi tenu compte de l'augmentation relative que nous avons observée chez les hommes, une femme de 66 pouces, qui, d'après l'ancien tableau, aurait respiré 142 pouces, devra avoir une capacité vitale de 187 pouces cubes.

corps, de façon à bien fixer les omoplates en arrière. On s'exercera dans la position assise, les bras étant ramenés en arrière au-dessus de la chaise, pour fixer d'une façon certaine les clavicules et les omoplates.

Pour ce qui concerne la posture, nous devons signaler l'habitude qu'ont les myopes de se pencher sur leur musique au piano, pour lire leur partie, au lieu de porter des lunettes, et de tenir leur musique dans une position convenable devant eux; certains ecclésiastiques font la même chose; d'autres tiennent bien leur livre mais le serrent contre les parties inférieures de leur poitrine, de façon à diminuer sérieusement sa puissance d'expansion et à augmenter beaucoup les résistances.

Nous devons dire que les exercices respiratoires, ainsi que les leçons de lecture, de récitation et de chant, sont souvent de la plus grande utilité pour fortifier les poitrines faibles, et même, nous pouvons le dire sans exagération, pour arrêter la phtisie. D'après les résultats que notre expérience nous fournit au sujet de l'augmentation de la puissance respiratoire par des exercices de ce genre, résultats qui sont démontrés par le spiromètre, nous ne doutons pas qu'il n'y ait le plus grand avantage à suivre un cours régulier de gymnastique du poumon, approprié aux besoins de chaque individu, aux différentes constitutions, comme à Davos-am-Platz. Cette question est très étudiée en Allemagne et ne l'a guère été jusqu'ici ni en Angleterre, ni en France. On a pu dire, sans exagération, « que la nature de l'air que nous respirons n'acquiert d'importance qu'en raison de la gymnastique respiratoire. Nous envoyons les malades dans les sanatoria, mais quel bénéfice en tirent-ils, s'ils ne font pas pénétrer l'air en quantité suffisante et dans tout l'intérieur du poumon? L'air seul ne dilate pas les poumons, et les avantages que l'on retire de l'expansion mécanique sont peut-être plus importants que ceux qu'on retire des sanatoria. »

Ainsi, même en Angleterre, et à plus forte raison dans toutes les parties de la France, on pourrait employer dans le traitement des affections du poumon, surtout dans les premiers stades, une gymnastique respiratoire bien dirigée dans des pièces bien ventilées; et les personnes atteintes d'asthme et de phtisie tireraient de cette méthode les plus grands avantages. Les chefs de ces familles dans lesquelles il existe des prédispositions à ces affections devraient veiller à ce que leurs enfants soient exercés de très bonne heure à cette gymnastique de poumon.

La question de la digestion, dans ses rapports avec le fonctionnement du poumon, vient, comme importance, immédiatement après les méthodes de respiration et la nécessité de ne pas se serrer dans ses vêtements. Tandis que, d'une part, le chant sera imparfait si l'on a l'estomac vide, en raison de l'affaiblissement des actions musculaires dû au manque de nutrition, de même, d'autre part, la nourriture doit avoir été digérée au moins en partie, de telle façon que l'estomac ne puisse être distendu par la nourriture prise et les gaz engendrés pendant l'acte de la digestion, mais qu'il ait repris sa taille normale. Ce sujet sera traité plus au long lorsque nous étudierons les règles de la vie quotidienne du chanteur et de l'orateur.

II. — *L'hygiène de la partie vibratoire, larynx et ligaments vocaux.*

Nous avons exposé avec quelques développements notre opinion, que le contrôle exercé sur les éléments moteurs constitue la base de toute bonne émission vocale ; nous irons plus loin, et nous dirons qu'au point de vue médical, si la respiration est bien exécutée et bien réglée, il est très rare que l'on constate des troubles dans la production des sons vocaux proprement dits, dans la « boîte vocale », que l'on pourrait aussi appeler « boîte sonore » ; en d'autres termes, et pour paraphraser un vieux proverbe : « Soignez vos poumons et la voix se soignera toute seule ». Notre vieille expérience, comme médecin et comme professeur, au point de vue des élèves et au point de vue des malades, nous a amenés l'un et l'autre, et indépendamment l'un de l'autre, à la même conclusion sur ce sujet, et nous sommes, tous les deux, très fermement convaincus de son exactitude. Il y a beaucoup de défectuosités dont se plaignent les malades et les élèves, qui seront attribuées par certains médecins ou certains professeurs qui ne savent pas se servir du laryngoscope, ou qui ne sont pas familiers avec son usage, à des troubles ou à des maladies du larynx. Si on examine le larynx, on trouve que sa santé est parfaite. Les soi-disant efforts des cordes vocales n'existent que dans une imagination ignorante, qui fixe le siège de la maladie au point où se constate le plus fréquemment la défectuosité et non pas au point de sa véritable origine. Naturellement, il peut y avoir une inflammation ou une congestion des ligaments vocaux aussi bien que des autres parties, mais on est surpris de voir dans quelle proportion le larynx se trouve intact dans les cas de perte de la voix parlée ou chantée, à moins qu'il n'y ait quelque affection constitutionnelle grave.

L'action des ligaments vocaux est pour le moins à demi automatique, et à condition seulement qu'on ne dépasse pas les limites normales de son registre, ou que l'on ne chante pas dans des conditions défavorables, il est très difficile d'arriver à les léser. Nous avons vu des centaines de cas dans lesquels les ligaments vocaux, que l'on supposait malades, étaient en bon état et dans lesquels les défauts de la voix ont été guéris tout simplement en dirigeant l'attention du côté de la respiration, de la digestion, ou de quelque autre partie de la machine située au-dessus de la boîte vocale, c'est-à-dire dans les cavités qui servent de résonnateurs.

Les affections neuro-musculaires donnant lieu à des

troubles des ligaments vocaux, sont rares, et sont généralement dues à des altérations de la constitution ou du cerveau, ou à la pression de quelque tumeur morbide, telle que anévrisme, etc., sur le nerf moteur. Au point de vue médical, nous n'aurons donc rien de plus à dire au sujet de l'élément vibratoire, nous ajouterons cependant, pour le lecteur qui désire éviter la fatigue du larynx, les conseils suivants :

1. Ne jamais essayer d'émettre un son sans avoir la poitrine bien remplie d'air, et ne jamais le faire sans un parfait contrôle.

2. Tenez bien le souffle en inspirant et ne commencez à expirer qu'en commençant à parler ou à chanter, c'est-à-dire au moment où l'on doit mettre les ligaments en vibration.

3. Ne croyez pas que la voix doive être bruyante pour avoir de la force et de la beauté ; les cris sont toujours désagréables. La principale qualité du son *laryngien* dépend uniquement de l'amplitude des vibrations ; et c'est là une chose réglée uniquement et entièrement par la *volonté*, qui envoie la quantité d'air nécessaire pour faire vibrer les ligaments vocaux d'une manière plus ou moins pleine. A tous les points de vue que peut suggérer la pratique, nous recommanderons à l'élève de chanter *piano*, ce qui ne veut pas dire qu'il doive diminuer de vigueur, mais qu'il doit simplement réduire l'amplitude des vibrations.

4. On ne doit jamais faire usage de sa voix lorsqu'on est averti, par un fonctionnement défectueux, que l'organe ou la santé générale sont atteints.

5 Ne faites pas usage de votre voix dans des circonstances défavorables, comme, par exemple, en plein air, surtout si le temps est froid ou humide ; pas plus que dans une pièce dont l'air est vicié, chargé de fumée de tabac ou de poussière. Surtout, ne faites pas usage de

votre voix, même pour causer, en chemin de fer ou en voiture, ni dans aucun cas, où le bruit environnant vous obligerait à surmener votre organe. Dans le même ordre d'idées, il est très-important de se tenir tranquille et de ne pas se mettre à rire ou à bavarder, pendant les entr'actes du drame ou de l'opéra.

6. Dans chaque séance ne faites pas un trop long usage de votre voix, mais cessez toujours avant d'avoir ressenti la fatigue. Evitez surtout de *bisser* les morceaux qui exigent un grand déploiement de force, pour donner une note à grand effet dans un *finale*. Il est bien rare que la seconde exécution d'un morceau redemandé, vaille la première.

7. Lorsqu'on aura chanté pendant un certain temps, il faudra prendre bien garde à ne pas exposer sa gorge aux impressions intérieures et extérieures de l'air froid. Il faut aussi se protéger contre les passages brusques de l'air chaud à l'air froid, même lorsqu'on n'a pas fait usage de sa voix.

On trouvera, dans notre chapitre intitulé « Les affections du chanteur et de l'orateur, » quelques indications pratiques au sujet des symptômes et du traitement des affections laryngiennes à formes bénignes.

III. — *Conseils d'hygiène sur l'emploi de l'élément résonnant de la voix.*

Les questions d'altération de forme causées par les maladies constitutionnelles, et les désordres de sécrétion, qui résultent souvent de l'indigestion, doivent être traitées dans ce chapitre, mais elles seront aussi étudiées ailleurs, et il suffit ici de faire remarquer que, dans un très grand nombre de cas où la voix ne fonctionne pas bien, et où, sur le moment, on ne peut reconnaître aucune lésion du larynx, on pourra constater que la respiration défectueuse en a été la cause efficiente. Dans ces cas-là, le malade a dû faire, dans le pharynx ou dans la gorge, un effort destiné à corriger ou à fortifier un son formé d'une manière imparfaite dans la partie vibrante, s'il n'a pas soufflé assez fort dans son larynx ou s'il ne l'a pas fait d'une façon convenable. Mandl (Hygiène de la voix, Paris, 1876, p. 17) a attiré l'attention sur ce fait que « Pendant l'effort qui accompagne la respiration claviculaire, la langue est presque toujours rétractée, ce qui détermine une diminution des cavités résonnantes du pharynx, qui ne peut plus s'adapter aux exigences des sons, par suite de cette position forcée de la langue. Il est donc bien facile à comprendre que la respiration claviculaire agit d'une manière très-fâcheuse sur le *timbre.* »

Pour ce qui concerne l'usage hygiénique des cavités servant à l'articulation, il est essentiel qu'on se rende un compte parfait des diverses modifications de forme des lèvres et de position de la langue dans la prononciation de chaque consonne, et c'est par suite de leur ignorance de ces notions physiologiques que beaucoup de chanteurs, brillants au point de vue musical, sont inintelligibles pour leurs auditeurs, ou même leur produisent un effet désagréable. La simple raison montre, et cela résulte de ce que nous venons d'établir, qu'un professeur commettrait une action absurbe en essayant d'enseigner le chant dans une langue qui ne serait pas la sienne, ou dont la prononciation ne lui serait pas très familière, et l'on peut ajouter qu'il serait bon que les chanteurs ne se servissent que de leur propre langue, ou tout au moins qu'ils fussent bien maîtres de la prononciation dans une langue que souvent ils apprennent seulement comme des perroquets pour les besoins de chacun de leurs rôles du moment.

Avant de terminer ce chapitre nous devons insister encore une fois, sur ce fait, que presque toutes les défectuosités qui se produisent en chantant ou en parlant, doivent être mises sur le compte de la *fatigue*. La cause de cette fatigue, qu'on la ressente dans la poitrine, dans le larynx ou dans les parties supérieures de la gorge, est due presque toujours à une action musculaire irrégulière, qui donne lieu à une lutte, qui ne devrait pas exister, avec les muscles antagonistes. Ce sont les muscles respirateurs parmi les muscles spéciaux, qui sont le plus souvent en défaut; et c'est seulement en faisant agir convenablement ces muscles inspirateurs, que l'on peut, d'une façon certaine, empêcher la fatigue de la voix, ou la guérir, si on l'a déjà ressentie. C'est une chose étonnante, de voir combien on peut expliquer de défectuosités de nature très diverse. Dans la poitrine on observe la respiration courte, laborieuse et oppressée, et l'expiration précipitée. De là surviennent des picotements, des spasmes, des crampes, et même des douleurs musculaires continues. Les poumons incomplètement aérés prennent tendance aux congestions et à la dilatation, et l'action du cœur se trouve altérée et même sérieusement troublée. La sensation de serrement que l'on ressent au voisinage du diaphragme est très caractéristique; on peut très bien lui appliquer l'expression de Shakespeare, c'est « une douleur intérieure ». Elle est due entièrement à la fatigue et au relâchement consécutif de cette membrane, résistante à l'état sain, qui est tendue entre la poitrine et l'abdomen.

Dans le larynx, la fatigue due à cette même cause, se manifeste par une contraction des muscles constricteurs qui produit la respiration bruyante et saccadée. La pureté des sons vocaux est modifiée d'une manière pénible, la voix perd de son intensité, sa force devient inégale, elle se voile et la parole devient chevrottante et cassée. Tous les raffinements de la vocalisation sont perdus ou deviennent incertains. Souvent le chanteur ou l'orateur, ainsi que nous l'avons indiqué plus haut, essaie de pallier ces défectuosités dues à son larynx, au moyen des muscles du pharynx, et l'on peut rapporter à cette cause presque tous les troubles de cette région, non seulement ceux de la sensibilité, mais aussi ceux qui, ainsi que nous venons de le voir, doivent être considérés comme morbides par le médecin.

C'est le Dr Mandl, qui a insisté sur l'importance de cette grande question d'hygiène. Ses premiers articles de la *Gazette médicale* attirèrent l'attention et soulevèrent une vive opposition dans les journaux médicaux et musicaux. La preuve que ces articles étaient nécessaires, c'est que l'on trouve dans *La Méthode de chant du Conservatoire de Musique* le précepte suivant, sur lequel nous avons été le premier à attirer l'attention en Angleterre, il y a dix ans : « Quand on respire, pour parler ou pour renouveler simplement l'air des poumons, le premier mouvement est celui de l'aspiration, alors le ventre se gonfle et sa partie postérieure s'avance un peu..... Au contraire, dans l'action de respirer pour chanter, en aspirant il faut aplatir le ventre et le faire remonter avec promptitude en gonflant et avançant la poitrine. »

Mandl expliquait par cette respiration défectueuse la dégénérescence moderne des chanteurs, « qui étaient meilleurs, et se conservaient plus longtemps, dans l'ancienne école italienne dirigée par les Rubini, les Porpora, etc., que dans nos écoles modernes, qui enseignent, ou qui, tout au moins, permettent la respiration claviculaire. » Voilà déjà plusieurs années que nous nous sommes occupés de cette question dans notre pays et nous sommes heureux de constater que nos efforts n'ont pas été infructueux. Il reste cependant beaucoup à faire ; car la question est absolument incomprise, même par beaucoup de ceux qui reconnaissent très haut la justesse de nos observations, et par ceux qui font profession d'enseigner les principes que nous avons inculqués dans cet ouvrage. Nous pensons donc que nous n'avons pas besoin d'expliquer pourquoi nous avons développé aussi longuement ces considérations, et les détails avec lesquels nous avons décrit les principes de la bonne respiration, les inconvénients qui résultent d'une mauvaise respiration et le véritable mode de respiration que l'élève doit pratiquer, et le professeur enseigner.

Pour donner quelques exemples à l'appui de nos raisonnements en faveur de l'éducation scientifique, nous rapporterons l'histoire de quelques-uns des nombreux cas que nous avons pu observer récemment. Ils montrent, premièrement, l'effet pernicieux d'une mauvaise méthode, et, en second lieu, l'extrême importance des leçons de respiration et de diction pour le rétablissement complet de la force vocale.

Le Rév. H. G. avait complètement perdu sa voix et pendant trois mois il fut complètement incapable de prendre part aux services religieux. Après un traitement médical, dirigé avec succès contre les symtômes physiques, que l'on pouvait tous attribuer à une méthode vocale mauvaise, il suivit un cours de technique vocale en même temps que de gymnastique pulmonaire. Au commencement du traitement, sa capacité respiratoire, qui aurait dû être représentée normalement par une moyenne de 275 pouces cubes, était de moins de 200 ; à la fin de sa première semaine d'exercices respiratoires, elle était de 254 ; à la fin de la deuxième semaine, de 272. Il recouvra complètement la voix en douze leçons et, en l'absence de son vicaire, dirigea tout le service sans qu'il en résultât pour lui aucun inconvénient.

Le Rév. chanoine G. perdit la voix et était incapable, depuis six mois, de remplir les devoirs de son ministère. Son chant était mou et sans force. Il se servait uniquement de la respiration claviculaire pour l'émission des sons courts. Les résultats de sa mauvaise méthode respiratoire furent tels, qu'on fut obligé de lui couper les amygdales ainsi que la luette et de détruire quelques larges vaisseaux variqueux sur la face postérieure de la gorge. Comme il se produisait très facilement des rechutes de sa voix chaque fois qu'il essayait de diriger le service religieux ou de prêcher, on l'engagea à suivre des leçons d'élocution. Dans ce cas, le résultat de la respiration abdominale appliquée à la phonation, fut, au bout de très peu de temps, presque merveilleux. A la fin du troisième mois d'exercices il écrit : « Pour apprécier la valeur du service que vous m'avez rendu, je n'ai qu'à me rappeler, qu'après avoir été pendant huit mois complètement incapable de me servir de ma voix, et cela en dépit de tous les traitements médicaux que j'avais pu faire, je viens maintenant, après si peu de leçons, de terminer un service de quinzaine dans les chœurs de la cathédrale, et je trouve même que ma voix a gagné à être exercée. Je puis maintenant faire mon service sans efforts ni fatigue. Et vous pouvez comprendre ce que cela signifie pour moi, mon service étant ce qu'il est.

Le Rev. H. H. était atteint d'un spasme de la glotte, si développé, qu'il lui était presque impossible de parler de sa voix ordinaire, et ses efforts faisaient peine à voir et à entendre. Il avait été en traitement pendant des années et avait vécu pendant cinq ans en Espagne, d'après le conseil qu'on lui avait donné, sans aucun résultat. A son tour, il vint nous consulter. Les soins médicaux, l'électricité, toutes sortes de toniques nerveux, avaient été employés sans succès. Nous le priâmes instamment de suivre un cours de gymnastique pulmonaire. Au bout de très peu de temps, il nous écrit : « Je suis sûr que vous serez très heureux d'apprendre que, dimanche dernier, dans la soirée, j'ai prêché à la cathédrale, dans la nef, et j'ai été parfaitement entendu par tout l'auditoire, aussi bien au chœur, que jusqu'au bout de la nef. On a remarqué ma forte voix. Après Dieu, c'est à vos soins éclairés que je dois cela. »

A. B. Esq., M. P., éprouvait des difficultés à parler et sa voix était faible. Il était depuis plusieurs années à la Chambre des Communes et y parlait souvent, mais il ne pouvait pas arriver à se faire assez entendre pour qu'on pût sténographier ses paroles. Après avoir suivi deux cours il peut parler avec abondance et facilité et actuellement on l'entend bien dans la salle, ainsi que le prouvent les compte-rendus de ses discours que l'on trouve souvent dans les journaux.

C. W. P., Esq., Mus, Bac., parlait avec une voix d'enfant, il croyait que sa voix n'avait jamais mué. Après douze leçons il avait acquis une voix d'homme, pleine et sonore, qui s'est depuis transformée en une excellente voix de basse.

Miss M. S. C. était atteinte d'une affection grave de la gorge, pour avoir surmené sa voix et forcé son registre en se servant de la respiration claviculaire. Elle subit un traitement médical et fut ensuite exercée à la gymnastique vocale. La mère écrit : « En outre de l'amélioration de sa voix, je constate aussi une amélioration de sa santé générale, par suite de la méthode de respiration que vous lui avez conseillée. »

Miss D. M. perdait rapidement les notes supérieures et moyennes de sa voix par suite d'une phonation défectueuse. Le son manquait absolument de pureté ; après six mois d'exercices, sa voix était devenue aussi claire qu'un son de cloche. Ses registres étaient parfaitement fondus. L'étendue de sa voix s'était beaucoup accrue : elle pouvait facilement chanter le fa au-dessus des lignes.

M. R. A., chantre dans une église d'Ecosse, était atteint de symptômes pulmonaires résultant d'une phonation défectueuse, si graves, qu'un médecin lui recommandait d'abandonner complètement le chant, un autre d'aller vivre à la campagne, bien que l'on ne pût à ce moment découvrir aucune altération organique dans ses poumons. Il prit quelques leçons pour apprendre à respirer suivant une bonne méthode et, peu de temps après, il écrivait : « Je n'ai pas abandonné mes fonctions de chantre, ni changé de résidence et, pour le moment, je jouis d'une excellente santé. J'attribue ce résultat, qui représente tout ce que les moyens humains peuvent atteindre, aux exercices de respiration appropriés et exécutés avec soin. J'ai écouté attentivement vos instructions et les ai mises religieusement en pratique. »

CHAPITRE X

Les rapports de la gorge et de l'oreille au point de vue de la voix.

Cette question est assez compliquée. Nous avons vu, à propos des « résonnateurs », que la gorge est mise en relation directe avec les oreilles par les trompes d'Eustache (fig. 3, p. 39); à l'état de santé, ces tubes sont légèrements ouverts, ils s'ouvrent un peu plus largement chaque fois que l'on avale. De cette manière, l'air qui se trouve de chaque côté du tympan conserve la même pression, ce qui permet aux membranes de vibrer régulièrement et librement, condition indispensable à une bonne audition.

Si, d'autre part, les trompes d'Eustache se trouvent fermées par un gonflement de leur membrane muqueuse, produit par un rhume de cerveau ou un mal de gorge, etc., l'audition est altérée : les orateurs et les chanteurs sont particulièrement gênés, ne pouvant se rendre un compte exact du son de leur propre voix. L'accumulation de cire, dans le conduit interne de l'oreille, peut aussi, en exerçant une trop grande pression sur la caisse du tympan, produire le même résultat sur le caractère de la voix et la gêne de l'audition, et, dans les deux cas, il peut se produire dans l'oreille des bruits très désagréables qui constituent une autre complication.

Nous avons eu occasion de soigner un cas très remarquable de cette nature. Un acteur bien connu, que nous avions traité autrefois, vint nous trouver, nous reprochant de n'avoir pas reconnu une affection assez sérieuse de son larynx qui, d'après cinq autres médecins, était la cause de son incapacité vocale. Mais il ne s'était pas rendu compte, avant que l'on n'eût fait l'épreuve de son audition, que sa fonction auditive était également atteinte. En faisant des injections dans ses oreilles, nous en fîmes sortir de gros morceaux de cire tassée, ce qui eut pour résultat immédiat d'améliorer et de guérir la voix du malade complètement et définitivement, non seulement en lui rendant une audition parfaite, mais en lui permettant de se rendre un compte très exact de sa propre voix.

Lorsque l'affection est due à la propagation de l'inflammation de la membrane muqueuse de la gorge ou des fosses nasales, on peut souvent y remédier par une insufflation dans la trompe d'Eustache, ce qui peut se faire très simplement en fermant la bouche, serrant les narines et forçant l'air à pénétrer dans les trompes par une forte expiration. Si l'on n'a pas ainsi obtenu l'effet que l'on cherche, il faudra alors avoir recours au médecin, et la méthode plus parfaite de l'insufflation d'air avec la poire de Politzer, sera probablement efficace dans les cas où, en procédant comme nous l'avons indiqué, on n'aura pas obtenu de résultat ; il peut aussi être nécessaire de faire arriver une mince canule creuse ou cathéter à travers les narines, directement jusqu'à l'orifice de la trompe, et d'y faire ainsi pénétrer de l'air ou des vapeurs médicamenteuses, de façon à surmonter l'obstruction et à diminuer le gonflement des tissus qui la déterminent. C'est en raison de ces relations entre la gorge et l'oreille. que la fièvre scarlatine, qui, comme tout le monde le sait, s'attaque presque toujours à la gorge, est suivie d'inflammation et d'écoulement de l'oreille. De plus, comme certains muscles du voile du palais se prolongent dans les parois de l'orifice des trompes d'Eustache, cela explique la douleur que l'on ressent aux oreilles, dans beaucoup de maladies aiguës de la gorge, telles que l'inflammation aiguë des amygdales. On éprouve surtout des douleurs pendant l'acte d'avaler.

C'est tout ce que nous dirons des rapports directs entre la gorge et l'oreille. Voyons maintenant les relations indirectes : nous voulons dire par là que, comme la voix et l'ouïe se trouvent placées sous le contrôle immédiat et absolu du cerveau, la voix doit être capable de produire, sans aucune hésitation, n'importe quel son qui a été auparavant entendu mentalement dans le cerveau, et l'oreille doit être capable de reconnaître avec la même certitude tout son produit par la voix.

Ce processus est parfois en défaut, parce qu'on ne peut régler les muscles qui déterminent la hauteur de la voix ; et c'est là une cause de grands inconvénients pour les chanteurs. Ils entendent parfaitement qu'ils ne sont pas dans le ton, mais il leur est cependant impossible de s'y mettre. Cependant ce sont là des cas relativement rares, qui sont dus, soit à un relâchement, soit à une autre indisposition, et qui passent généralement très vite. On peut en dire de même lorsque ces phénomènes sont dus à un reflexe causé par une mauvaise digestion. Lorsque ces troubles tiennent à la constitution, il est peu probable qu'on arrive à les guérir, et il est certain qu'une personne qui en serait atteinte n'a pas la moindre espérance de pouvoir arriver à chanter.

Ou bien c'est l'oreille qui est coupable et qui ne peut apprécier le son de la voix. On peut être myope et avoir cependant un sens de la couleur très délicat. Certaines personnes peuvent avoir la vue très perçante et ne pas distinguer le noir du rouge et le bleu du vert, etc.; on dit des yeux qui se trouvent dans ce dernier cas, qu'ils sont aveuglés pour les couleurs.

En ce qui concerne l'oreille, les choses sont tout-à-fait analogues. Il y a des gens qui ont l'oreille faible, s'il s'agit d'entendre des sons très-faibles ou à une certaine distance, mais qui, cependant, peuvent reconnaître et classer des sons, au point de pouvoir reconnaître la note que l'on frappe derrière eux au piano, ou bien indiquer le ton de ce que l'on joue ou chante devant eux : on dit de ces personnes qu'elles ont une oreille musicale.

Telle autre personne peut avoir l'ouïe la meilleure que l'on puisse imaginer et cependant être incapable de distinguer une note haute d'une note basse, un ton d'un autre.

Nous connaissons un clergyman qui ne peut distinguer le « God save the Queen » du « Yankee doodle » et qui ne s'aperçoit que l'on joue l'hymne national que lorsqu'il voit l'assemblée se lever et se découvrir. On dit de ces personnes qu'elles n'ont pas une oreille musicale. Ces cas ne sont pas susceptibles d'être améliorés par un traitement médical, si ce n'est lorsque la perte de la faculté de reconnaître les sons provient d'une maladie.

Mais on peut exercer une oreille musicale et les résultats qu'on peut ainsi obtenir sont souvent tout à fait surprenants. C'est un fait bien connu que des gens qui, au début, n'étaient pas capables de distinguer une note d'une autre, ont pu acquérir cette faculté à un très haut degré et dépasser même d'autres personnes qui, tout d'abord, semblaient beaucoup mieux douées qu'eux. Les points auxquels on doit donner son attention sont les suivants :

1° Prenez vos élèves jeunes.

2° N'essayez pas de développer le sens du ton *absolu*. Il y a très peu de gens bien doués à ce point de vue, mais on peut espérer arriver à créer cette faculté par l'exercice. Il est comparativement facile de cultiver le sens du ton *relatif*.

3° N'ayez aucune confiance dans les instruments tempérés pour les exercices, mais faites de l'intonation seule la base de votre enseignement. En d'autres termes, ne vous servez ni du piano ni de l'harmonium, et employez les instruments à corde ou la voix.

4° Essayez de faire naître chez l'élève la perception des caractères par lesquels on peut distinguer chaque son de ses voisins.

Nous ne devons pas essayer de reconnaître un son par ce fait qu'il se trouve placé un demi-ton ou un ton au-dessus ou au-dessous de celui qui le précède, mais plutôt par l'impression générale qu'il produit sur l'esprit. On doit admettre, enfin, que, bien que, dans beaucoup de cas, l'éducation de l'oreille puisse donner des résultats merveilleux, il arrive aussi que l'on ne puisse obtenir que des résultats faibles ou nuls. Ces circonstances rendront toujours la profession d'orateur plus ou moins difficile et celle de chanteur impossible.

CHAPITRE XI

Recherches antérieures à l'invention du laryngoscope.

Il est inutile, à notre avis, d'exposer les théories plus ou moins erronées qui avaient cours parmi les anciens, au sujet de la production de la voix humaine. L'anatomie et la physiologie ont fait des progrès considérables pendant le XVIe et le XVIIe siècle, mais ce n'est qu'à partir de 1840, qu'on a commencé à faire des expériences sur le larynx des animaux et sur celui de l'homme, et bien que, dans l'état actuel de nos connaissances ces observations aient un peu vieilli, elles sont encore soutenues par beaucoup d'esprits, réactionnaires au point de vue scientifique, qui ne « croient » pas au laryngoscope. Il sera donc, peut-être, intéressant, de résumer ces expériences, et nous les indiquerons dans l'ordre où elles ont été publiées.

Ferrein (1741) arriva le premier à produire des sons avec le larynx de chien disséqué. Il soufflait dedans après avoir rapproché les ligaments vocaux, lorsque ce larynx lui parut s'animer et rendit des sons qui le charmèrent plus que le plus agréable concert. Nous avons déjà vu, plus haut, quelles furent ses conclusions, et bien que nous sachions, aujourd'hui, qu'elles sont inexactes dans le plus grand nombre des points, elles furent généralement acceptées pendant de longues années.

Kempelen (1791) fit faire un grand progrès à la théorie précédente, en avançant que l'augmentation de tension des ligaments vocaux déterminait progressivement la diminution de la fente qui existe entre eux, et *vice-versa*.

Dutrochet (1806) comparait l'action des ligaments vocaux à celle des lèvres de l'homme dans l'acte de jouer du cor.

Liskovius (1814) fit des objections à la théorie des cordes soutenue par Ferrein, mais il arriva à cette notion également fausse, que la voix humaine est produite par l'air qui est obligé de passer à travers la fente formée par les ligaments vocaux, et que le ton de la voix était en rapport avec les dimensions de cette fente.

Savart (1825) s'écartait encore plus de la vérité, en comparant le mécanisme de la voix à celui d'un appeau. Cette théorie, dans laquelle les poches du larynx (ventricules de Morgagni) jouent un rôle important, nous semble suffisamment réfutée par ce fait que beaucoup d'animaux dont les voix sont très puissantes, ne possèdent aucune trace de poches laryngiennes. Néanmoins cette théorie est même actuellement soutenue par quelques auteurs, bien que sous une forme modifiée.

Malgaigne (1831) prouva par l'expérience que la voix était produite par les vibrations des ligaments vocaux, et fit ressortir la grande importance des mouvements du voile du palais, bien qu'il soit allé trop loin en affirmant que la formation de la voix de « fausset » était sous leur dépendance.

Lehfeldt (1835) fut le premier à observer que la « voix de poitrine » était produite par les ligaments vocaux vibrant dans toute leur épaisseur, en même temps que les muscles thyro-aryténoïdiens qui en forment la masse, et que, dans la voix de fausset, les vibrations sont limitées à la partie interne mince des ligaments.

Magendie (1838) fit des expériences sur les ligaments vocaux qu'il mit à nu sur des chiens vivants ; il put se convaincre ainsi que la condition première et indispensable pour la production du son, est le rapprochement dse pyramides, et qu'il ne peut y avoir de son, tant que la glotte est ouverte. Il observa aussi les vibrations des ligaments pendant la production du son et soutint que le ton était plus élevé ou plus bas, suivant que les ligaments vibraient seulement dans une partie de leur longueur ou dans toute leur étendue.

Ceci nous amène aux importantes recherches de Johannes Müller (Ueber die Compensation der physischen Kräfte am menschlichen Stimmsapparat), Berlin 1839.

Müller commit, comme Ferrein, l'erreur fondamentale de croire que les ligaments vocaux étaient les éléments *vibrants* et qu'ils produisissent le son par suite de l'action de l'air dans l'expiration, exactement comme le vent fait, en les frappant, résonner les cordes d'une harpe éolienne sans produire par lui-même aucun son. De plus, aujourd'hui, ses expériences sont dans une large mesure remplacées par les observations au laryngoscope. Néanmoins, ses recherches sont si approfondies qu'elles ont encore la plus grande valeur quant aux questions théoriques qui se rapportent à la voix.

Après avoir préparé un larynx détaché du cadavre, et après y avoir adapté un soufflet, Müller rapprochait les pyramides : après quoi, en soufflant dans la boîte vocale, il arrivait à produire des sons ressemblant à ceux de la voix humaine, et cela d'autant plus facilement, que les ligaments vocaux étaient plus près l'un de l'autre : il se produisait un murmure lorsqu'il restait un espace entre les pyramides. Il fallait, de plus, faire passer l'air sur de l'eau tiède, car, autrement, les ligaments se séchaient rapidement et devenaient alors incapables de produire aucun son.

La hauteur des sons dépendait des poids au moyen desquels le bouclier était attiré en avant et en bas, ce qui détermine la tension des ligaments vocaux : bien que les lois que l'on a découvertes dans ce cas, ne soient pas celles qui s'appliquent aux cordes, ce qui n'a rien de surprenant, si l'on songe que les ligaments vocaux sont plus longs lorsqu'ils sont tendus, ce qui n'est pas le cas des cordes dans les instruments de musique. Si l'on repousse le bouclier en arrière et en haut, les cordes vocales se trouvent relâchées, et donnent les notes les moins élevées de la voix de basse. Lorsqu'on faisait vibrer les ligaments dans toute leur étendue, on pouvait, en les relâchant et les tendant, obtenir une gamme de sons utilisables qui comprenait deux octaves. On pouvait même arriver à obtenir des sons plus élevés, mais ces notes étaient aigres et criardes.

Müller soutint aussi que pour faire varier la hauteur de la voix en ajoutant des tubes au larynx, il fallait employer des tubes beaucoup plus longs que ceux que le corps humain peut fournir; et, par suite, il conclut que la hauteur de la voix, chez l'être vivant, est indépendante de la longueur des voies dans lesquelles circule l'air. Il découvrit cependant que le ton de la voix s'élevait beaucoup lorsqu'on introduisait dans la trachée un tube creux, juste au-dessous des parties vibrantes et, lorsqu'on imite cette action en comprimant les ailes du bouclier, pendant le chant, le même effet se produit sur la voix.

L'intensité du courant d'air constitue un autre facteur qui a une grande influence sur la hauteur du son, et l'on put ainsi élever le son d'un cinquième, en maintenant égales les conditions de tension. On voit donc qu'il faut qu'il se produise pour compenser l'influence élévatrice déterminée par l'augmentation de l'intensité du courant d'air, un relâchement correspondant des ligaments vocaux, sans lequel le ton ne peut être maintenu à la même hauteur. Lorsque nous entendons les notes aigres qu'émettent certains chanteurs lorsqu'ils chantent *fortissimo*, nous pouvons nous rendre compte des difficultés qui se produisent dans ces conditions.

Nous venons d'attirer l'attention sur les observations originales de Lehfeldt, sur le mécanisme de la « *voix de poitrine et de la voix de fausset* ». Elles furent confirmées par Müller, qui, de plus, montra que les dimensions de l'espace situé immédiatement au-dessous des ligaments vocaux a une grande importance à ce point de vue, et nous avons déjà décrit ses expériences avec un tube creux et dit comment on peut imiter cette action en chantant. La contraction de la portion interne des muscles thyro-aryténoïdiens, qui diminue l'espace situé au-dessous des ligaments vocaux, peut produire un effet semblable. C'est là un des facteurs de la production des séries élevées de sons, dans la « voix de poitrine ».

Il faut maintenant, pour apprécier comme il convient la valeur des expériences faites sur des larynx disséqués, dire en peu de mots de quelle façon elles ont été conduites. La boite laryngienne, ainsi qu'un fragment de la trachée qui lui adhère, reposent par leur partie postérieure sur une planchette à laquelle l'anneau est fixé par une ficelle, on fait passer une aiguille à travers les bases des pyramides, que l'on rapproche l'une de l'autre en appliquant sur les pointes de l'aiguille un fil en forme de 8, ou bien, sans se servir de l'aiguille, on coud les pyramides l'une à l'autre. Après cela, on les fixe, comme l'anneau, à la planchette dont nous avons parlé ; elles sont ainsi transformées en un point fixe pour tendre les ligaments vocaux qui se trouvent rapprochés l'un de l'autre par la manœuvre que nous venons de décrire. On fixe maintenant un autre fil à la partie antérieure du bouclier et on le fait passer sur une poulie, après cela le larynx est disposé pour que l'on donne aux ligaments vocaux presque tous les degrés de tension en attachant des poids au fil.

On doit faire observer un fait de la plus grande importance, c'est que ces manœuvres ne rapprochent pas les ligaments des poches qui restent largement séparés. Pour les rapprocher on passe deux aiguilles à travers le bouclier, dans les pyramides, de telle façon que ces aiguilles traversent les extrémités libres des ligaments des poches. C'est seulement en écartant ces aiguilles, en avant, et en les rapprochant, en arrière, et dans toute la longueur des ligaments des poches, que l'on peut amener ces organes à se toucher.

On voit donc qu'il est nécessaire de faire subir au larynx du cadavre de nombreuses modifications pour lui faire produire des sons. Mais ce qui est pire, c'est qu'il est complètement impossible d'imiter l'action des muscles thyro-aryténoïdiens ou vocaux dont, ainsi que nous l'avons appris, la voix dépend surtout. Les expériences de cette nature ne peuvent donc être considérées comme évidentes, que dans les points où elles sont corroborées par les recherches sur le vivant.

CHAPITRE XII

L'invention du laryngoscope.

De nombreux auteurs se disputent l'honneur d'avoir inventé ce beau petit instrument, comme on peut le voir par le rapide aperçu historique qui va suivre.

Bozzini (Frankfürt am-Mein, 1807) inventa un appareil destiné à éclairer les cavités internes du corps, notamment de la bouche. Cet instrument, quoique grossier et d'une application difficile, renfermait certainement le principe du laryngoscope. Cependant il ne fut jamais employé et fut bientôt oublié.

Senn (Genève, 1827) avait construit un miroir avec lequel il essaya d'explorer le larynx d'une petite fille. Il n'y réussit pas, et bien qu'il suggère qu'on peut employer un miroir plus grand chez les adultes, il ne fit pas de nouveaux essais dans ce but.

Babington (1827) présenta devant la Société Hunterienne, sous le nom de glottiscope, une combinaison de deux miroirs disposés exactement comme notre laryngoscope actuel. Dès ce moment, donc, nous possédions l'*instrument*, mais, malheureusement pour ceux qui réclament en faveur de Babington, il ne paraît pas être arrivé avec cet instrument au moindre résultat, et l'on ne peut citer aucun cas dans lequel il ait rendu quelque service.

Beaumès (Lyon, 1838) employa un miroir fixé à une baleine.

Liston (London, 1840) employa « une glace semblable à celle dont se servent les dentistes, montée sur une longue tige, et plongée dans l'eau chaude avant de s'en servir » il paraît être le premier qui ait réellement *vu* quelque chose avec cet instrument. Mais il paraît s'en être servi simplement pour aider le diagnostic et ne se douta jamais de l'énorme importance que devait prendre la méthode entre les mains des observateurs récents.

Avery (London, 1840) non seulement se servit d'un miroir attaché à une tige, mais il employa aussi la lumière artificielle sous la forme d'une bougie à laquelle était attaché un réflecteur métallique. Mais il n'a laissé aucune description de son instrument, et il est évident que, pas plus que Liston, il n'avait aucune idée de l'immense valeur qu'il pouvait avoir.

Warden (d'Edinburgh, 1844) employa des prismes de verre de la même façon, et l'on rapporte qu'il arriva dans deux cas à voir la glotte. Mais les prismes qu'il employait étaient trop épais et occupaient trop d'espace, pour que ses expériences pussent être suivies d'un réel succès.

On a pu voir, par les indications précédentes, que le principe de la laryngoscopie était connu de quelques hommes de science, mais les résultats obtenus avec les instruments employés autrefois étaient presque nuls. Il était réservé à Manuel Garcia, le fameux professeur de chant, de montrer au monde la valeur réelle du petit miroir laryngien, d'ajouter des pages originales à la physiologie de la voix, de mettre hors de doute la véritable théorie de la voix, de réfuter de nombreuses idées absurdes sur ce sujet et de révolutionner le traitement entier de la gorge.

Garcia réussit brillamment là où tous ses prédécesseurs avaient plus ou moins échoué, et il fut certainement le premier qui conçut l'idée de faire des observations sur son propre larynx pendant l'acte du chant. Ces observations il les fit de la façon la plus merveilleuse ; il publia une description détaillée des plus petits mouvements des ligaments vocaux qui, aujourd'hui encore, est considérée comme essentiellement exacte, et qui est d'autant plus remarquable que Garcia avait créé, par lui-même, le procédé d'investigations dans son entier, et qu'il n'était ni anatomiste ni physiologiste. Garcia est donc, à tous points de vue, le véritable inventeur du laryngoscope, et sa découverte est universellement reconnue aujourd'hui.

Voici la description qu'il donne lui-même de son « *modus operandi* ».

« La méthode que j'ai adoptée est très simple. Elle consiste à placer un petit miroir fixé sur un long manche, convenablement recourbé, dans la gorge de la personne qu'on examine, contre le palais et la luette. L'individu doit se tourner vers le soleil de telle façon que les rayons lumineux viennent tomber sur le petit miroir et soient réfléchis sur le larynx : si l'observateur expérimente sur lui-même, il doit, au moyen d'un second miroir, recevoir les rayons du soleil, et les diriger sur le miroir qui est appliqué contre la luette ». (Observations sur la voix humaine, par Manuel Garcia).

Fait remarquable, bien que personne n'ait contesté réellement les données de Garcia, on les traita cependant avec froideur et méfiance. Nous trouvons un exemple de ce discrédit dans la citation suivante qui émane d'un personnage aussi considérable que le Professeur Merkel, de Leipzig, et que, dans l'état actuel de nos connaissances, il est impossible de lire, sans sourire. « Jusqu'à présent, je n'ai pu reproduire les observations originales de Garcia et, par conséquent, je ne puis dire comment il a procédé dans ses expériences, ce qu'il a vu, ce qu'il n'a pas vu, mais j'ai de bonnes raisons de douter de l'exactitude de ces observations, jusqu'à ce que je sache de quelle façon Garcia a pu empêcher son miroir de se ternir, et comment il a tiré en avant l'épiglotte qui, dans une large mesure, cache la glotte à l'œil, bien que cet œil, au moyen du miroir, se trouve reporté près de la luette ». (Anthropophonik, Leipzig, 1857, p. 608).

Il est probable que le laryngoscope de Garcia aurait été oublié comme ceux de tous ses prédécesseurs, sans Türck et Czermak, deux médecins de Vienne, qui reconnurent l'importance pratique de cette méthode et qui l'introduisirent dans la pratique générale de la médecine. Il y a entre ces deux médecins une rivalité au sujet de la priorité dont nous ne nous occuperons pas ; mais il est certain que Czermak creusa avec enthousiasme la nouvelle question, et que, par ses démonstrations et ses conférences dans les principales villes d'Europe, il fit plus que n'importe qui, pour dissiper les préventions et pour populariser le laryngoscope parmi ses confrères. D'autre part, Türck a laissé un livre clinique rempli d'observations extrêmement intéressantes et avec des dessins superbes, qui vraisemblablement ne seront jamais surpassés ; il restera toujours le livre pratique par excellence de la spécialité.

Czermak a perfectionné le procédé de Garcia en substituant la lumière artificielle à celle du soleil, ce qui a permis aux observateurs d'opérer partout et à n'importe quel moment. Les services qu'il a rendus sont donc très considérables, et beaucoup, même, le considèrent comme le véritable inventeur du laryngoscope, bien que cet honneur revienne évidemment à Garcia et non à d'autres.

CHAPITRE XIII

Le laryngoscope et la manière de s'en servir

Le laryngoscope, dans sa forme la plus simple, n'est autre chose qu'un petit miroir dont les dimensions sont à peu près celles d'une pièce d'un franc, serti dans un cadre métallique, et soudé sous un angle de 120° à une tige de laiton longue de trois à quatre pouces, fixée à un petit manche d'ébène ou d'ivoire, un peu plus gros qu'un crayon. Nous avons vu comment Garcia, à l'aide de la lumière solaire, s'en servit pour examiner les autres ; si l'on ajoute que le petit miroir à examen, que l'on appelle miroir laryngien, doit être réchauffé avant d'être introduit dans la gorge, afin de l'empêcher de se ternir par la condensation de l'humidité de la respiration, la description sera complète.

Dans l'auto-laryngoscopie (c'est-à-dire dans la méthode qui consiste à faire des observations laryngoscopiques sur soi-même), l'observateur tourne le dos au soleil, et avec un miroir à main réfléchit la lumière incidente sur le miroir laryngien situé au fond de la gorge. On verra alors l'image du larynx dans le miroir à main qui réfléchit l'image.

La lumière du soleil est naturellement très supérieure aux lumières artificielles les plus brillantes, mais elle n'est pas aussi facile à manier, et malheureusement, en Angleterre, il est rare qu'on puisse l'employer. Il était donc nécessaire, pour que la laryngoscopie acquît une importance pratique, de perfectionner la méthode simple de

Garcia et d'inventer des instruments permettant aux observateurs d'opérer facilement en tout lieu et en tout temps. Les lampes à huile et à gaz sont des instruments également pratiques pour observer la gorge des malades, ainsi

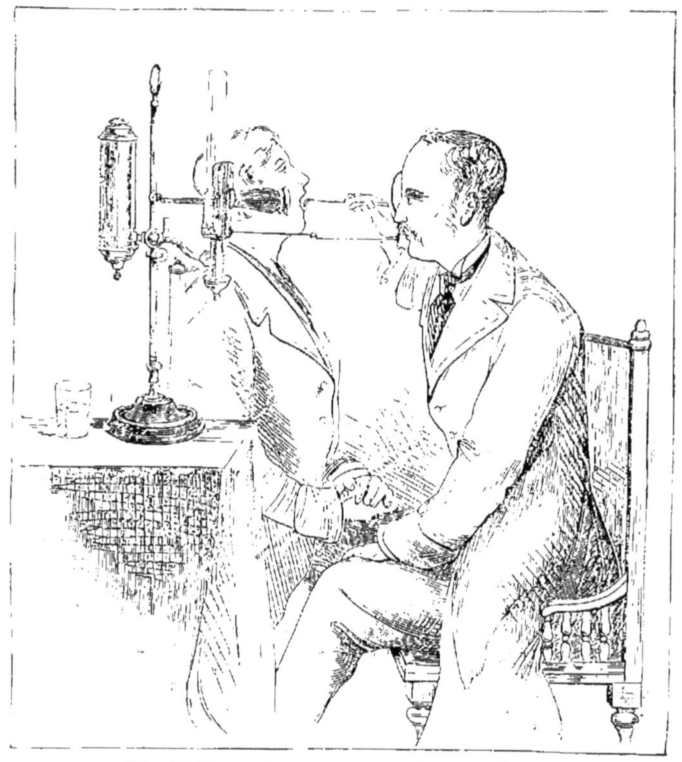

Fig. XXII. — Laryngoscope du Dr Tobold.
L'observateur introduit avec sa main droite le miroir dans la bouche.

que le fait le médecin. A ceux qui pratiquent constamment, nous recommandons la lumière de Drummond, qui est très belle, à moins que l'on ne puisse employer l'électricité (1). On voit dans la figure XXII un appareil pour

(1) Nous pensons que la lumière obtenue avec le gaz et les becs Auer doit être préférée à toutes les autres, même à l'électricité.

Dr Garnault.

faire l'examen du larynx, portant le nom du Dr Tobold, de Berlin, qui permet de faire des observations sur les autres et sur soi-même. C'est un instrument commode, peu coûteux, et pratique à tous égards.

Le dessin parle par lui-même, mais nous donnerons quelques indications qui pourront être utiles à ceux qui ont l'intention de faire des observations laryngoscopiques.

1. Faites asseoir la personne dont vous voulez examiner la gorge, par exemple un chanteur, le corps droit, les genoux rapprochés, la tête un peu renversée en arrière.

2. Placez la lampe, à droite de sa tête, à la distance d'environ neuf pouces, au niveau de l'oreille.

3. Asseyez-vous en face de lui, et placez le réflecteur qui est relié au condenseur de lumière, par un bras métallique, de façon à voir avec votre œil droit par le trou creusé au centre (1).

5. Dirigez la lumière réfléchie sur la face postérieure de la gorge.

6. Prenez le miroir laryngien de la main droite et réchauffez-le légèrement sur la lampe. La glace se recouvrira d'un voile de vapeur et au moment où ce voile disparaît, le miroir présente la température convenable. On doit cependant vérifier la température en passant le miroir sur le dos de la main ou la joue.

7. Tenez le miroir comme une plume et introduisez-le dans la bouche du chanteur en tournant vers le bas sa face réfléchissante.

8. Ayez soin de ne pas toucher la langue avec le miroir en l'introduisant.

(1) Aujourd'hui, on se sert généralement, comme réflecteur, d'un miroir fixé à la tête de l'observateur, ce qui lui permet de faire très facilement varier la direction et l'incidence de la lumière et de suivre tous les mouvements du patient : ou bien on emploie une lampe électrique fixée au front et munie de son réflecteur.

Dr GARNAULT.

9. Appliquez le miroir sur la luette de façon à la presser légèrement en haut et en arrière, mais ne la comprimez pas contre la paroi postérieure du pharynx, car vous détermineriez des efforts de vomissements et une réaction.

10. Déplacez légèrement votre main vers la droite, de façon à l'écarter de la ligne de l'œil.

11. Faites faire au chanteur une aspiration profonde, et faites-lui donner le son de la voyelle e.

12. Que chaque examen soit très rapide ; on peut alors introduire le miroir six ou huit fois sans inconvénient, tandis que si on le laisse trop longtemps, il peut se produire des spasmes et des nausées qui empêchent un nouvel examen.

On arrivera alors facilement à voir le larynx, on pourra examiner aisément les ligaments vocaux, que leur couleur nacrée rend faciles à reconnaitre, et on observera leurs mouvements. Mais si l'observateur ne peut, du premier coup, voir autre chose que le dos de la langue ou le bord supérieur de l'épiglotte, il ne faut pas qu'il conclue hâtivement que c'est tout ce que l'on *peut* voir dans le cas qu'il examine. Il faut, au contraire, qu'il répète l'examen sur la même personne jusqu'à ce qu'il réussisse, car il faut qu'il se mette bien dans l'esprit que la proportion des cas dans lesquels un laryngologiste exercé ne peut arriver à bien voir l'intérieur du larynx est, en réalité, bien faible.

On admet, d'ordinaire, qu'il est nécessaire de faire tirer la langue au chanteur et de tenir cette langue avec un linge pour arriver à obtenir une bonne image du larynx ; c'est là une grande erreur. Le larynx et la langue étant intimement unis, tout mouvement de la langue retentira sur le larynx ; par conséquent, pour que les recherches faites au moyen du laryngoscope aient quelque valeur, pour ce qui concerne l'aspect du larynx dans la production des sons, la formation des « registres », etc., il est clair qu'il ne faut lui faire subir aucune contorsion. On peut arriver à voir le larynx en faisant pousser des cris au patient, mais il est absolument certain qu'un examen ainsi fait ne peut servir à rien. La langue doit rester à sa place naturelle, et si le chanteur le peut (et il doit pouvoir le faire), en aplatissant sa langue, il n'empêchera pas le moins du monde les observations qu'il se propose de faire.

Nous avons ainsi démontré l'absence complete de fondement que présente cette objection faite avec tant de persistance par certaines personnes, que toutes les observations dues au laryngoscope sont sans valeur, en raison des contorsions qu'elles impliquent. Dans la pratique médicale, il est exact qu'on ordonne généralement aux malades de tirer la langue et qu'on en fait tenir le bout entre le pouce et l'index. Mais les malades ne sont pas toujours des chanteurs, et chez eux le but qu'on se propose est d'observer leur maladie, et non pas un processus physiologique. Le médecin, par conséquent, emploie tous les moyens d'éviter des difficultés, bien que, même pour l'examen médical, il soit aujourd'hui prouvé qu'il n'est pas du tout indispensable de tirer la langue et même que, dans quelques cas, cet acte aille à l'encontre du but qu'on se propose.

Les débutants en laryngoscopie feront bien de s'exercer sur un modèle quelconque, puis sur eux-mêmes, avant de pratiquer sur les autres. On parle beaucoup de la sensibilité de la gorge de certaines personnes et l'on dit qu'elles ne peuvent supporter le contact du miroir ; mais nous n'hésitons pas à affirmer que l'inexpérience et par conséquent la maladresse, de la part de l'observateur sont la principale cause de son insuccès, et que les difficultés diminueront au fur et à mesure que sa dextérité augmentera.

Le « laryngo-fantôme » du Dr Isenschmid, de Munich, facilitera beaucoup les débuts des praticiens. Le laryngo, fantôme est une représentation de la gorge, « qui a pour but de familiariser les élèves avec la plupart des détails se rapportant à l'usage du laryngoscope, qu'il est possible d'apprendre avant d'appliquer l'instrument aux sujets vivants ». On peut glisser dans l'instrument de petites gravures que l'étudiant ne connait pas et qu'il doit examiner par la méthode ordinaire. On peut mettre ce fantôme à la place du chanteur qui est représenté dans la figure XXII, et l'on en retirera d'excellents résultats pratiques (1).

Pour l'auto-laryngoscopie, c'est-à-dire pour faire sur lui-même des recherches laryngoscopiques, l'étudiant doit prendre la place du laryngo-fantôme. Il suit pour lui-même chacune des recommandations qui lui ont été faites pour les autres. On fixe au réflecteur un petit miroir carré, fourni dans ce but avec le laryngoscope, et l'étudiant verra dans ce miroir la reproduction de l'image de sa propre gorge, qui se forme dans le miroir laryngien. Une autre personne qui prendrait la place de l'observateur et qui regarderait dans l'espace situé entre le miroir carré et le réflecteur, verrait très distinctement cette image.

On voit donc que le laryngoscope est un petit instrument très complet et qui peut servir à trois fins : 1° pour faire des observations sur une autre personne ; 2° pour faire des observations sur soi-même ; 3° pour montrer les résultats aux autres.

(1) D'autres instruments plus parfaits que celui du Dr Isenschmid ont été construits : par exemple les fantômes électriques, au moyen desquels on peut s'exercer à aller toucher toutes les parties du larynx. L'utilité de tous ces instruments est loin d'être démontrée ; ils ne préparent en aucune façon aux conditions complexes, aux difficultés qu'on rencontre sur le vivant. Rien ne vaut l'enseignement direct d'un professeur aidé de fantômes vivants et qui veuille bien s'occuper de ses élèves. Ces fantômes vivants sont des individus dressés à se faire examiner et que l'on pourra se procurer aussi facilement à Paris qu'à Vienne, le jour où existera en France une véritable clinique d'enseignement des maladies de la gorge. (Dr Garnault).

Lorsque l'on veut faire seulement des observations sur soi-même et des démonstrations, on peut employer un autre instrument qui a été indiqué par le Dr Foulis, de Glasgow. Il est simple, pratique et bon marché. Mais, comme nous venons de le dire, on ne peut l'employer pour examiner la gorge des autres personnes.

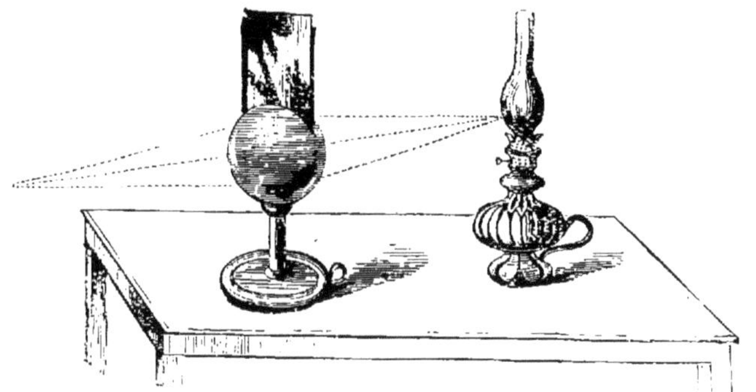

Fig. XXIII. — Auto-laryngoscope du Dr Foulis.

Il consiste (fig. XXIII) en un support plein sur lequel est placé un globe de verre rempli d'eau, le tout surmonté d'un petit miroir carré. Les rayons d'une lampe ou d'une bougie placée derrière le globe, sont concentrés dans la bouche ouverte de l'étudiant placé en face et qui tient le miroir laryngien appliqué contre la partie postérieure de la gorge, de la façon que nous avons déjà décrite, et il voit lui-même l'image qui en résulte, dans le miroir plus grand fixé au globe.

CHAPITRE XIV

Les enseignements du laryngoscope

Après avoir introduit le miroir dans la gorge, la première chose que nous voyons, c'est le dos de la langue; il se présente avec un aspect plus ou moins inégal; il est recouvert de tâches grises présentant parfois une certaine élévation. Puis nous apercevons l'opercule ou *épiglotte*, dont la forme et la position varient beaucoup, et qui est réuni à la langue par un ligament élastique formant une espèce de pont, limité de chaque côté par une petite dépression. L'opercule, dans beaucoup de cas, retombe sur le larynx, et en dissimule ainsi une grande partie, alors la vue n'embrasse guère que les pyramides.

Souvent le même fait se produit sans que l'épiglotte soit tombante; dans ce cas, c'est la position du miroir laryngien qui est défectueuse et qui doit être modifiée jusqu'à ce que l'on arrive à bien voir le larynx. Mais, même lorsque l'opuscule ne recouvre pas le larynx à l'état de repos, nous constaterons qu'il s'élève pendant la respiration ainsi que dans la phonation, notamment lorsqu'on chante la voyelle e ce qui met l'appareil vocal tout entier dans la position la plus favorable pour l'observation. De plus, en pratiquant l'auto-laryngoscopie, nous arrivons rapidement à exercer notre volonté sur l'épiglotte, ainsi que sur presque toutes les parties du larynx, et de toutes façons, l'examen devient plus facile. Nous devons ajouter que les sons doux, voilés, sont les plus favorables à l'examen, parce que lorsque l'on émet ces sons, l'épiglotte est presque verticale et le vestibule est largement ouvert, tandis que pour les sons plus hauts et plus brillants, l'opercule retombe et le vestibule est plus contracté.

Lorsque nous ne sommes plus arrêtés par les difficultés qui proviennent du manque d'adresse et d'expérience, nous sommes en mesure d'étendre nos observations, et d'observer les particularités suivantes.

La couleur de la face supérieure de l'opercule est d'un jaune rose très vif, elle ressemble à la face interne des paupières, et on peut souvent constater à sa surface la présence d'un réseau délicat de menus vaisseaux sanguins, dans quelques cas d'un très joli dessin. La couleur de la face inférieure de l'épiglotte est toujours plus foncée que celle de la face supérieure et le coussinet (fig. XV, p. 74) qui se trouve à sa base, est d'un rouge vif.

Immédiatement au-dessous de la partie libre de l'épiglotte se trouvent les deux replis de la membrane muqueuse qui la relient aux pyramides, et que nous connaissons (fig. XV) sous le nom de replis *ary-épiglottiques*. Ils sont épais lorsqu'ils sont relâchés, ils sont minces lorsqu'ils sont tendus. On trouve aux extrémités postérieures de ces replis quatre petites élévations produites par les cartilages de Wrisberg et ceux de Santorini (les cartilages tampons), qui s'y trouvent plongés. En arrière, il y a un autre repli de la muqueuse qui réunit les pyramides et complète le rebord supérieur du tube décrit à la page 57 sous le nom de vestibule du larynx.

Un peu au-dessous, on trouve les ligaments des poches, que l'on appelait autrefois les fausses cordes, et aujourd'hui bandes ventriculaires dans le langage médical (fig. XV). Les replis ary-épiglottiques ainsi que les ligaments des poches ont la même couleur que la membrane muqueuse qui revêt les joues, tandis que la portion qui recouvre les cartilages présente à peu près la couleur de la gomme.

Au-dessous des ligaments des poches se trouvent les orifices des poches ou ventricules du larynx. Au premier coup-d'œil ils ne sont indiqués que par une ligne sombre située entre les ligaments des poches et les ligaments vocaux ; mais si l'on tourne le miroir de façon à voir latéralement, ces orifices paraissent beaucoup plus larges, et on les aperçoit lorsqu'on regarde directement en bas vers le centre du larynx.

Au-dessous de l'entrée des poches laryngiennes, et formant en réalité leur plancher, se trouvent les ligaments vocaux qui ont un éclat nacré, et font avec toutes les parties plus ou moins roses qui les entourent, un contraste si vif qu'il est impossible de ne pas les reconnaître.

Lorsque pendant la respiration les ligaments vocaux sont séparés, on peut, avec une bonne lumière, bien dirigée, voir au-dessous d'eux, et distinguer une partie du cartilage annulaire et quelques anneaux de la trachée. Dans quelques cas rares et exceptionnellement favorables, nous pouvons arriver à voir directement jusqu'au bas de la trachée, où nous pouvons reconnaître sa division en deux branches qui pénètrent dans le poumon.

On doit se rappeler que l'image laryngoscopique est une image réfléchie dans un miroir, et que, par conséquent, elle est en partie renversée. On comprendra mieux ce que nous voulons dire avec la figure XXIV, dans laquelle on voit la lettre V, qui représente la glotte telle qu'elle est placée dans le corps (voir figure XIII) et son image réfléchie dans un miroir, où on la voit renversée. Le jambage plein de la lettre se trouve à gauche de l'observateur, il en est de même dans l'image réfléchie. Le jambage délié du V se trouve à droite de l'observateur, il en est de même dans l'image réfléchie. Mais pour tout le reste, l'image réfléchie est l'exacte contre-partie de l'original.

Il en est de même pour l'image laryngée. Le ligament vocal droit du chanteur, qui, naturellement, se trouve à gauche de l'observateur, est aussi à gauche dans le miroir, et le ligament vocal gauche du chanteur, qui se trouve à droite de l'observateur est aussi à droite dans le miroir. Il est évident que les choses se passent de même pour les ligaments des poches, les replis ary-épiglottiques, et pour toutes les autres parties qui se trouvent des deux côtés du larynx. Mais l'avant et l'arrière du larynx sont renversés exactement de la même manière que la lettre V dans la figure XXIV.

Fig. XXIV. — Miroir laryngien montrant le renversement de l'image laryngienne.

Il est nécessaire d'exposer très clairement cette question afin de faire comprendre pourquoi l'angle de la glotte (fig. XIII) est placé en bas, tandis que dans les représentations du larynx qui suivent, ce même angle se trouve en haut. C'est là une question au sujet de laquelle il s'est fait, à notre avis, une grande confusion dans l'esprit de maint lecteur du livre de M. Behnke (Mécanisme de la voix humaine), et c'est pour cela que, dans cet ouvrage, nous désirons éviter cette difficulté.

Le lecteur qui nous a accordé son attention jusqu'ici, est assez familiarisé avec ces détails pour concevoir une idée exacte du processus de la formation de la voix, tel que nous allons le décrire.

La figure XXV représente une image laryngienne, avec la glotte ouverte, à l'état de repos. T représente la partie postérieure de la langue ; L l'opercule ; W, W les cartilages de Wrisberg ; et S, S les cartilages de Santorini. L'opercule recouvre une partie du larynx, de telle sorte que nous ne voyons pas les ligaments vocaux dans leur entier, V, V,

Fig. XXV. — Respiration tranquille.

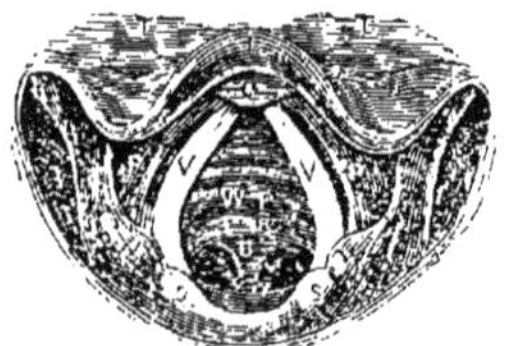

Fig. XXVI. — Respiration profonde. Fig. XXVII. — Production du son.

Images laryngées.

T. Langue.
V. V. Ligaments vocaux.
W. W. Cartillages de Wrisberg.
L. Opercule.
P. P. Ligaments des poches.
B. Bifurcation de la trachée.
C. Coussinet de l'épiglotte.
S. S. Cartilages de Santorini.

et entre les ligaments on aperçoit quelques anneaux de la trachée. Tant que les ligaments vocaux sont ainsi séparés, l'air passe silencieusement entre eux dans la respiration, et plus la fente de la glotte est large, plus notre respiration est profonde et *vice versâ*.

La figure XXVI montre l'image laryngée dans une inspiration vigoureuse et profonde. La glotte se trouve très largement ouverte, et nous pouvons même voir l'orifice des tubes bronchiaux B, au bas de la trachée.

Lorsque nous émettons un son, nous voyons les pyramides, avec les ligaments vocaux qui leur sont unis, se rejoindre avec une grande rapidité, et les ligaments des poches se rapprocher aussi du centre : mais à l'état sain, ils ne se touchent *jamais* pendant la phonation, de telle sorte que nous voyons toujours les larges ligaments vocaux, avec leur couleur blanche, formant, pour ainsi dire, le plancher de la cavité qui s'offre à nos regards.

L'air qui, d'en bas, est projeté contre les ligaments vocaux, ainsi que nous l'avons décrit à la page 60, les fait vibrer. Aussitôt que nous cessons de chanter et que nous reprenons notre inspiration, les pyramides avec les ligaments vocaux s'écartent l'une de l'autre, et nous voyons encore une fois, comme auparavant, l'espace triangulaire. Ces mouvements nous apprennent tout d'abord que le rapprochement des ligaments vocaux est une condition indispensable à la production du son.

Mais en étudiant avec soin ces mouvements, nous observons encore que la glotte peut se fermer dans diverses conditions amenant chacune un résultat différent.

1. Les ligaments vocaux se rencontrent après que l'air a déjà commencé à passer entre eux, ceci constitue une aspiration ou, en d'autres termes, le son de la lettre h. On donne au mécanisme qui le produit le nom de « glissement de la glotte ». Il présente une autre particularité, c'est qu'alors, souvent, les ligaments vocaux ne se rejoignent pas assez fortement, et laissent passer une quantité d'air plus grande que cela n'est nécessaire pour l'acte de la phonation. Alors, non seulement le son ne débute pas d'une manière prompte et décisive, mais il s'y joint aussi une certaine quantité d'air « sauvage » qui le rend soufflé et cotonneux. Ce mode de production du son est malheureusement très commun.

2. Les ligaments vocaux se réunissent avant que l'air n'ait eu le temps de les atteindre, les pyramides entrent en contact intime par leur surface interne, et les ligaments vocaux se rapprochent fortement l'un de l'autre. La porte est bien fermée, l'air s'accumule au-dessous jusqu'à ce que la pression devienne assez grande pour triompher de la résistance qui se trouve au-dessus. A ce moment la porte s'ouvre et le phénomène s'accompagne d'un cliquetis distinct. On donne à l'action qui le produit le nom « d'échec de la glotte ». Après qu'il s'est produit, d'ordinaire les ligaments vocaux restent fortement serrés, de telle sorte que l'air a constamment une résistance inutile à vaincre. Ce phénomène entrave le son, et tend à le rendre dur et métallique.

3. Les ligaments vocaux se rencontrent au moment même où l'air vient les frapper; de plus, ils ne se pressent pas l'un contre l'autre plus que cela n'est nécessaire. Il ne s'y produit pas de fuite au début comme dans 1, et il n'y a pas d'obstacle à vaincre comme dans 2 ; mais l'attaque est nette et décisive, et alors le son sort d'une manière convenable. Le mécanisme dont il s'agit ici porte le nom de « coup de glotte » ou de « choc de la glotte ». L'occlusion des ligaments vocaux se maintient au degré le plus convenable, la production du son, quant à ce qui concerne la glotte, s'opère dans les conditions les plus favorables, et le résultat est le meilleur qu'on puisse désirer.

On peut terminer le son de quatre manières différentes :

1° La glotte s'ouvre tout à coup et avant que l'effort expiratoire ait tout à fait cessé. Dans ce cas, le son est suivi d'un léger écoulement d'air, que souvent l'on peut entendre distinctement.

2. Le larynx se ferme comme dans l'acte de presser,

ce qui détermine une cassure du son, d'autant plus bruyante et d'autant plus désagréable qu'elle s'est produite plus subitement. On dit, dans ce cas, que le son s'est « arrêté dans la gorge ».

3. L'effort respiratoire cesse pendant que les ligaments se trouvent encore rapprochés.

4. L'effort expiratoire cesse au moment même où la glotte s'ouvre.

Nous allons étudier maintenant les mouvements du larynx dans la production des différentes notes, tels qu'ils nous sont révélés par le laryngoscope, et de là nous serons conduits à étudier les divers « registres ». Nous aurons à revenir sur ce sujet dans le chapitre de l'enseignement. Nous voulons donc ici nous borner à la simple description des modifications physiologiques que comporte le sujet, sans entrer dans aucune discussion.

Nous partons de notre définition d'après laquelle « un registre consiste en une série de notes produites par le même mécanisme » Behnke, op. cit., p. 86, et nous allons indiquer les modifications qui se produisent dans la boîte vocale, en passant en revue les différentes espèces de voix, commençant par la basse et allant jusqu'au soprano. Lorsqu'une basse chante ses notes les moins hautes, on ne voit qu'une très faible portion de la glotte, à l'exception de sa partie postérieure, car l'opercule pend au-dessus du larynx et cache la partie antérieure. Cette difficulté peut, dans une large mesure, être surmontée par la pratique qui nous permet de soumettre l'opercule à notre volonté et de le relever. Ainsi, nous avons eu l'occasion d'observer des cas dans lesquels, même pour les notes les plus basses, une grande partie des ligaments vocaux restait toujours visible, et nous nous souvenons particulièrement d'un gentilhomme écossais qui présentait, à ce point de vue, l'exemple le plus remarquable que nous ayons rencontré. Dans ces circonstances exceptionnellement favorables, nous voyons que, pour les notes les plus basses, commençant par exemple au  les points des pyramides situés le plus en arrière, sont fortement appliqués l'un à l'autre, et qu'il se produit entre les ligaments vocaux une fente de forme elliptique.

Nous avons déjà, à plusieurs reprises, attiré l'attention sur ce fait, que les ligaments des poches ne se rencontrent jamais pendant la phonation, et ils sont si éloignés l'un de l'autre, que les ligaments vocaux se présentent

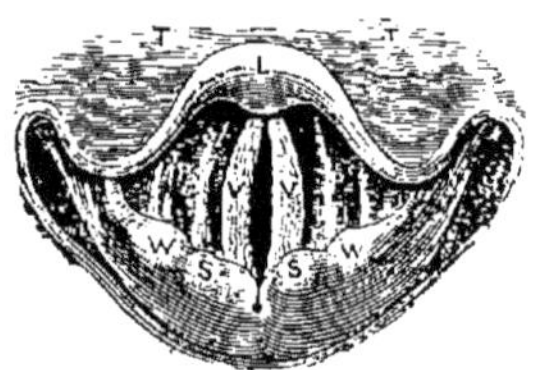

Fig. XXVIII. — Image laryngienne. — Registre épais inférieur.

T, T. Langue.
P, P. Ligaments des poches.
L. Opercule.
S, S. Cartilages de Santorini.
V, V. Ligaments vocaux.
W, W. Cartilages de Wrisberg.

comme deux bandes blanches très larges, animées dans toute leur longueur, leur largeur et leur épaisseur, de vibrations très intenses qui, dans la production de ces notes basses, sont assez lentes pour qu'on puisse les voir clairement et distinctement.

La forme elliptique de la fente vocale, en cet état de relâchement des ligaments vocaux, correspond exactement à la courbe des muscles thyro-aryténoïdiens, telle que nous l'avons montrée dans la figure X, p. 61. Dès que le chanteur s'est élevé de quelques notes, les processus vocaux des pyramides commencent à devenir visibles, ils font de plus en plus saillie vers l'intérieur, et finissent enfin par se toucher. A ce moment, la forme elliptique de la fente vocale a graduellement disparu, elle devient linéaire, tandis que l'on voit apparaître, entre les pyramides, un petit espace triangulaire dont le sommet est tourné en avant, et qui devient de plus en plus petit, au fur et à mesure que le chanteur continue à monter la gamme, jusqu'à ce que enfin il disparaisse, lorsque le chanteur a atteint le .

Cependant, fait à noter, chez beaucoup de basses, cet espace triangulaire se ferme beaucoup plus tôt, et chez les barytons et les ténors souvent on ne le voit plus du tout. Pendant que se passent ces phénomènes, l'épiglotte se relève en même temps que la voix monte, de telle sorte qu'elle nous paraît d'autant plus haute que le chanteur s'est élevé plus haut dans l'échelle des sons. A ce moment, on constate que que les ligaments vocaux sont considérablement tendus, et ce fait est confirmé par la diminution et même quelquefois la disparition complète de l'orifice situé entre l'anneau et le bouclier (fig. VII, p. 53), qui était largement ouvert dans la production des notes basses.

La basse est alors arrivée à la limite de ses moyens, nous allons étudier celles de ses notes qui appartiennent aussi aux autres voix : observons chez un ténor la série

à partir du

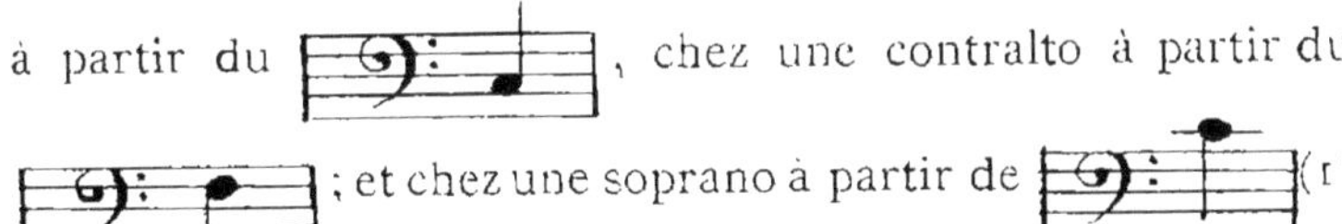

, chez une contralto à partir du ; et chez une soprano à partir de (1) et nous constaterons que, *dans toutes les voix, elles sont produites exactement par le même mécanisme*, c'est-à-dire

(1) On écrit généralement aujourd'hui la musique de ténor en clé de sol, *une octave plus haut que le chant réel*. Afin de prévenir toute confusion sur la valeur des notes que nous indiquons, nous les avons toutes écrites en clé de fa.

par les ligaments vocaux vibrant dans toute leur longueur, leur largeur et leur épaisseur. Les vibrations deviennent beaucoup plus rapides que dans les notes inférieures des voix de basses, il s'ensuit naturellement qu'elles ne sont ni aussi amples ni aussi distinctes, cependant on peut les distinguer nettement. Nous devons aussi penser que les ligaments vocaux, dans la production de ces notes, s'épaississent beaucoup ; nous allons développer cette question. Nous adopterons donc la terminologie de M. John Curwen, nous réservant de justifier notre choix plus loin ; nous désignerons cette série de notes sous le nom de « registre épais ». Si donc nous laissons de côté, pour le moment, les subdivisions, nous dirons que *toutes*

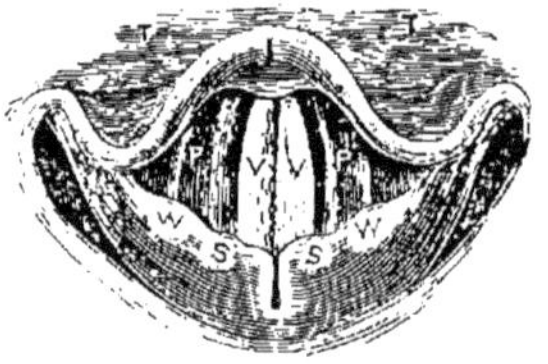

Fig. XXIX. — Image laryngienne. — Régistre épais supérieur.

T. T. Langue.
P, P. Ligaments des poches.
L. Opercule.
S, S. Cartilages de Santorini.
V. Ligaments vocaux.
W, W. Cartilages de Wrisberg.

les notes de la voix humaine qui vont jusqu'au 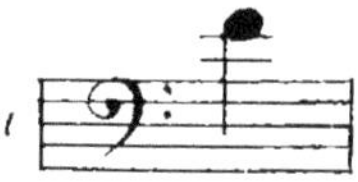 ,
qu'elles soient chantées par une basse, un ténor, une contralto ou une soprano, sont émises *dans le registre épais*.

Au fur et à mesure que ces différentes voix montent l'échelle des sons, nous avons constaté que les ligaments vocaux se tendent de plus en plus. Si maintenant nous examinons le ténor, la contralto et la soprano au moment où ils approchent du 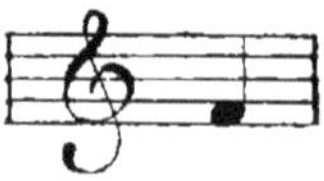 que nous avons indiqué comme la limite moyenne du registre épais, nous constatons que la tension des ligaments vocaux, ainsi que toutes les parties environnantes devient très forte, et si l'on monte encore plus haut la tension des parties situées au-dessus des organes vocaux devient si forte, qu'elles semblent prêtes à éclater, et que leur couleur rose passe au rouge. Ces faits ne sont pas aussi nets chez la soprano que chez la contralto et le ténor ; nous laissons de côté les basses, car la limite de leur voix se trouve au dessous du point que nous avons indiqué.

Si le ténor, la contralto et la soprano désirent chanter sans effort au dessus du  (rappelons-nous que cette note pour voix de ténor est généralement écrite une octave plus haut) ils doivent changer leur mécanisme, ou, en d'autres termes, ils doivent chanter dans un registre différent.

Lorsque ce phénomème se produit, les modifications suivantes s'opèrent : l'épiglotte est plus élevée que précédemment et, par suite, nous arrivons à voir complètement le larynx, à tel point que nous apercevons même le coussinet de l'épiglotte, ainsi que les insertions des ligaments vocaux au bouclier. Le vestibule semble plus long et plus étroit et les replis ary-épiglottiques (Fig. XV) plus minces. Les ligaments des poches se trouvent plus près l'un de l'autre, et l'orifice des poches est moins marqué qu'auparavant. Les ligaments des poches semblent être tout-à-fait immobiles, et leurs vibrations sonores semblent être confinées à leur portion interne amincie. De plus, les ligaments vocaux deviennent, par le processus expliqué à la p. 65, plus minces qu'ils ne l'étaient dans le registre épais.

C'est ainsi qu'on peut expliquer complètement la remarquable diminution de volume qui se produit dans toutes les voix naturelles et sans culture. On peut démontrer le changement d'épaisseur des ligaments vocaux en éclairant le larynx, non par le procédé employé en laryngoscopie, c'est-à-dire par le haut, mais en faisant traverser les parties inférieures du larynx par une lumière brillante dont la source est à l'extérieur, et en observant avec le miroir laryngien, suivant le procédé ordinaire. Cette méthode donne surtout de bons résultats chez les personnes maigres, et l'on voit que les ligaments vocaux sont presque transparents, tandis que dans le registre épais ils sont beaucoup plus opaques.

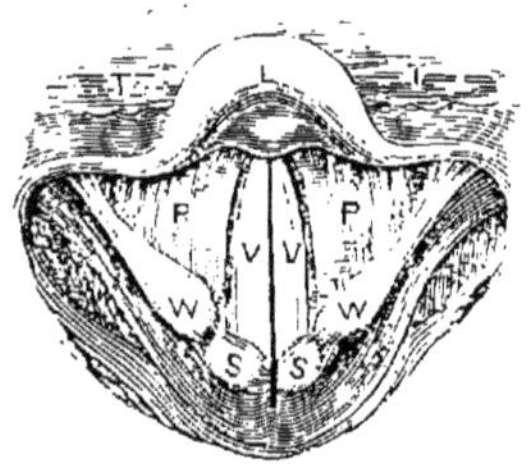

Fig. XXX. — Image laryngienne. — Registre mince inférieur.

T, T. Langue.
P, P. Ligaments des poches.
L. Opercule.
S, S. Cartilages de Santorini.
V, V. Ligaments vocaux
W, W. Cartilages de Wrisberg.

M. Curwen, en appelant ce registre « registre mince », lui a donné un nom qui lui convient parfaitement, bien que, à l'époque où il le lui a donné, il n'avait aucune idée de la signification nouvelle et importante qu'il a acquise par les expériences que nous venons de décrire.

La modification précédente s'accompagne d'une profonde sensation de soulagement : en effet, l'effort que faisait le chanteur pour porter le registre épais au delà de ses limites naturelles cesse, et il peut chanter avec la plus grande facilité. De plus, cette modification se trouve indiquée par la réapparition de l'ouverture glottique, qui avait complètement disparu dans les notes du registre épais.

Si l'on continue à chanter dans le registre mince, nous constatons que la fente située entre les ligaments vocaux est linéaire, et que le ton est évidemment déplacé vers le haut par la tension des ligaments. Ce fait est corroboré par l'état de l'ouverture glottique qui recommence à diminuer peu à peu de largeur, jusqu'à ce qu'enfin elle disparaisse complètement. La voix remonte par ce procédé à peu près jusqu'au , où doit se produire un nouveau changement, si l'on veut éviter l'effort et la contrainte ; et nous constatons alors, entre les ligaments vocaux, l'existence d'une fente elliptique comme dans le dessin ci-joint, et cette fente diminue peu à peu pendant que la contralto

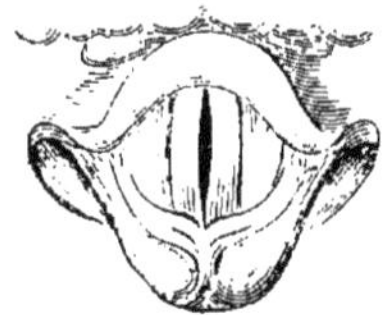

Fig. XXXI. — Image laryngienne. — Registre supérieur mince. (Larynx de femme)

ou le ténor passe du au . On doit cependant faire remarquer que l'on peut observer ce mécanisme dès le commencement du registre mince et que même les ténors peuvent l'employer et l'emploient pour produire les quelques notes placées juste au dessus du registre épais, qui constituent les parties les plus élevées de leure moyens vocaux appliqués à la musique moderne. Mais les sons ainsi produits, sont très ternes et sans brillant, ils forment ce que l'on appelle d'ordinaire « la voix de fausset » dont nous parlerons avec plus de détails au chapitre de l'enseignement.

Nous arrivons maintenant à la dernière modification qui nous amène à la partie la plus haute de la voix de soprano commençant au que M. Curwen a appelée « le petit registre », parce que l'action des ligaments vocaux ne s'exerce que dans une faible partie de leur étendue. Ce mécanisme consiste en la formation d'un orifice ovale, situé dans la partie antérieure de la glotte, et qui se contracte d'autant plus que la voix monte plus haut ; les ligaments vocaux se trouvent dans la partie postérieure, pressés si étroitement l'un contre l'autre, que c'est à peine s'il reste quelque trace de la fente. Ici on ne peut reconnaître aucune vibration, tandis qu'au contraire, elles sont assez marquées

Fig. XXXII. — Image laryngienne. — Petit registre. (Larynx de femme).

dans la région antérieure, pour modifier fortement le contour de l'orifice.

Nous avons exposé, plus haut, le mécanisme du petit registre tel que nous le supposons, mais nous devons reconnaître que nous sommes encore sur ce point très éloignés de la certitude. Mais ce mécanisme n'est pas du tout indispensable, et nous en savons assez sur la propriété qu'ont les muscles thyro-aryténoïdiens de se contracter suivant des modes très variés, pour justifier cette conclusion, que leur action suffit parfaitement, à elle seule, pour déterminer la formation de l'orifice décrit. Nous pouvons à chaque instant nous assurer de l'existence

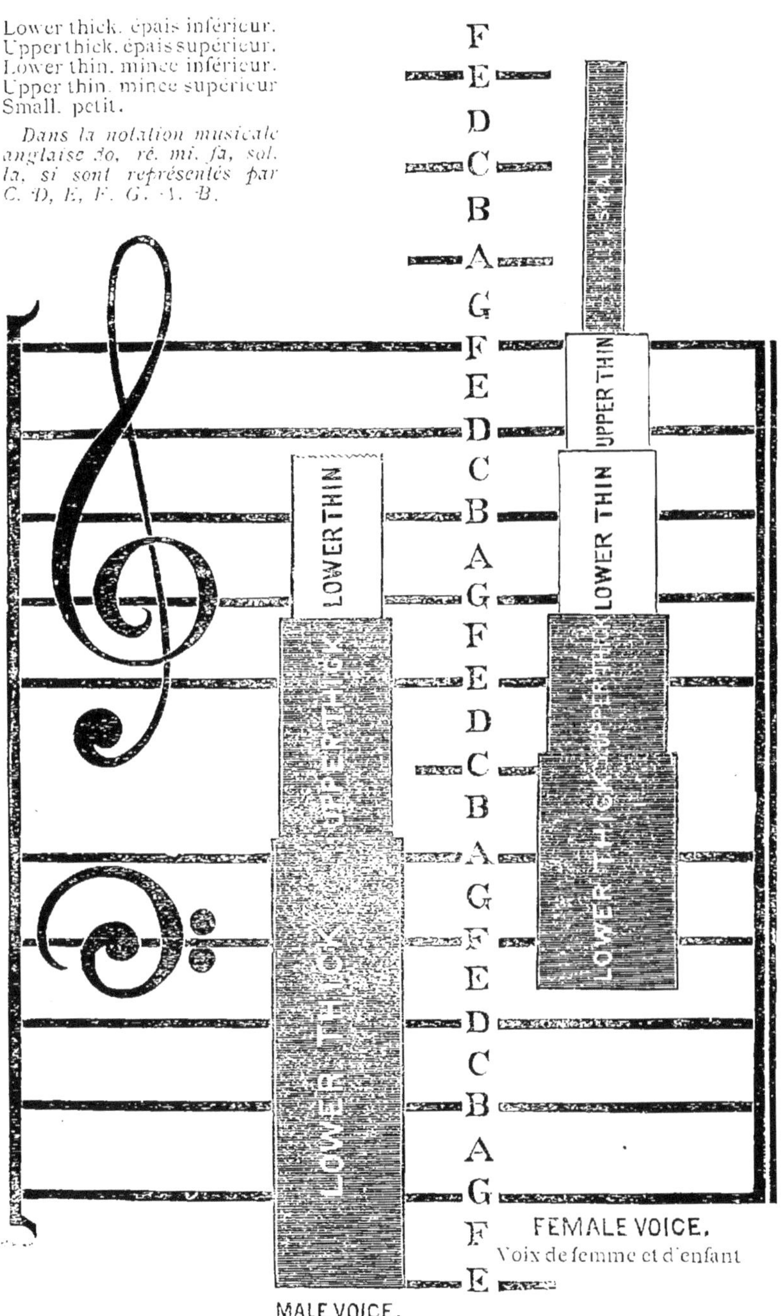

Fig. XXXIII. — Les registres de la voix humaine, d'après Behnke « Le mécanisme de la voix humaine ».

de cet orifice, comme nous avons eu maintes fois et indépendamment l'un de l'autre, l'occasion de l'observer sur des femmes ou des enfants.

Nous avons vu ainsi qu'il y a trois registres dans la voix humaine : l'*épais*, le *mince*, et le *petit*. Nous avons, de plus, trouvé diverses indications plus ou moins vagues de modifications qui, dans une certaine mesure, exigent des subdivisions : le registre *épais inférieur*, l'*épais supérieur*, le *mince inférieur* et le *mince supérieur*. La figure XXIII explique parfaitement ces registres, et, dans ce chapitre tout au moins, nous ne nous en occuperons plus.

Nous avons aussi indiqué l'effort sensible qui se produit, lorsque l'on essaie de porter le registre épais au-delà de ses limites naturelles ; nous devons ajouter que les mêmes phénomènes apparaissent, bien que d'une façon moins marquée, lorsqu'on veut trop forcer vers le haut les autres registres.

Dernièrement, nous étions préoccupés d'expliquer les différences de description données par les divers observateurs, des apparences qui se produisent dans le processus de la phonation, et nous ne saurions mieux faire que d'emprunter au très remarquable traité de la voix publié par le Dr Gruetzner de Breslau le passage suivant (Physiologie de la voix et de la parole, par le Dr P. Gruetzner, dans le « Manuel de Physiologie » du Dr L. Hermann, Leipzig : F. C. W. Vogel, 1879, vol. I, IIe part. p. 112).

« Les théories qui expliquent la manière dont ces petits muscles laryngiens contribuent à la production des notes hautes et basses sont différentes, et, dans une certaine mesure, contradictoires. Il est certain, d'après les données que nous possédons et d'après mes propres observations, qu'il y a, en réalité, des différences individuelles qui sont d'autant plus grandes que l'on a affaire à des chanteurs exercés, ou à des gens qui ne chantent pas, ou à des chanteurs naturels, et d'autant plus, que la boite vocale diffère davantage au début, quant à la taille et à la forme.

« Nous avons à notre disposition les moyens suivants qui sont entièrement différents, pour arriver à modifier la hauteur de notre voix :

« 1. La modification de la *tension longitudinale* des ligaments vocaux, produite par les diverses actions des muscles tenseurs et de leurs antagonistes.

« 2. Le *raccourcissement* des parties vibrantes des ligaments vocaux, produit par suite du mouvement des pyramides, qui s'appliquent de plus en plus étroitement l'une contre l'autre par leur face interne, réduisant ainsi la longueur des parties des ligaments vocaux qui sont susceptibles de vibrer, exactement comme le violoniste raccourcit les cordes, en rapprochant le doigt du chevalet.

« 3. La *modification de forme*, en particulier l'amincissement ou l'épaississement des bords vibrants, produite par les diverses actions de certaines portions du muscle thyro-aryténoïdien.

« 4. *L'élargissement ou le rétrécissement des bords vibrants*, qui, fréquemment, se produit en même temps que le mouvement précédent.

« 5. Enfin les changements *de pression de l'air* chassé dans la trachée par les muscles de la poitrine.

« Suivant le procédé que le chanteur préfèrera employer pour modifier le son de sa voix, ou bien s'il emploie à la fois plusieurs procédés dans ce but, l'image du larynx sera, naturellement, différente dans la production des notes hautes ou basses. »

CHAPITRE XV

La culture de la voix

La culture de la voix considérée à un point de vue scientifique, le seul qui nous occupera ici, peut être divisée en cinq parties : (1) la respiration, (2) l'attaque, (3) la résonnance, (4) la flexibilité, (5) les registres.

La respiration

Nous savons par la description donnée à la page 48, qu'il y a trois manières d'exécuter le processus de la respiration. On les appelle : la respiration diaphragmatique, la respiration costale, et la respiration claviculaire.

En réalité, ces trois procédés ne sont pas complètement indépendants les uns des autres. Néanmoins ils sont assez distincts, et, de plus, c'est une habitude générale et commode, de donner à chacun d'eux un nom distinct, d'après le mécanisme qui domine dans sa production.

La combinaison de la respiration diaphragmatique et costale constitue le meilleur procédé, et la respiration claviculaire est tout à fait mauvaise et défectueuse, et, à l'état de santé, on ne doit l'employer dans aucun cas (1).

(1) *Nous avons décerné, plus haut, à Mandl, les éloges qu'à notre avis, il mérite, en raison de ses efforts pour faire disparaître le type respiratoire claviculaire. Nous craignons, cependant, que l'on ne puisse dire que, réagissant contre ce mode de respiration pernicieux, ce grand réformateur n'ait conseillé trop exclusivement la respiration diaphragma-*

Nous allons, au risque d'être accusé de répétition, étudier encore cette question, dans ses rapports avec la production et la culture de la voix.

En élargissant la poitrine par l'abaissement du diaphragme et le développement latéral des côtes, nous gon-

tique, bien qu'il soit physiologiquement impossible de se servir du diaphragme, sans le combiner avec l'extension des côtes. Mais on peut se rendre compte que Mandl, lui-même, avait des doutes à ce sujet, en lisant les observations suivantes qu'il a faites p. 11 de la seconde édition de son « Hygiène de la voix » (Paris 1877). « Ces divers types respiratoires peuvent se combiner ou plutôt se succéder les uns aux autres. Ceci s'observe bien dans la respiration latérale, qui se combine soit avec l'abdominale, soit avec la claviculaire. En effet, toute inspiration diaphragmatique profonde peut finir par une inspiration latérale, de même que l'inspiration latérale exagérée se termine, le plus souvent, par une inspiration claviculaire ».

Nous avons appris récemment avec un regret mêlé de surprise que certains professeurs, surtout en France, suivent les indications de Mandl jusqu'aux extrêmes et conseillent de repousser tout le contenu abdominal beaucoup plus qu'il n'est nécessaire pour l'abaissement complet du diaphragme : cette pratique ne peut que gêner l'acte respiratoire, elle est seulement moins néfaste que la respiration claviculaire.

Le Dr Joal (Revue de Laryngologie, nos 8, 9, 10, 1892) a rendu un grand service en appelant l'attention sur cette question, bien qu'il soit disposé, lui aussi, à pousser sa théorie à l'extrême et à considérer la respiration costale comme l'acte principal et la contraction du diaphragme comme l'acte secondaire.

Il conseille de « rentrer l'abdomen dans l'inspiration » contrairement à ce que nous avons affirmé, « que le criterium, pour l'œil, d'une bonne respiration, consiste dans l'augmentation du volume de l'abdomen ». Cette affirmation semble, au premier abord, être le contraire de ce que avons soutenu, mais à la suite d'une conversation que nous avons eue avec le Dr Joal, nous sommes heureux de dire que nous sommes d'accord, et qu'il est aussi convaincu que nous de l'importance qu'a la combinaison de la respiration diaphragmatique à la respiration costale. Nous pensons de la même manière que l'accroissement de volume de l'abdomen doit être limité à la portion située au dessus de l'ombilic et que la partie inférieure doit être tirée en dedans et fixée.

LENNOX BROWN, *30 août 1892.*

M. Joal a, dans cette conversation, soutenu exactement le contraire de ce qu'il a écrit en 1890 et en mai 1892. Dans ses deux mémoires, après avoir rompu des lances en faveur du détestable procédé de la respiration claviculaire, il y soutient très nettement que l'on doit respirer flons nos poumons de telle façon que nous leur donnons le plus grand volume et que, par conséquent, nous y pouvons faire pénétrer le plus grand volume d'air. Lorsque nous gonflons la poitrine en soulevant les épaules et les clavicules, nos poumons n'acquièrent ainsi que le plus petit volume, et nous n'y faisons pénétrer que la plus petite quantité d'air. Nous devons faire observer que nous parlons en ce moment de la respiration claviculaire, en la considérant non comme un complément des deux autres espèces de respiration, mais comme un acte distinct ; et alors il ne peut y avoir aucun doute, que l'effet ainsi produit, ne soit très inférieur à ceux que l'on obtient par la combinaison des respirations diaphragmatique et costale. On peut facilement le démontrer au moyen du spiromètre, instrument qui mesure exactement la puissance respiratoire de l'homme, en indiquant sur un petit cadran, le nombre exact de pouces d'air qui y sont expirés : et des observations répétées un grand nombre de fois ont prouvé le fait avec la plus grande netteté. Nous sommes donc en possession d'un fait qui ne peut être discuté par aucun argument, et qui, à lui seul, suffit complètement pour faire pencher la balance contre la respiration claviculaire.

avec l'abdomen concave, sans qu'il soit question de distinctions en région supérieure et région inférieure. Quant au diaphragme, il ne devrait agir qu'en soulevant les côtes, c'est-à-dire qu'il devrait trouver une barrière qui l'empêche absolument de descendre, dans les viscères fixés par la contraction préalable des parois abdominales. M. Joal préconise le type de respiration costal ou latéral, type aussi anti-physiologique et presque aussi pernicieux que le type de respiration claviculaire.

Donc, si nous nous en rapportons aux écrits de M. Joal, il est en contradiction formelle, avec la saine doctrine soutenue par les auteurs de ce livre. Nous ne pouvons admettre que les travaux de M. Joal, remplis d'idées et d'observations physiologiques fausses ou mal interprétées, n'ont eu d'autre résultat que d'obscurcir la clarté des doctrines soutenues par Mandl, et acceptées par tous les physiologistes.

Dr GARNAULT. 30 septembre 1892.

Mais en ce qui concerne la voix, il y a encore des raisons plus fortes pour employer toujours les respirations diaphragmatique et costale, et pour laisser toujours de côté la respiration claviculaire.

Les poumons sont entourés, à leur base, de parties molles et élastiques. Nous pouvons opérer avec notre diaphragme les mouvements de contraction et de relâchement les plus étendus, et pendant aussi longtemps que nous le voudrons, cela ne nous fatiguera jamais, parce que la nature n'a placé aucun obstacle sur notre chemin. Il n'existe qu'une seule exception, c'est lorsqu'une trop grande quantité de nourriture vient former un obstacle accidentel. Beaucoup de gens savent par l'expérience, qu'on ne peut respirer aussi bien après un bon dîner qu'on le faisait auparavant, et beaucoup de chanteurs et d'orateurs sont si bien convaincus de ce fait, qu'ils laissent passer un intervalle considérable entre le moment où ils ont pris de la nourriture et celui où ils font usage de leur voix ; d'autres préfèrent même ne prendre leur repas que lorsqu'ils ont déjà fini leur travail, car on constate généralement qu'un exercice convenable des poumons procure un bel appétit. Ils ont certainement aussi cette autre raison que nous venons de signaler, c'est que l'acte de la digestion contrarie leur voix. Mais c'est là une question dont nous n'avons pas à nous occuper dans ce chapitre, et qui sera discutée en son lieu et place.

De plus, nous pouvons aussi développer et contracter nos côtes inférieures dans la plus large mesure et cela pendant aussi longtemps que possible, sans éprouver aucune fatigue, parce que, là aussi, la nature ne nous a opposé aucun obstacle. Nous voyons aussi que cette méthode qui consiste à faire commencer l'ampliation de nos poumons par la base est si facile qu'elle n'exige pas le moindre effort et qu'elle nous fournit en même temps une très grande quantité d'air.

Au sommet du poumon les choses sont très différentes. Les côtes y sont beaucoup moins libres et elles sont beaucoup plus courtes. Elles sont, non seulement fixées à la colonne vertébrale. comme les côtes inférieures, mais, de plus. elles sont unies, en avant, au sternum, et leurs cartilages, constituant leur partie élastique, sont, ainsi que les côtes, beaucoup plus courts. Les omoplates et les clavicules qui supportent les bras viennent encore mettre des obstacles à leur mobilité, et tout ce poids doit être soulevé, si l'inspiration commence dans cette région.

De plus. les parois de la poitrine sont repoussées avec force vers le haut, au niveau de la racine du cou, en un point où l'on trouve l'œsophage, la trachée et de gros vaisseaux artériels et veineux qui portent le sang au cerveau et qui l'en ramènent. Il est très important que ces organes restent libres, au point où les a placés la nature : mais la respiration claviculaire les comprime nécessairement et détermine la replétion et la congestion. Nous voyons donc que l'acte de dilater et de contracter toutes ces parties rigides et sans élasticité, implique une somme énorme de travail, qui amène nécessairement la fatigue et possède accidentellement une influence fâcheuse sur la voix, parce que la quantité d'air exhalée par ce mode de respiration est en même temps très petite.

Jusqu'ici, nous n'avons considéré la respiration claviculaire qu'en tant que procédé respiratoire distinct, et, dans ce cas, la respiration est laborieuse, fatigante, haletante et insuffisante. Mais on peut aussi l'employer comme complément de la respiration diaphragmatique et costale, lorsqu'elles sont portées au point de devenir excessives et suffocantes. Nous devons considérer comme un cas extrême, celui de « Rubini qui se cassa la clavicule dans un effort violent, mais suivi de succès, pour donner le si bémol dans le récitatif de Pacini, (Le Talisman) ». (Walshe, op. cit. p. 15).

D'après ce qui précède, on comprendra facilement que la respiration claviculaire, qu'elle se produise comme acte distinct, ou comme complément de la respiration diaphragmatique ou de la respiration costale, a pour résultat de forcer la voix et de la rendre inégale, ainsi que de congestionner les vaisseaux et les tissus de la gorge, et, nous le répétons en d'autres termes, elle est la cause de la plupart des troubles auxquels les orateurs et chanteurs sont exposés. De même que bien des voix ont été perdues, et que bien des maladies ont été causées par la mauvaise manière de respirer, de même, ces voix peuvent revenir et les maladies peuvent être guéries par une gymnastique des poumons basée sur des principes convenables : et nous avons cité ailleurs beaucoup de cas de ce genre que nous avons eu à soigner et qui constituent autant de preuves vivantes de notre affirmation.

Afin d'expliquer plus clairement cette question dans ses rapports avec la culture de la voix, nous renvoyons le lecteur aux diagrammes ci-joints, qui ont pour but de lui montrer les variations de la capacité pulmonaire suivant la méthode dont on s'est servi pour gonfler le poumon.

Les figures XXXVI A et XXXVII A nous montrent la poitrine après une expiration profonde ; la ligne MD représente le diaphragme.

La figure XXXVI B et XXXVII B représentent la respiration claviculaire. La poitrine est bombée et soulevée, le diaphragme reste placé aussi haut qu'après l'expiration, et l'abdomen est tiré en dedans. Ces deux diagrammes représentent la respiration *défectueuse.*

Les figures XXXVI C et XXXVII C représentent une respiration abdominale profonde. La poitrine est bombée mais elle n'est pas soulevée, le diaphragme est abaissé et l'abdomen élargi. Dans ce cas, il est très clair que la capacité de la poitrine s'est augmentée aux dépens de l'abdomen. L'abdomen devra faire saillie dans sa partie située au-

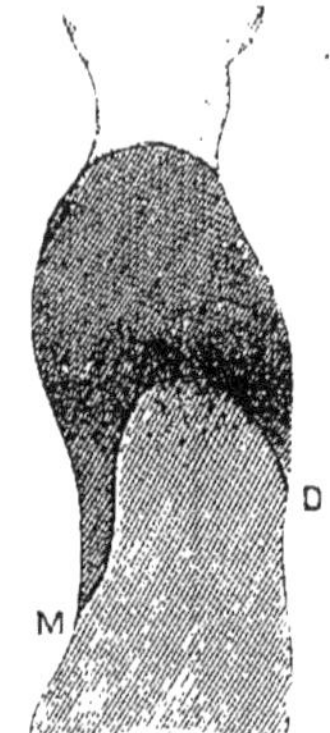

Fig. XXXVI A.

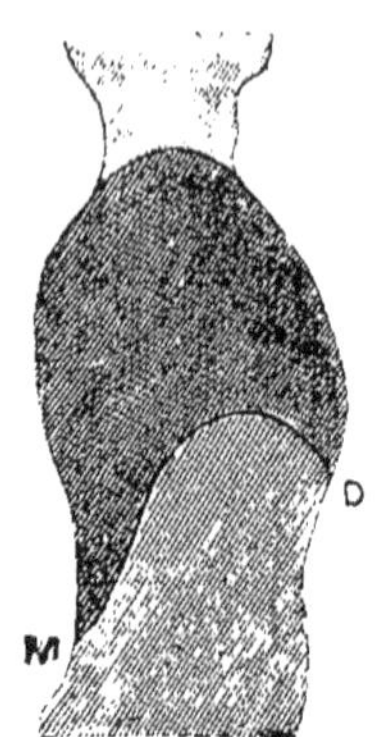

Fig. XXXVI B.

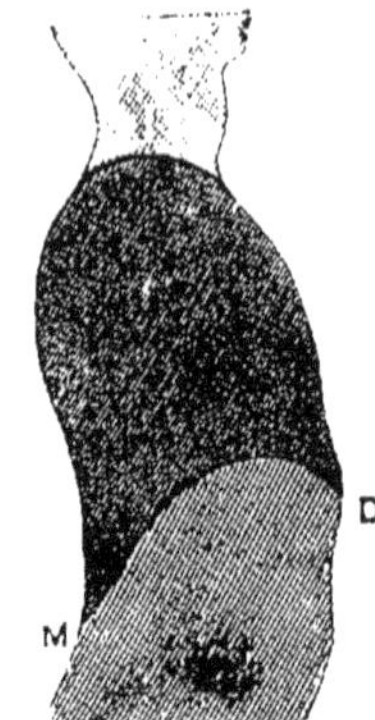

Fig. XXXVI C.

Corps de l'homme.

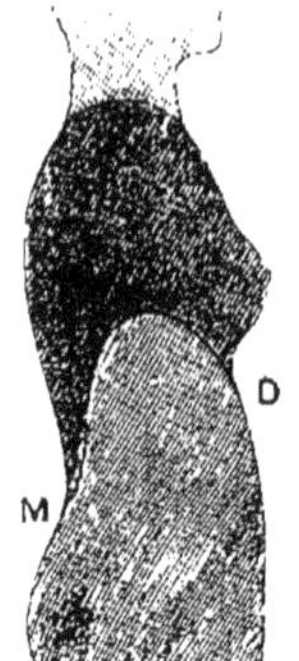

Fig. XXXVII A.

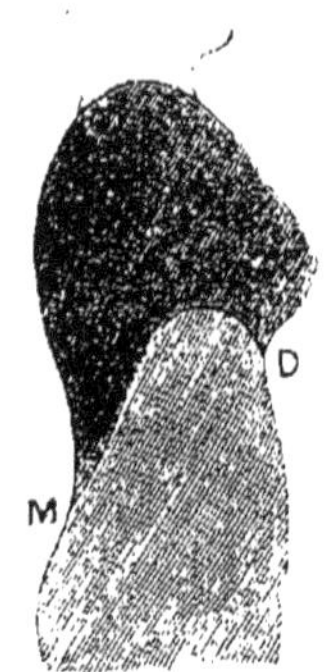

Fig. XXXVII B.

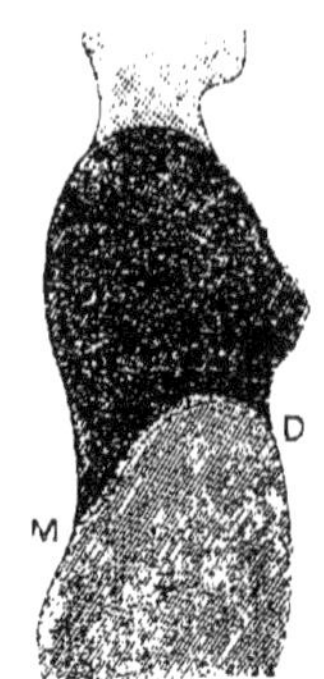

Fig. XXXVII C.

Corps de la femme.

A,A. Après une expiration profonde. C. C. Respiration abdominale et costale profonde.

B.B. Respiration claviculaire forcée. M. D. Diaphragme.

Diagrammes montrant la différence de capacité que présente la poitrine, suivant le procédé dont on s'est servi pour gonfler les poumons.

Emprunté au livre de Lennox Browne « Conseils médicaux pour la voix chantée ».

dessus du diaphragme, sa partie inférieure devra être plutôt tirée en dedans et fixée. Ces deux diaphragmes représentent la *bonne* respiration.

La notion principale que ces diagrammes doivent fixer dans l'esprit de nos lecteurs est la suivante. *Le critérium d'une bonne respiration sera donné par l'accroissement de volume de la partie supérieure de l'abdomen et de la partie inférieure de la poitrine. Lorsque l'abdomen est déprimé dans sa partie supérieure, ou lorsque la partie supérieure de la poitrine s'élève, la respiration est défectueuse.*

En posant ce principe, nous n'oublions pas les différences qui existent entre la respiration de l'homme et celle de la femme, sur laquelle nous avons appelé l'attention plus haut. L'augmentation de volume de l'abdomen est certainement moindre chez la femme que chez l'homme, mais il est cependant certain qu'il existe une augmentation ou plutôt qu'il s'en produirait une si le corset ne l'empêchait pas.

Ceci nous amène à étudier les obstacles artificiels qui s'opposent à la bonne respiration, Nous avons dit que les poumons sont entourés à leurs bases par des parties molles et sans résistance, sur lesquelles on peut agir avec la plus grande facilité, parce que la nature n'a placé devant elles aucun obstacle; mais malheureusement il y a beaucoup de gens qui en mettent beaucoup eux-mêmes.

Les hommes et les jeunes gens pensent fréquemment que l'usage des bretelles est nuisible, et ils suspendent leurs pantalons au moyen de ceintures. Mais c'est là une grande erreur, car tout ce qui entrave la liberté de la taille met un obstacle sérieux à la respiration, et devrait être complètement évité. On doit porter des bretelles bien construites, tandis que les ceintures, quelles qu'elles soient, avec le degré de tension nécessaire pour soutenir les vêtements, ont toujours des inconvénients.

La question du corset a été suffisamment étudiée au

chapitre de l'hygiène, et nous nous bornerons ici à rappeler aux dames qui s'imaginent qu'elles embellissent leur tournure en s'emprisonnant dans un corset qui les serre, que de telles pratiques exercent sur la respiration une influence néfaste dont l'importance varie avec l'intensité de la constriction, et aussi avec le degré de rigidité du corset. Le spiromètre qui est l'arbitre le plus digne de foi et le plus impartial qu'il soit possible d'imaginer, nous a déjà appris *que le corset prive les dames du tiers environ de leur pouvoir respiratoire* : et il ne s'agit pas ici de corsets serrés d'une façon exceptionnelle, mais de ceux que l'on porte dans la plupart des cas.

Nous devons encore faire observer que les bandes et les cordons constituent souvent un obstacle aussi gênant que le corset, pour que la respiration s'effectue convenablement, et qu'une expérience n'a de valeur qu'à condition que toutes les choses gênantes, *quelles qu'elles* puissent être, soient enlevées.

Nous prions nos lecteurs de se reporter aux dessins des figures XVIII et XIX, ainsi que XX et XXI, qui montrent, par comparaison avec l'état naturel, la déformation des parois de la poitrine et le déplacement consécutif des organes vitaux qui y sont renfermés, tels que l'usage du corset peut les produire.

L'air constitue le moteur dont dépend la voix : sans air, aucun son ne peut être produit. Il est donc de la plus grande importance pour les chanteurs et les orateurs d'être exercés à respirer convenablement. Nous devons donc savoir gonfler nos poumons afin de les bien remplir, sans y faire pénétrer plus d'air qu'ils n'en peuvent contenir, et sans aucun effort qui puisse fatiguer ou altérer la voix ; nous devons aussi savoir régler la sortie de l'air, de telle façon qu'elle s'opère sous la forme d'un courant régulier, égal et ininterrompu qui puisse nous permettre de donner une longue note, de chanter un long passage ou d'exécuter un beau « *messadi voce* ». C'est-à-dire d'augmenter graduellement, puis de diminuer la force d'une note soutenue.

Nous dirons, en passant, que nous considérons comme déplorable cet usage très général de commencer l'éducation d'un chanteur en lui enseignant le *messa di voce*. Cette partie purement ornementale du chant est beaucoup trop difficile pour un débutant et il ne doit commencer à l'essayer que lorsqu'il est complètement maître de sa respiration.

La respiration du chanteur et de l'orateur représente l'archet du violoniste et exige autant de pratique.

Nous allons maintenant décrire quelques exercices qui augmenteront la capacité vitale de l'élève et qui le mettront à même de diriger sa respiration, par conséquent sa voix.

La première expérience se fera en se plaçant sur le dos, parce que, alors, il est difficile d'élever les clavicules et la partie supérieure de la poitrine ; de telle façon que, dans cette position, le procédé naturel, qui est le bon, s'exercera d'une manière presque certaine. Nous arriverons encore plus sûrement, si nous exerçons notre respiration lorsque nous sommes au lit, où nous ne serons pas gênés par le corset, ni par aucun vêtement qui nous serre. Si nous plaçons les mains sur l'abdomen nous sentirons que sa partie supérieure s'élève beaucoup au moment où commence l'inspiration. Si nous continuons à inspirer, pendant que nous plaçons nos mains un peu plus haut, nous constaterons que nos côtes se déplacent et élargissent ainsi la partie inférieure de la poitrine. La partie supérieure de la poitrine s'élargit aussi nécessairement, mais les clavicules ne sont certainement pas élevées. Dans l'expiration, les côtes se retirent et l'abdomen se déprime, jusqu'à ce que l'inspiration recommence. Telle est la manière dont la nature exécute le travail de la respiration, et nous invitons nos lecteurs à se familiariser complètement avec ce procédé. Cela les mettra à même de comprendre les exercices que nous allons décrire et qui sont destinés à améliorer la manière de respirer.

Dépouillez-vous de toute espèce de vêtement qui puisse gêner la liberté de votre taille : étendez-vous sur le dos ; appuyez légèrement une main sur la partie supérieure de l'abdomen et l'autre sur les côtes inférieures. Respirez par le nez, lentement, profondément, régulièrement, sans interruptions ni saccades. Si tout cela est bien exécuté, la partie supérieure de l'abdomen augmentera de volume graduellement et progressivement ; les côtes inférieures se développeront latéralement, et la partie supérieure de la poitrine sera projetée en avant, tandis que les clavicules resteront immobiles. Tenez maintenant la respiration, non en fermant la glotte, mais en maintenant le diaphragme abaissé et les parois de la poitrine dilatées, et comptons mentalement jusqu'à quatre, à raison de soixante fois par minute. Alors laissons l'air sortir *soudainement*.

La conséquence immédiate sera le relèvement rapide du diaphragme et la chute des côtes. En d'autres termes, il se produira un affaissement complet de la partie inférieure de la poitrine. Cet affaissement peut, au début, n'être pas très net, parce que le mouvement d'extension a probablement été insuffisant. Mais les deux phénomènes se développeront de plus en plus à la suite d'une pratique continue.

Que ceci soit bien entendu, l'*inspiration* doit être lente et profonde, l'*expiration* est soudaine et complète. Dans l'*inspiration*, l'abdomen et la partie inférieure de la poitrine se développent ; et dans l'*expiration* ils s'affaissent.

Le temps pendant lequel on retient sa respiration ne doit pas, au début, dépasser quatre secondes, et l'élève ne doit jamais, sous aucun prétexte, se fatiguer avec ces exercices ; il pourra, cependant, les répéter à intervalles fréquents. On constatera par des expériences renouvelées de temps en temps à l'aide du spiromètre, que la capacité respiratoire est augmentée par ces exercices.

Le processus de respiration abdomino-costale devient facile et n'exige plus une attention constante ; et l'élève pourra maintenant cesser de s'étendre sur le dos, et continuer ses exercices assis, et enfin dans la situation verticale et en marchant, jusqu'à ce que cet acte lui devienne si complètement naturel qu'il lui faudra faire un véritable effort pour respirer en soulevant la partie supérieure de la poitrine.

Le criterium d'une bonne respiration doit être cherché, ainsi que nous l'avons déjà établi, dans l'accroissement de volume de la partie supérieure de l'abdomen. Tous ceux qui, pendant que leur poumon se remplit, contractent la partie supérieure de leur abdomen ou élèvent la partie supérieure de leur poitrine, respirent mal.

Cependant, en continuant les exercices de respiration, le temps pendant lequel on retient sa respiration peut être augmenté à raison de deux secondes par semaine, de telle sorte que l'élève qui, pendant la première quinzaine, se limitait à quatre secondes, pourra au bout de six semaines tenir sa respiration pendant douze secondes.

Quelquefois les élèves sont arrivés à vingt secondes ; mais le lecteur doit être bien prévenu qu'il faut être prudent, et ne pas tomber dans les extrêmes. On ne gagnera rien et on peut se faire le plus grand mal en abusant de la gymnastique pulmonaire ; et les personnes qui ont une santé délicate ne se livreront pas à ces exercices, à moins qu'elles n'aient l'approbation de leur médecin, qui les règlera suivant les circonstances : néanmoins, comme nous l'avons établi autre part, en chantant selon la bonne méthode de respiration, on fortifiera réellement des poumons qui auparavant étaient faibles.

Il faut bien se dire qu'en cette matière une régularité

absolue est de la plus grande importance. Cet exercice fait avec modération, répété régulièrement et consciencieusement, augmentera la capacité respiratoire, améliorera la voix, rendra la parole et le chant faciles et guérira du *tremolo*. Il peut changer et a en effet changé la voix de fausset d'un adulte en une belle voix mâle, pleine et sonore. Il peut faire retrouver une voix perdue et en réalité il l'a fait ; il peut aussi guérir et a guéri la pharyngite des prédicateurs (1). Il transformera certainement une quantité plus grande de sang bleu sombre en sang rutilant ; l'appétit augmentera ; on jouira d'un sommeil calme et profond ; on gagnera du poids ; la peau flasque et pâle, se remplira et prendra une couleur rosée, indice d'une bonne santé. On peut obtenir et on a obtenu tout ce que nous venons de dire et encore davantage en faisant de la gymnastique du poumon avec modération et persévérance. C'est à peine si nous avons besoin d'ajouter que l'on n'améliorera pas plus sa manière de respirer par des exercices irréguliers et exagérés que l'on

(1) Afin qu'il n'y ait pas d'erreur au sujet de ce que nous venons de dire, il faut que l'on comprenne bien que nous nous servons du mot « guérison », non dans le sens qu'on lui donne quelquefois — que les symptômes d'une maladie ont disparu —, mais pour exprimer que l'éducation qui nous apprend à bien émettre les sons, nous protège contre les rechutes qui nous ramèneraient à l'état maladif causé à l'origine par une manière défectueuse d'émettre les sons. Pour rendre justice à mon collaborateur, je citerai mes propres paroles prononcées devant les membres de la « British medical Association » au congrès de Liverpool, et reproduites dans le journal de cette société. « On ne peut obtenir une guérison définitive, ou même un soulagement, qu'en suivant un traitement d'hygiène et d'élocution, basé sur des principes scientifiques et physiologiques. Pendant ces trois dernières années, j'ai été beaucoup plus heureux qu'autrefois dans tous les cas de ce genre, parce que j'ai insisté sur la nécessité absolue d'un cours chez mon ami M. Behnke, après la guérison de l'état maladif ; et je suis heureux de lui exprimer ici toute ma gratitude pour les bons résultats que j'ai obtenus dans le traitement des maladies des orateurs, depuis que j'ai l'avantage de collaborer avec lui ». LENNOX BROWNE.

ne pourrait espérer faire de grands progrès sur le violon en travaillant une ou deux fois par mois pendant six heures consécutives.

Le deuxième exercice respiratoire est exactement le contraire du premier ; il consiste à faire une inspiration rapide, suivie d'une expiration lente, régulière, ininterrompue, sans saccade ni tremblement. Ceux de nos lecteurs qui sont musiciens verront de suite l'importance de ces exercices si l'on veut arriver à chanter des notes soutenues et des fioritures. Mais il serait absolument inutile de l'essayer avant d'avoir suffisamment pratiqué le n° 1.

Une petite considération va nous montrer qu'il n'est pas bon de régler la sortie de l'air ainsi que beaucoup tendraient à le faire, en serrant la glotte, parce que les muscles relativement minces du larynx sont trop faibles pour résister impunément à un effort aussi violent, tandis que les grands et puissants muscles de la poitrine sont évidemment faits pour régler l'*expiration* aussi bien que l'*inspiration*.

En présence de ces considérations, il est donc absurde de supposer qu'ils sont seulement destinés à gonfler les poumons, et que la sortie de l'air doit être gouvernée par une autre série de petits muscles placés à une grande distance et trouvant une tâche suffisante dans les combinaisons merveilleuses et toujours variées qui sont nécessaires dans la production et la gradation du son.

Dans la phonation, la glotte est fermée, et naturellement retarde plus ou moins l'expiration, suivant que les ligaments vocaux sont serrés plus ou moins fortement l'un contre l'autre. Dans ce sens donc, la glotte aide à régler l'expiration, mais cette fonction est seulement secondaire, et l'on ne doit pas compter sur elle pour la *régularisation* de l'air. Les exercices d'expiration doivent donc être exécutés en silence, c'est-à-dire avec la glotte *ouverte*, de telle sorte que les muscles respiratoires soient les seuls qui entrent en jeu.

Ce second exercice est beaucoup plus difficile que le premier et exige la plus grande vigilance et la plus grande attention pour être bien exécuté. Mais, même en prenant le plus grand soin, on constate que l'air s'échappe beaucoup plus rapidement que l'élève ne se l'imagine, et il est encore beaucoup plus difficile de s'assurer de la persistance de l'*expiration*, en s'en rapportant simplement à ses seules sensations. On doit donc se servir d'un indicateur quelconque, tel que, par exemple, une plume légère ou la flamme d'une bougie. La flamme est certainement l'indicateur le plus sensible et l'élève qui sera arrivé à respirer les lèvres entr'ouvertes, près d'une bougie, sans agiter la flamme dans toutes les directions, peut se considérer comme engagé dans la voie du succès.

Il est assez facile de faire cette expérience pendant la première partie de l'expiration, mais la difficulté commence dès que l'expiration cesse d'être passive pour devenir active. Un chanteur n'est donc arrivé à être maître de cet exercice, que s'il peut sans faire trembler la flamme, chasser de ses poumons tout l'air qui y était contenu auparavant.

Cet exercice est très différent de cette expérience bien connue qui consiste à *chanter* devant une bougie allumée, ce qui est relativement très facile.

Le troisième et dernier exercice de respiration consiste à faire l'inspiration comme dans le n° 1 et l'expiration comme dans le n° 2.

Lorsqu'on exécute parfaitement les deux exercices précédents, ce dernier est très facile, et l'élève qui aura persévéré jusqu'ici, aura surmonté une des plus grandes difficultés que rencontrent le chanteur et l'orateur, celle d'apprendre à régler convenablement sa respiration, science rare à notre époque où tout marche à l'électricité, où chacun semble être impatient d'atteindre le but, sans employer les moyens lents.

On peut ajouter que dans la gymnastique du poumon aussi bien que lorsqu'on se sert de la voix, le processus de la respiration doit être exécuté en silence. Ceci s'applique surtout à l'inspiration qui est souvent accompagnée d'un bruit plus ou moins intense. Non seulement ce bruit (certaines exigences dramatiques étant mises à part) est laid, lorsqu'il est poussé à l'extrême, mais il montre aussi que la voie par où s'écoule l'air est obstruée au lieu d'être parfaitement ouverte, et l'on doit donc, à tous les points de vue, condamner fortement cette méthode de gonfler le poumon.

Ces exercices respiratoires pourront être modifiés de façons très diverses, mais c'est une question de savoir si on rendra quelque service au lecteur en les multipliant ; tels que nous les avons indiqués, ils sont simples et faciles à mettre en pratique. Nous pouvons donc engager les élèves à en faire un essai par lequel ils se convaincront bientôt de leur grande valeur, tandis que les complications ne serviraient plutôt qu'à troubler et à décourager, venant ainsi à l'encontre du but que l'on s'est proposé en les recommandant.

Nous avons longuement traité la question des exercices de la respiration, cependant la description est loin d'être complète et, malheureusement, peut donner lieu à des malentendus dont les conséquences nous seront ensuite reprochées. En effet, des préceptes écrits ne peuvent jamais remplacer une instruction donnée de vive voix ; et il faut bien que l'on comprenne que les explications que nous venons de donner n'ont pas du tout la prétention de remplacer la direction d'un maître compétent et dévoué.

Avant d'abandonner cette partie de notre sujet, nous devons mettre en garde contre cette erreur que l'on pourrait commettre, si on ne lisait que superficiellement ces pages et qui consisterait à croire que le principal objet de ces exercices respiratoires est de rendre le chanteur ou l'orateur capable de faire pénétrer la plus grande quantité possible d'air dans les poumons. Il est vrai que nous avons déjà indiqué quelques-uns des inconvénients qui peuvent être la conséquence d'efforts exagérés de respiration, mais nous devons le répéter avec insistance, on peut très bien *forcer* les poumons en y faisant pénétrer une trop grande quantité d'air. C'est un fait journalier qui n'en est pas moins repréhensible, car, ainsi que nous l'avons déjà dit, il finit toujours. tôt ou tard, par forcer la voix et la rendre inégale, et par congestionner les vaisseaux et les tissus de la gorge et des poumons.

Nous saisirons cette occasion de mettre aussi le lecteur en garde contre cette pratique mauvaise qui consiste à épuiser complètement la provision d'air que l'on vient de prendre avant de commencer une autre inspiration. A ce point de vue les orateurs pèchent beaucoup plus que les chanteurs, car nous en connaissons plusieurs qui ont l'habitude d'essayer de dire de longues phrases, pour voir jusqu'à quel point ils pourront tenir leur haleine ; un clergyman de notre connaissance se vante même de pouvoir dire d'un souffle toute l'oraison dominicale. Indépendament de l'inconvenance de ce procédé, nous insistons beaucoup sur ce fait, que des essais de ce genre sont absolument mauvais, et qu'il peut en résulter pour la voix d'immenses inconvénients, si on s'y livre avec persistance.

La véritable règle pour ceux qui se servent de leur voix, est, au contraire, de respirer toutes les fois que cela peut se faire d'une façon convenable, que l'on ait ou non immédiatement besoin d'une nouvelle provision d'air.

Rien n'affaiblit autant la voix et quelquefois même l'épuise, que la phonation exécutée à la fin de la respiration, tandis que, d'autre part, l'habitude de tenir les poumons bien remplis d'air rend la voix forte et résonnante et permet à l'orateur et au chanteur de la conserver fraîche et vigoureuse jusqu'au bout de leur tâche.

La dernière question que nous ayons à considérer, c'est de savoir si nous devons respirer par la bouche ou par les narines.

La respiration buccale est une pratique pernicieuse et dangereuse, qui, fréquemment, détermine des maladies des organes vocaux et respiratoires et qui doit être écartée autant que possible. Lorsque l'on chante ou que l'on parle, c'est parfois, malheureusement, une chose impossible à éviter, mais pas aussi souvent qu'on le suppose généralement. Il y a peut-être beaucoup de gens qui ne soupçonnent pas qu'on puisse respirer par les narines sans être obligé de fermer la bouche ; il n'est même pas besoin, comme l'indiquent quelques professeurs d'élocution, d'élever la langue jusqu'à lui faire toucher la voûte de la bouche. On n'a simplement qu'à aspirer l'air par les narines. Ceci suffit pour faire tomber le voile du palais qui réunit ainsi les fosses nasales à la gorge et suffit pour que la respiration nasale s'opère convenablement.

Beaucoup de professeurs de chant, pour la raison que nous venons d'indiquer, n'admettent pas que la respiration nasale s'exerce pendant que la bouche est ouverte, parce que, disent-ils, le voile du palais n'a pas le temps de reprendre possession de lui-même et de revenir dans la position élevée nécessaire à la pureté des sons vocaux. Cette objection est bien fondée dans une certaine mesure, et nous avons dit expressément qu'un chanteur ne peut pas *toujours* respirer par les narines. Nous disons nettement qu'il *ne le peut pas*.

Mais ceux qui font ces objections à la respiration nasale, ne savent évidemment pas que le voile du palais d'un chanteur et d'un orateur peut être exercé, exactement comme les doigts d'un instrumentiste. Nous décrirons ailleurs un exercice approprié à ce but, et l'élève qui prendra la peine de l'exécuter régulièrement deviendra entièrement maître de son voile. Il le rendra certainement capable, dans bien des cas, de respirer par les narines, bien qu'il n'ait pas le temps de fermer la bouche, et sans modifier en quoi que ce soit la nature de sa note.

En tout cas, la respiration buccale qui, quelquefois, est inévitable, entretiendra une irritation continuelle ; et l'on saisira toutes les occasions de contrebalancer cette action en respirant par les narines. Pour cette raison, l'on devra toujours exécuter les *exercices* respiratoires les lèvres fermées, et il est très regrettable que dans quelques manuels de chant, excellents d'ailleurs à tout autre point de vue, la pratique contraire soit recommandée.

Attaque.

Le son de la voix est produit par les vibrations des ligaments vocaux : et nous avons vu, en observant la gorge, que la fente de la glotte est ouverte pendant la respiration et qu'elle se ferme par le rapprochement des pyramides et des ligaments vocaux, dès que la phonation commence. C'est ce que l'on appelle « l'attaque du son ». Nous avons aussi appris que l'on peut attaquer de trois façons différentes ; et chacune d'elle modifie la note d'une façon particulière, soit en bien, soit en mal.

Les mouvements des pyramides et des ligaments vocaux qui leur sont attachés et qui dominent tout ceci, sont gouvernés par deux groupes de muscles ; les uns rapprochent les ligaments, les autres les écartent. Nous les avons décrits avec détail sous le nom de muscles dilatateurs et de muscles constricteurs et le lecteur qui nous aura suivi attentivement jusqu'ici, se rendra compte de l'importance qu'il y a à instituer une série d'exercices qui mettront en jeu les muscles dilatateurs et constricteurs, les fortifieront et les exerceront à obéir à la volonté.

C'est là, heureusement, une question très simple: car il suffit de chanter une série de notes courtes; chaque note doit être suivie d'une courte inspiration. Nous avons montré que chaque fois qu'un son est produit, les ligaments vocaux se rapprochent ; en faisant cet exercice on exerce les muscles à se rapprocher. Chaque fois que l'on fait une inspiration, les ligaments vocaux se séparent ; et, ce faisant, on excerce, par conséquent, les muscles dilatateurs.

Il résulte clairement des explications précédentes, qu'en faisant ce que nous venons de dire, ces muscles qui jouent un rôle si important dans la production de la voix, sont exercés au moins dix fois autant qu'ils le seraient, en chantant des notes soutenues, d'après la méthode ordinaire d'enseignement. Ils sont, en réalité, exercés par une gymnastique appropriée, exactement comme le sont les muscles des mains et des doigts pour le piano ou le violon.

Voici la description de cet exercice.

Prenez le ton de votre voix parlée qui ainsi que nous le dirons est le fa. Et alors chantez ce qui suit.

Attaquez le son avec fermeté et netteté en évitant également l'*échec* et le *glissement* de la glotte. C'est là une chose très difficile qui exige la plus grande patience, aussi bien de la part du maître que de la part de l'élève. Le glissement de la glotte est particulièrement difficile à faire disparaître et dans bien des cas on ne peut espérer y arriver. Cependant ne désespérez pas, mais faites l'exercice suivant : prononcez vigoureusement le mot « heupp » ; puis prononcez en chuchotant la diphtongue « eu » de la même façon que dans le mot « heupp » ; immédiatement après chantez « ah », ainsi :

heupp !	eu, eu, eu	ah !
(parlé)	*(murmuré)*	*(chanté)*

Un autre point important parmi les exercices pratiques qui ont pour but de renforcer les muscles dilatateurs et constricteurs de la glotte, c'est de respirer après chaque note, on doit le faire doucement et sans effort ; le chanteur ne doit s'en apercevoir que par un léger mouvement du diaphragme. Lorsque l'exercice peut être chanté en fa, que nous supposons être le ton de notre voix parlée, montez et descendez la gamme, demi ton par demi ton, mais en restant dans les limites des sons les plus faciles à émettre pour votre voix.

Ces exercices renferment une difficulté qui peut avoir des conséquences fâcheuses, et contre laquelle nous voulons mettre le lecteur en garde. Si, à chaque inspiration, vous inhalez plus d'air que vous n'en consommez pour produire la note correspondante, quelque légère que soit la différence, les poumons, au bout de très peu de temps, contiendront trop d'air et l'on finira par ressentir une sensation d'étouffement. C'est un inconvénient qui se produit toujours lorsque l'étudiant n'a pas ancore appris à régler son inspiration par rapport à la consommation d'air qu'il faut en émettant chaque note, de façon à ce que ces deux quantités soient absolument égales.

Faites bien attention à éviter cet inconvénient, car, ainsi que nous l'avons déjà montré, il y a de graves inconvénients à faire rentrer trop d'air dans les poumons. Dès que l'élève sentira la moindre sensation de plénitude, il devra chanter quelques notes sans faire entre elles aucune inspiration, jusqu'à ce qu'il ait suffisamment réduit sa provision d'air ; ou mieux encore, il cessera de chanter, videra ses poumons par une expiration complète et alors recommencera avec plus d'attention qu'auparavant.

On voit donc que l'attaque du son pour être correcte, doit correspondre à une action rapide et simultanée de la respiration et des ligaments vocaux, telle que nous l'avons décrite, sous le nom de « coup de glotte ». Feu Orlando Steed désigne ceci par un terme tout à fait approprié, c'est le « point central » du système pratique de Garcia. (De la beauté et de la touche du son). Proceedings of the Musical Association 1879-80, p. 47).

Mais que penser de cet écrivain, lorsque, plus loin, il nous fait observer que le coup de glotte de Garcia est en réalité un coup de la glotte *supérieure* (les ligaments des poches), que Garcia croyait ne pouvoir jamais se fermer.

Il dit encore : « La vocalisation énergique, pendant que les ventricules (poches du larynx) ne sont pas gonflés, obligera donc à donner aux cordes une position forcée par rapport à celle qu'elles doivent occuper en chantant et à celle qu'elles prennent à l'état de repos (ce qui rend le son produit mauvais), ou à léser la gorge, parce qu'elles sont soumises à une pression supérieure à celle qu'elles peuvent supporter ». Op. cit. p. 52.

Ceci, naturellement, revient à dire que l'inventeur distingué du laryngoscope n'a jamais de sa vie vu une note normalement émise dans le larynx, et l'on peut ajouter que tous les laryngoscopistes, sans exception, sont tous dans le même cas. Ils s'accordent tous dans leur description du son émis par le larynx ; mais si nous en croyons M. Steed, *ils sont tous dans l'erreur*, pas un n'a bien observé, ou bien ils n'ont observé que la production de sons de mauvaise « qualité ». Ainsi Garcia lui-même, qui fut le maître de plusieurs de nos plus grands chanteurs des temps modernes, n'était pas capable de distinguer une note bonne d'une mauvaise.

Nous ne perdrions pas notre temps à discuter sérieusement des propositions aussi évidemment inexactes, si, actuellement (en Angleterre du moins), on n'exerçait à chanter avec le « *coup de glotte supérieure* » ; c'est-à-dire que l'on enseigne à attaquer le son en faisant rapprocher les ligaments des poches, en gonflant les poches du larynx, et en laissant ensuite s'échapper brusquement l'air ainsi emprisonné ; ce qui, d'après notre auteur, détermine « un bruit explosif semblable à une consonne sourde ».

Nous avons décrit plus haut toutes les manipulations auxquelles il était nécessaire d'avoir recours sur un larynx disséqué pour faire rapprocher les ligaments des poches, et nous n'hésitons pas à affirmer que ce phénomène ne peut jamais se produire à l'état de santé dans la phonation, dans quelques circonstances que ce soit, en pressant, en avalant, lorsque les constricteurs du vestibule entrent en jeu. Même dans ces cas, les poches de la boîte vocale ne sauraient être gonflées, parce que les ligaments vocaux sont insérés sur les pyramides beaucoup plus près l'un de l'autre que les ligaments des poches. En toute circonstance, la porte inférieure sera fermée plus tôt et plus solidement que la porte supérieure, ce qui empêche toute accumulation d'air entre elles.

Mais le seul fait d'essayer de produire le résultat que demande le maître, fait faire à l'élève des efforts qui, tôt ou tard, auront de fâcheuses conséquences. Toutes les fois que l'on chantera en adoptant cette méthode, l'émission de chaque note sera, ainsi qu'on peut facilement l'imaginer, accompagnée d'un claquement bruyant extrêmement laid et parfois absolument intolérable.

Cette théorie de la production de la voix est fondée

sur les « Observations sur la physiologie du larynx » du Dr John Wyllie, publiées dans le *Edinburgh Medical Journal*, septembre 1866. Nous avons lu ce travail très intéressant, avec le plus grand soin et nous ne faisons que rendre justice au docteur Wyllie en lui disant que ses expériences sur le rapprochement des ligaments des poches et le gonflement des poches ont été faites pour établir l'action valvulaire du larynx, action qui détermine une

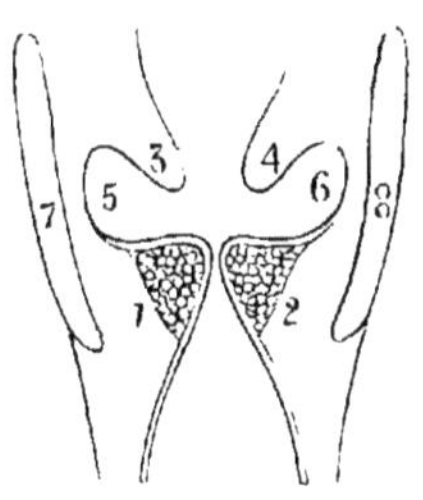

Fig. XXXVIII

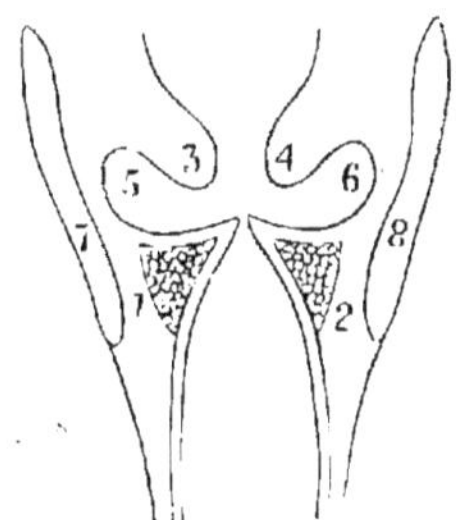

Fig. XXXIX

Coupe de la boîte vocale ou larynx (d'après Merkel).

1 et 2. Ligaments vocaux.
3 et 4. Ligaments des poches.
5 et 6. Poches du larynx (ventricules de Morgagni).
7 et 8. Cartilage bouclier.

La fig. XXXVIII montre la forme des ligaments vocaux dans le registre épais, et la fig. XXXIX la forme de ces mêmes ligaments dans le registre mince. Ces coupes montrent clairement que les ligaments des poches peuvent avoir une action valvulaire ; elles montrent aussi très nettement qu'une large fente persiste entre eux dans la ligne médiane, et que les ligaments vocaux seuls, se rapprochent très près pour produire le son.

occlusion complète des voies aériennes 1° dans l'acte d'avaler ; 2° dans l'effort volontaire pour tenir le souffle comme dans certaines actions musculaires, ou dans l'effort involontaire qui précède chaque fois la toux.

Le Dr Wyllie borne spécialement ses observations sur

cette action valvulaire à ces deux cas : la déglutition et l'effort, sans s'occuper de cette constante occlusion des ligaments vocaux qui se produit pendant la phonation. Lorsqu'il traite cette dernière question, il n'indique en aucune façon que l'occlusion des ligaments des poches soit un fait essentiel pour la production du son, pas même accidentellement. Il ne subsiste donc aucun fondement à cette théorie soutenue par certains auteurs, et nous espérons bien que nous n'entendrons jamais plus parler du « coup de glotte *supérieure* ».

A ce propos, nous croyons intéressant de publier une lettre que nous a adressée le Dr Wyllie, le 27 octobre 1883.

« Cher monsieur, je vous remercie de votre lettre du 24 courant dans laquelle vous appelez mon attention sur une erreur qui a été commise, par certains auteurs, dans l'interprétation de ce que j'ai écrit sur l'action des ventricules de Morgagni et des bandes ventriculaires ou « fausses cordes ». L'interprétation que vous en donnez dans les épreuves que vous m'avez envoyées et qui sont actuellement sous presse est parfaitement exacte.

Dans mes « Observations sur la physiologie du larynx », j'ai montré que les ventricules et leurs ligaments constituent une valvule importante, mais je n'ai pas dit un mot de leurs rapports avec la voix, et je pense ou qu'il n'en existe pas du tout, ou bien que ces rapports sont très éloignés.

Résonnance.

« La résonnance des cavernes et des crevasses est bien connue. Bunsen a signalé le bruit de tonnerre qui se produit lorsqu'un des jets de vapeur d'Islande éclatent près de l'orifice d'une caverne. Tous ceux qui ont voyagé en Suisse ont indiqué le bruit assourdissant qui se produit aux sources de la Reuss au pont du diable. La résonnance donne au bruit de la chute la force du tonnerre. Le son que l'on entend lorsqu'on place une coquille creuse près de l'oreille constitue un exemple de résonnance. Les enfants croient qu'il y entendent le son de la mer. Le bruit est dû, en réalité, au renforcement des sons faibles qui traversent même l'air le plus silencieux, et aussi, en partie, au bruit qui se produit en pressant la coquille contre l'oreille elle-même; on peut, en se servant de tubes de diverses longueurs, étudier les variations de la résonnance en rapport avec la longueur des tubes. Le conduit de l'oreille lui même est une cavité résonnante. Si on attache un tisonnier par deux ficelles et si on enfonce les doigts des mains qui supportent le tisonnier, dans les oreilles, lorsqu'on frappera le tisonnier avec un morceau de bois on entendra un son aussi profond et aussi sonore que celui d'une cloche de cathédrale ». (Tyndall, op, cit., p. 210).

Les exemples que nous venons de citer nous montrent dans quelles proportions merveilleuses des sons, faibles par eux-mêmes, peuvent être renforcés par la résonnance. Nous avons indiqué plus haut des expériences qui jettent encore plus de lumière sur cette question, nous conseillons à l'élève de bien s'en rendre compte, car elles ont la plus grande importance pour cette partie de notre sujet que nous traitons en ce moment. L'expérience avec un diapason et un verre ordinaire est peut-être la plus instructive et le lecteur devrait essayer de la reproduire.

Ceci nous enseigne que l'intensité du renforcement dépend de la force du résonnateur qui, pour donner les meilleurs résultats, doit être exactement d'accord avec le diapason. Dans la phonation, le diapason est représenté par les ligaments vocaux et le résonnateur par les cavités situées au-dessus de la glotte, à savoir : (1) les poches du larynx ; (2) le vestibule du larynx ; (3) les parties supérieures de la gorge (pharynx) ; (4) la bouche : et (5) le nez.

On peut voir que, pour la voix, les choses sont infiniment plus compliquées que dans l'expérience avec le diapason, parce que, dans le premier cas, le résonnateur est constitué par cinq cavités, tandis qu'il n'y en a qu'une dans le dernier. Aussi les moyens de modifier les cavités de résonnance de la voix sont-ils innombrables, tandis que la résonnance du verre n'est modifiée que par ce procédé simple qui consiste à recouvrir partiellement son orifice avec un morceau de carton. Mais dans la phonation, les choses sont bien plus compliquées, à un degré même qui défie l'imagination, par suite de la variabilité continuelle de la tonalité des sons primaires auxquels les cavités de résonnances doivent constamment s'adapter.

Et ce n'est pas encore là tout, car, non seulement le son primaire est renforcé dans le résonnateur, mais la qualité de la voix et la formation des différentes voyelles en dépendent aussi. Il est donc bien clair, qu'il est absolument nécessaire de connaître parfaitement la nature du résonnateur et d'acquérir au plus haut degré possible la faculté de gouverner les parties qui le composent.

Nous avons donné une description complète des poches du vestibule du larynx ainsi que de l'opercule qui y est fixé, les figures XXV - XXVII reproduisent leur aspect dans le miroir laryngoscopique. Nous avons d'autant moins de raison de revenir sur ces parties qu'elles sont peu ou point soumises à l'action de notre volonté. Il n'en est pas de même pour la gorge, la bouche et le nez. Les dimensions de la gorge dépendent surtout de la position du larynx, car lorsque la boîte vocale est relevée, la gorge est courte et étroite et lorsqu'il est abaissé, la gorge est longue et large. La première situation est favorable pour la production des sons brillants « ouverts », la seconde augmente la puissance et la plénitude du son et elle est en même temps favorable à la formation des sons « fermés ». Chacun de ces deux procédés a ses avantages et les chanteurs, aussi bien que les orateurs, devraient pouvoir les employer l'une ou l'autre à leur gré.

Pour ce qui concerne la position générale du larynx, les opinions les plus contradictoires ont été admises par les divers professeurs. Les uns disent qu'on doit le tenir fortement fixé, très bas, dans la gorge ; c'est une opinion erronée ; il est en effet absolument impossible de maintenir la boîte vocale *absolument* dans la même position. C'est même un procédé peu rationnel que d'abaisser le larynx *autant que possible*, car cela implique, sur l'organe vocal, un effort qui n'est pas naturel et qui, à la longue, peut être nuisible. Köffler, qui est un juge compétent, confirme expressément notre opinion dans les termes suivants : « J'ai eu, dans ces dix dernières années, l'occasion d'examiner un grand nombre de ténors et de basses instruits par des professeurs qui les obligeaient à tenir leur larynx dans une position fixe et bien déterminée. Sans aucune exception leurs sons n'étaient pas musicaux, ils étaient secs et rudes, tout-à-fait désagréables, quelque bonne qu'ait pu être leur voix naturelle ». (Op. cit., p. 23).

D'autres professeurs, au contraire, prétendent que le larynx doit avoir un libre jeu et que l'on ne doit en aucune façon gêner ses mouvements. Il en résulte que les larynx de leurs élèves voltigent de haut en bas comme des volants, ce qui, non seulement paraît très ridicule, mais encore appauvrit certainement le son, quoique les conséquences sur la voix soient bien moins néfastes que celles qui se produisent lorsqu'on essaie de tenir d'une façon permanente le larynx fixé aussi bas que possible.

La bonne méthode se trouve à égale distance des deux extrêmes ; elle consiste à rendre le larynx juste assez fixe pour lui permettre de présenter la résistance nécessaire à la pression de l'air qui vient d'en bas, donnant aux muscles qui règlent le ton de la voix les meilleures chances d'agir avec facilité et certitude.

L'élève devra donc essayer devant un miroir de reproduire les mouvements du larynx que nous avons décrits : il devra les répéter souvent, jusqu'à ce qu'il obtienne sur ses muscles élévateurs et abaisseurs un empire suffisant pour élever ou abaisser le larynx, d'une façon indépendante de la respiration, de l'ouverture et de la fermeture de la bouche, de l'acte d'avaler, de bâiller, et de la phonation, etc. C'est là une pratique excellente qui lui rendra de grands services par la suite.

La bouche est sans aucun doute la cavité la plus importante de notre résonnateur, et sa forme peut être modifiée par l'action de la mâchoire inférieure, des lèvres, de la langue et du voile du palais.

Nous n'avons pas à nous occuper ici de la formation des voyelles. « Une voyelle est une modification due à la résonnance des cavités situées au-dessus du larynx, d'un son original produit par les vibrations des cordes vocales dans le larynx ». (Ellis, op., cit., p. 10). Mais il faut bien que nous sachions que « les voyelles représentent une modalité du son, dans laquelle le point de vue de la hauteur est tout à fait différent du point de vue de la qualité. Ainsi nous voyons des gens qui ont une voix claire, une voix nasale, une voix épaisse, et cependant leurs voyelles sont très distinctes l'une de l'autre. Un perroquet, Polichinelle, émettront, même en parlant, des a, des o, des e, qui, par leur *qualité*, sont tout-à-fait différents des voyelles humaines, mais qui, néanmoins, sont très nettement des a, des o et des e ». D'après un travail sur « Les voyelles » du Professeur Willis, dans (Cambridge Philosophical transactions).

Nous avons à nous occuper simplement des modifications de forme et de taille du résonnateur, au point de vue de leur action sur le volume et les qualités de la voix, en général, et des moyens d'arriver autant que possible à gouverner ces modifications.

Toutes les expériences, tous les exercices que nous allons conseiller doivent, comme ceux qui se rapportent aux mouvements du larynx. être exécutés devant un miroir : dans ce but, la lumière devra tomber dans la bouche de l'élève de façon à éclairer également la paroi postérieure de sa gorge, lorsqu'il se tient dans une position tout-à-fait naturelle, sans tendre le moins du monde le cou, sans dresser la tête, sans qu'il se livre à aucune contorsion. Une lampe ordinaire, placée sur le piano. de façon à ce que la lumière soit exactement au niveau de la bouche et un miroir qui s'y trouve fixé, ou bien la lampe de Tobold recommandée pour l'auto-laryngoscopie, constitueront un matériel tout-à-fait convenable.

Cette combinaison permettra à l'élève de surveiller ses mouvements, même les plus légers, et comme les mouvements de la mâchoire et des lèvres sont si familiers à tout le monde, on pourrait croire que c'est presque perdre son temps que d'en parler. Cependant il n'en est rien, quelque étrange que cela puisse paraître : la majorité des Anglais, chanteurs ou orateurs, n'ouvrent pas la bouche, ce qui naturellement est la première chose à faire et la plus importante, si on veut faire entendre aux autres les sons que l'on émet. Il en résulte que leur voix est étouffée, et l'on doit les corriger un nombre invraisemblable de fois, avant d'obtenir quelque progrès durable. De plus, ils articulent d'une façon très négligée et sans aucun soin, de telle sorte que leur débit est quelque chose de très désagréable, comme les professeurs de chant le savent malheureusement par expérience.

M. H. C. Deacon, dans un savant article sur « Le chant » dans le dictionnaire de musique et des musiciens, de Grove (Macmillan et Cie), s'exprime lui-même sur ce point de la façon suivante : « Il n'existe pas de nation dans le monde civilisé qui parle aussi abominablement sa langue que les Anglais. Les Ecossais, les Irlandais et les Gallois, au point de vue de l'articulation, parlent beaucoup mieux que nous. La conversation journalière se fait avec des sons confus et mal articulés qui ont la prétention de vouloir signifier quelque chose, comme l'on donne aux vieux shillings une valeur de douze pence. Non-seulement nous articulons mal, mais notre manière d'émettre les sons est déplorable, et lorsque les Anglais commencent à apprendre à chanter, ils sont tout surpris de voir qu'ils n'ont jamais appris à parler. Il n'y a presque aucune lettre de notre langue que presque tous nos amateurs, et, chose triste à dire, beaucoup de nos chanteurs ne prononcent avec une imperfection spéciale ou de plusieurs manières défectueuses. Un Italien n'a qu'à ouvrir la bouche, et s'il a de la voix, la série de ses organes depuis le larynx jusqu'à l'extérieur est toute préparée par sa langue. Nous, au contraire, nous avons beaucoup à étudier si nous voulons arriver au point de départ de l'Italien ».

Cette manière de voir, quelque sévère qu'elle puisse paraître, a été admise par le Dr W. H. Stone dans ses leçons sur « Le chant, la parole et le bégaiement » à la Royal Institution, et il y a peu de gens capables de se former une opinion sur ce sujet, qui pourraient être disposés à penser différemment. Mais revenons à nos exercices. L'élève se tenant droit devant son miroir, ainsi que nous l'avons indiqué, devra faire les expériences suivantes :

1. Ouvrez la bouche aussi large que possible ; regardez la langue, le voile du palais, et la paroi postérieure de la gorge. Puis fermez la bouche. Répétez cet exercice un certain nombre de fois.

2. Ouvrez la bouche assez large pour pouvoir placer deux doigts entre les dents, puis souriez, de façon à tirer sur le côté les deux coins de la bouche, jusqu'à ce qu'il se forme près d'eux une petite ligne perpendiculaire. A ce moment, modifiez brusquement la forme de la

bouche en projetant les lèvres autant que possible, tout en réservant un petit orifice entre elles, comme lorsqu'on siffle ; le changement doit être vif et rapide. Répétez cet exercice un certain nombre de fois. S'il vous fait rire, tant mieux, car vous serez de bonne humeur, ce qui vous sera utile pour faire les autres exercices, qui semblent encore plus absurdes.

3. Souriez, avec les lèvres fortement closes, tirez les coins de la bouche sur les côtés, aussi fortement que possible ; projetez vivement les lèvres comme pour siffler, mais en tenant encore les lèvres bien fermées sans aucune ouverture. Répétez cet exercice un certain nombre de fois.

Les trois exercices précédents sont destinés à exercer divers groupes de muscles qui, dans la vie ordinaire, ne sont appelés à fonctionner que dans des limites très restreintes, et on constatera qu'ils permettront à l'élève, au moins en ce qui concerne l'action de la mâchoire inférieure et des lèvres, de modifier rapidement la forme de la bouche, suivant les exigences de la bonne phonation, et ils peuvent espérer arriver ainsi à une articulation claire et distincte. Ces exercices n'ont d'importance que s'ils sont exécutés avec régularité et énergie. Faites de courtes séances, trois ou quatre fois pas jour, mais ne vous rebutez jamais.

Arrivons maintenant à ce tampon gros et mobile, la langue, qui constitue l'agent le plus important des modifications de la forme de la cavité buccale. La langue, et ceci nous le tenons de juges les plus autorisés, est un « membre que l'on ne peut gouverner ». Souvent il est difficile de la régler, et nous connaissons des gens qui ne peuvent, dans aucun cas, exercer sur elle aucun empire, elle leur échappe constamment. Dans la vie journalière, comme en chantant, au lieu de prendre tranquillement la position nécessaire pour la production des diverses voyelles, la langue se révolte, se voûte, se roidit et défie toutes les tentatives faites pour la faire rentrer dans l'ordre. En réalité, plus on essaie de la régler, plus elle résiste et plus elle obstrue le chemin par où passe la voix. La base de la langue se soulève de plus en plus, les parties environnantes se roidissent, le son est emprisonné, et par suite devient « guttural ».

Ce défaut est souvent si tenace et si difficile à guérir, que beaucoup de professeurs arrivent, en désespoir de cause, à recommander l'emploi de moyens mécaniques. tels que la dépression de la langue avec une spatule ou avec le manche d'une cuiller, etc. Nous avons connu des chanteurs qui s'étaient habitués à garder dans la bouche un petit instrument d'argent aplati à son extrémité postérieure et voûté à son extrémité supérieure comme le palais, et qui, naturellement, ont une large ouverture en arrière et une autre en avant. Cet appareil empêche certainement le chanteur de trop ouvrir la bouche, et, de plus, il abaisse la langue. C'est incontestablement l'instrument le plus ingénieux de cette espèce que nous connaissions ; il est bien supérieur à la spatule ou au manche de la cuiller.

Mais, néanmoins, nous ne pouvons en recommander l'usage, parce que :

1. Il limite la vocalisation à ces voyelles qui peuvent être émises avec la langue posée à plat ;

2. Il augmente plutôt qu'il ne diminue cette disposition funeste à se voûter qu'à la base de la langue et qui cause tant de désagréments ;

3. Il conduit le chanteur à se fier à cet auxiliaire artificiel, au lieu d'essayer de se servir de la langue comme il faut et naturellement : de plus, il retarde ainsi la guérison du mal auquel il doit remédier.

Le meilleur procédé consiste à faire exécuter à sa langue une série de mouvements, qui la réduiront bientôt à l'obéissance et qui la ramèneront sous le contrôle de la volonté ; le profit qu'on en tirera sera considérable et définitif. Placez-vous devant votre miroir et faites les expériences suivantes .

1. Ouvrez la bouche bien grande. Tirez la langue aussi longue que possible, retirez-là brusquement et laissez-la reposer plate et basse, en la mettant en contact avec les dents inférieures. Faites cela plusieurs fois. Dans cet exercice, aussi bien que dans tous les autres exercices de langue, prenez garde de tenir les lèvres et la mâchoire inférieure parfaitement tranquilles ;

2. Placez la pointe de la langue contre les dents inférieures et antérieures et protégez la, en dehors, autant que possible, ce qui, naturellement, la fait enrouler complètement. Ramenez brusquement la langue en arrière, comme dans l'exercice n° 1. Répétez un certain nombre de fois ;

3. Tenez la base de la langue aussi plate que vous le pourrez, soulevez la pointe de la langue et placez-la, avec lenteur, dans une position perpendiculaire à la voûte de la bouche. Puis ramenez-la graduellement, jusqu'à ce qu'elle ait repris sa position première. Répétez un certain nombre de fois.

4. Elevez l'extrémité de la langue, comme dans l'exercice n° 3, et déplacez-la graduellement d'un côté à l'autre, de façon à ce que le point le plus élevé décrive un demi-cercle. Répétez un certain nombre de fois.

Prenez garde d'abuser de ces exercices, car ils deviendront très fatigants, mais faites-les régulièrement chaque jour, jusqu'à ce que vous soyez devenu tout à fait maître de votre langue. Le plus souvent il semble, au début, qu'il est presque impossible d'exécuter tous ces mouvements, et la langue exécutera les plus curieuses contorsions. Mais nous pouvons, sur la foi d'observations nombreuses, affirmer au lecteur, qu'avec de la persévérance, la langue doit toujours finir enfin par céder, et que le résultat mérite que l'essai soit fait avec tout le soin possible. En effet, non seulement ces exercices lui seront très utiles pour se guérir de sa voix gutturale, mais ils seront aussi très avantageux pour l'élève, car ils l'aideront à modifier les dimensions de la cavité buccale, lorsqu'il essaie de l'adapter à la tonalité variable du son laryngien et lui feront trouver la résonnance qui leur convient le mieux.

Un autre moyen de guérir la voix gutturale consiste à chanter cette série de sons soutenus : ou-o-a (1). On, représente notre voyelle la plus avancée, puis viennent o et a. Si donc nous chantons ou et que peu à peu nous baissions jusqu'à o, sans lui permettre de revenir en arrière, nous fixons l'o au même point où, auparavant, nous avions fixé l'ou. Maintenant, changeons imperceptiblement l'o en a, en prenant bien garde de ne pas laisser cette dernière voyelle revenir en arrière, et nous fixerons l'a, juste au point où avait été fixé l'o, c'est-à-dire juste dans la partie antérieure de la bouche. C'est là un exercice très utile pour améliorer la qualité du son, et pour étendre « la portée de la voix ». Mais cela ne suffit pas lorsque la voix gutturale provient de la raideur de la base de la langue et des parties environnantes ; et, dans ce cas, avant de procéder aux exercices avec ou-o-a, on chantera rapidement la syllabe kou.

L'ou, ainsi que nous venons de le voir, est notre voyelle la plus avancée, et pour prononcer le k, la langue se met dans une position presque identique à celle qui est nécessaire pour l'ou, bien qu'elle s'applique fortement au voile du palais. Il faut quelque habileté pour arriver à *voir*

(1) MM. Behnke et Pearce ont publié chez Chappell, de Londres, new bond Street, 50, des exercices et des études basés sur les principes développés dans ce livre : nous ne saurions trop les recommander à nos lecteurs.

cela, mais si nous dirigeons bien la lumière, nous y arriverons certainement et nous constaterons que le dos de la langue cache complètement les piliers du voile du palais et la luette. En d'autres termes, lorsqu'on prononce rapidement et à plusieurs reprises une syllabe commençant par k, la langue se meut rapidement de haut en bas et le larynx qui est uni à l'os de la langue est obligé d'exécuter les mêmes mouvements, ce que le miroir nous apprend en même temps. Au moyen de cet exercice nous empêchons donc complètement la base de la langue et les parties voisines de se roidir, et ce procédé rend les plus grands services pour arriver à se débarrasser de cette espèce de raucité qui est déterminée par cette cause. Pour les raisons que nous venons d'énumérer, il est plus facile, en même temps qu'il est plus avantageux, de combiner le k à l'ou qu'à n'importe quelle autre voyelle ; quelques exemples nous en donneront la preuve. La formule complète de cet exercice serait donc la suivante :

Chantez cela un certain nombre de fois, d'une manière pesée et restant bien exactement en mesure, en respirant avant ou et à la fin de l'exercice. Commencez avec votre voix parlée ordinaire, et montez et descendez demi-ton par demi-ton ; mais restez toujours dans les limites où votre voix s'exerce le plus aisément.

Jusqu'à présent nous nous sommes occupés des lèvres, de la mâchoire et de la langue, considérées comme moyens de modifier les dimensions et la forme de la cavité buccale. Nous devons encore indiquer ici les mouvements du voile du palais dont nous avons fait l'anatomie plus haut.

Nous pouvons l'élever et l'abaisser de façon à séparer complètement la gorge du nez ou de la bouche. Si nous élevons le voile, nous séparons le nez de la gorge, le son passe alors par la bouche, et comme sa sortie se fait d'une manière normale, ce sera un son vocal pur. Si nous abaissons le voile, nous séparons la bouche de la gorge, le son passe alors par le nez, ce qui le rend nasal.

Ce fait est constaté par quelques auteurs, qui prétendent qu'au contraire, le son devient nasal, lorsqu'il ne peut pas passer par le nez, et l'on est stupéfié du nombre des arguments par lesquels ils essaient de le démontrer, étant donné que le fait peut être établi par une expérience bien simple. Prenez un petit miroir à main, tenez le horizontalement au niveau de votre lèvre supérieure, le verre tourné vers le haut, et chantez un son vocal pur : le verre restera brillant et ne sera pas obscurci. Chantez maintenant un son nasal, et la glace se couvrira immédiatement de vapeur, ce qui montre bien, d'une façon concluante, que le son a passé par les narines. On peut encore démontrer d'une autre manière que le son nasal exige le passage du son par les narines, et qu'il n'est pas dû à ce que les narines sont fermées. Tenez le miroir comme nous l'avons dit, et prononcez les consonnes b, c, d, f, etc., le miroir restera clair, mais si vous prononcez m ou n, qui sont essentiellement des consonnes nasales, ainsi que tout le monde l'admet, le miroir se ternira immédiatement.

Mais le son ne pourrait passer à travers les narines si le voile du palais n'était pas abaissé : et ce qui le prouve, c'est que l'on peut très bien fermer les narines et chanter encore sans aucun bruit nasal. Les deux dessins de la bouche, p. 221, expliquent encore cette question ; ils montrent la position du voile dans la production du 

émis purement, et la position du voile dans la production du *même son* devenu nasal. Ces dessins parlent d'eux-mêmes et n'ont pas besoin d'autres explications.

Une autre preuve que le son devient nasal parce qu'il traverse le nez nous est fournie par ce fait que les personnes qui sont privées de leur voile, en entier ou en partie, ne peuvent, en aucun cas, émettre des sons vocaux purs. Lorsque le voile du palais manque *complètement* le bruit nasal est moins marqué que lorsqu'il n'en manque *qu'une partie*. Nous pouvons nous expliquer ce phénomène par ce fait que, dans le premier cas, la bouche, le pharynx supérieur et le nez sont en réalité transformés en une vaste cavité.

On peut se demander pourquoi, lorsqu'on chante par le nez avec les lèvres fermées, le son n'est pas nasal. On peut répondre que ce procédé d'émission du son n'est pas un chant, mais un fredonnement. On peut, cependant, très bien fredonner, en nasonnant fortement, mais nous ne pouvons donner dans ce livre l'explication de cette question.

On peut encore faire cette objection, que si les fosses nasales sont obstruées, comme, par exemple, par le gonflement de la membrane muqueuse pendant un rhume, la voix devient immédiatement plus ou moins nasonnée. Cela est parfaitement vrai, mais dans ce cas le voile du palais doit sûrement aussi être atteint à un degré suffisant pour ne pouvoir plus, par sa contraction, empêcher le son de pénétrer dans le nez. Lorsque les choses se passent ainsi, et lorsque le son est arrêté ou gêné plus loin, dans son passage à travers le nez, le son est encore plus nasal qu'il ne le serait dans le cas contraire : il est cependant beaucoup moins résonnant.

Nous le répétons, il ne saurait y avoir aucun bruit nasal, tant que l'orateur et le chanteur conservent, à un degré suffisant, la faculté d'élever le voile afin d'empêcher le son de pénétrer dans le nez.

Mais cette question se présente sous un autre point de vue qui prête souvent aux malentendus. Quelque hermétique que soit la fermeture du voile, elle n'est jamais suffisante pour empêcher l'air des fosses nasales de vibrer en même temps que l'air de la bouche. Ces co-vibrations sont en réalité nécessaires pour donner un certain brillant à la voix, et s'il en est autrement, par suite de l'occlusion des orifices postérieurs des fosses nasales, le son de la voix sera sombre et voilé. Ce fait est évidemment dû à *l'absence* de la *résonnance* nasale, et on ne peut, en aucune façon, le considérer comme du *nasonnement* ; c'est juste le contraire qui est vrai.

Nous avons décrit l'action du voile du palais dans les deux cas extrêmes, et les différences qui existent entre ces deux positions sont si nettes, qu'elles sont très faciles à reconnaître. Mais, dans d'autres circonstances, les mouvements du voile du palais sont beaucoup plus compliqués, non seulement parce qu'il occupe, suivant la hauteur des sons, des positions différentes, mais aussi parce que l'occlusion est plus ou moins exacte, dans la production des diverses voyelles.

En montant la gamme, le voile du palais s'élève, l'arc compris entre les piliers du gosier devient plus étroit et plus haut ; la luette diminue peu à peu, et non seulement elle finit par disparaître, mais on finit même par constater à sa place la présence d'une dépression. Ces phénomènes sont expliqués par les dessins de la gorge, qui montrent le voile du palais, pendant la production des différentes notes . Le lecteur se rendra maintenant compte de l'importance qu'il y a à exercer le voile du

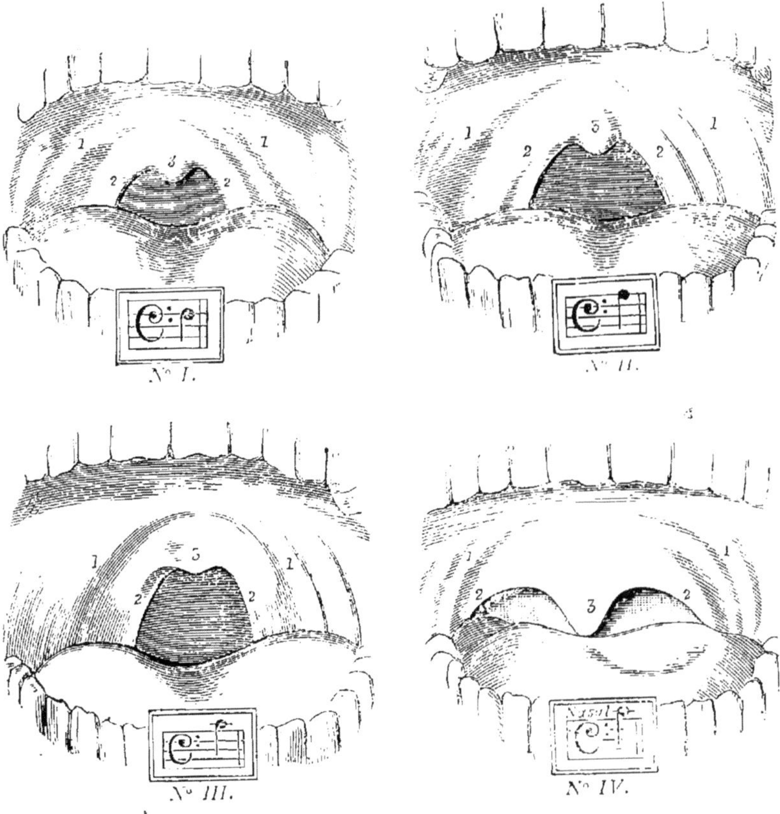

Fig. XL. — Le voile du palais pendant l'émission des diverses notes. (Photographie d'après nature).
1. 1. Piliers antérieurs du gosier. — 2. 2. Piliers postérieurs du gosier. 3. Luette.

Le n° I montre le voile du palais pendant la production de la note fa, comme c'est indiqué dans le dessin. Nous appelons l'attention du lecteur sur l'arc du palais et il pourra voir la différence qu'il y a avec l'arc beaucoup plus grand du

N° II, qui représente la même gorge pendant l'émission de la note la.

Le n° III représente un autre changement et une élévation plus grande encore de l'arc lorsque l'on chante le do. On voit que la luette a presque complètement disparu.

Le n° IV représente le voile pendant l'émission du même do que dans le n° III, mais avec un son fortement nasal. On voit que le voile du palais et la luette sont tombés sur la langue. L'espace réservé entre le rideau du palais et le dos de la langue, pour laisser passer le son à travers les narines, est indiqué par une forte ligne d'ombre qui n'existe pas dans les autres dessins.

palais, et nous lui recommandons, pour y arriver, de procéder de la façon suivante : placez-vous en face de votre miroir, comme tout-à-l'heure, ouvrez la bouche bien grande, et prenez soin que la face postérieure de votre gorge soit bien éclairée.

1. Respirez par la bouche ; le voile du palais se trouvera modérément élevé, et la luette aura sa forme et sa position normales. Pendant l'expiration buccale, la luette sera portée un peu en avant.

2. Ouvrez encore la bouche, et respirez par les narines. En faisant cela, vous ferez tomber le voile du palais et releverez la langue, ce qui a pour résultat de fermer la bouche en arrière, juste au moment où vous la fermez en avant en fermant les lèvres. Expirez de la même manière, et la bouche restera fermée en arrière. Répétez un certain nombre de fois.

3. Inspirez par les narines, avec la bouche largement ouverte. Empêchez la langue de se soulever, laissez-la tranquille et aplatie. Vous avez appris à commander à votre langue, et vous n'éprouvez à cela aucune difficulté. Vous obligerez ainsi le voile du palais à descendre plus vivement, ce qui est justement le but que l'on se propose. Respirez maintenant par la bouche, lorsque le palais se relèvera de nouveau.

En *in*spirant ainsi par les narines, avec la bouche ouverte, et la langue tranquille et aplatie, le voile du palais se trouve vigoureusement entraîné vers le bas, et dans l'*ex*piration par la bouche, le voile du palais s'élève de nouveau. Si ces deux actions se répètent à de brefs intervalles, le voile du palais monte et descend continuellement, ce qui doit avoir nécessairement pour effet de fortifier les muscles dont il est en grande partie composé.

C'est là, au point de vue mécanique, un grand progrès, parce que cet exercice permet au voile du palais de remplir ses fonctions d'une façon beaucoup plus satisfaisante qu'auparavant, et l'empêche de se fatiguer lorsqu'on parle ou chante longtemps. De plus, de mou et flasque qu'il était, il le rendra rigide et tendu, ce qui, on nous l'accordera bien vite, est, au point de vue acoustique, de la plus grande importance. L'effet de ce changement sur la voix est très marqué et nous recommandons vivement au lecteur de pratiquer consciencieusement tous les jours cette gymnastique du voile du palais, car il peut être certain qu'il retirera un gros profit de sa persévérance.

Il résulte clairement de ce que nous venons de dire que le voile du palais doit être nécessairement dans un parfait état de santé. Si le voile supporte une luette trop longue, ou des amygdales hypertrophiées il ne peut se mouvoir d'une façon convenable, et ces impedimenta gênent considérablement les chanteurs et les orateurs qui les portent. S'ils veulent chanter avec ces appendices suspendus à leur voile, c'est comme s'ils essayaient de faire la course avec de lourds poids sur les épaules.

Nous arrivons maintenant aux voyelles. C'est là un sujet extrêmement compliqué : l'étude scientifique, en même temps que celle des consonnes, en a été faite, à fond, par M. Alexandre Ellis, dans son livre « La prononciation des chanteurs, » auquel nous avons fait de si fréquentes allusions. Personne n'est mieux qualifié pour cette tâche que M. Ellis, qui a passé la moitié de sa vie à étudier les sons de la parole, et qui est capable de faire les recherches les plus patientes et les plus pénibles. Ce serait donc de la présomption de notre part d'essayer d'exposer ici, en passant, une œuvre aussi complète.

Nous préférons nous limiter à quelques points absolument essentiels pour notre sujet, et nous conseillons vivement au lecteur de lire le livre de M. Ellis, et surtout de reproduire fidèlement toutes les expériences qu'il indique. Nous sommes profondément reconnaissants à M. Ellis des faits nombreux et importants qu'il nous a appris et nous sommes certains que nos lecteurs seront du même avis que nous.

Nous savons que, quelque soit la voyelle que nous prononcions, le son laryngien est, hauteur et intensité mises à part, exactement le même dans tous les cas, et qu'il prend la forme de telle ou telle voyelle, uniquement d'après la forme du résonnateur, que l'on peut considérer comme le moule dans lequel le son est coulé. Ce fait peut être facilement démontré par une expérience simple et instructive. Faites vibrer un diapason ordinaire en do, mettez votre bouche en position pour la voyelle ou, et présentez le diapason en face de votre bouche. Bien que vous n'émettiez aucun son, le diapason dira nettement ou. Maintenant changez rapidement la position de votre bouche pour o puis pour a, toujours dans un silence parfait, le diapason dira nettement o et a. L'a, il est vrai, ne sera pas très fort, parce que la cavité buccale qui est nécessaire à la production de cette voyelle, renforce seulement quelques harmoniques supérieures, qui, pour le diapason, sont extrêmement faibles, on peut même, pour la production de l'ou et de l'o obtenir de meilleurs résultats, en substituant au diapason qui donne le do, d'autres diapasons qui donnent des sons correspondant exactement à la tonalité du résonnateur ; mais l'expérience est suffisante pour montrer l'importance qu'il y a à donner à la bouche une forme appropriée au son des diverses voyelles que l'on émet. Pour plus d'explications, nous renvoyons aux diagrammes qui se trouvent à la page 14 du livre de M. Ellis.

Ceci nous démontre un fait que nous avions eu occasion d'indiquer à plusieurs reprises, c'est que, si on *murmure* chacune des voyelles, chacune d'elles aura un son d'une tonalité distincte. Si nous plaçons une grande cruche sous un robinet et que nous y fassions couler de l'eau, nous pouvons dire d'après le son, à quel moment la cruche sera pleine. L'orsque la cruche est vide elle représente un long tuyau, le son s'élève progressivement et finit par devenir très aigu. Une modification semblable se fait dans le résonnateur lorsqu'il doit produire les diverses voyelles. Ainsi pour ou la boite vocale est très basse et elle s'élève de plus en plus pour o, a, e et i.

Par conséquent, lorsqu'on émet un son, non pas en chantant, mais en murmurant, c'est-à-dire en faisant simplement vibrer l'air dans le résonnateur, on constatera que le résonnateur est accordé le plus bas pour ou et le plus haut pour i ; la série est comme précédemment ou, o, a, e et i.

La chose la plus curieuse dans cette disposition, c'est que le ton de la cavité est *exactement* le même pour chaque voyelle, qu'il s'agisse d'un homme, d'une femme ou d'un enfant, à condition seulement que la voyelle soit exactement de même qualité dans chaque cas. C'est évidemment cette difficulté, nous devrions peut-être même dire cette impossibilité d'obtenir exactement la même qualité, qui nous explique que divers observateurs, tels que, par exemple, Donders, Helmholtz, Koenig et autres, ne soient pas tout à fait d'accord sur le ton qu'ils assignent aux diverses voyelles murmurées.

Il est clair, et cela nous le savons par notre expérience journalière, que ces tonalités des cavités résonnantes ne nous empêchent pas d'émettre des voyelles dans tous les tons de notre voix ; mais c'est là un fait incontestable, qu'il y a certaines notes plus favorables à la production de telle ou telle voyelle que d'autres; et l'on peut dire, en règle générale, que ou et o sont plus faciles à chanter avec les notes les plus basses et e et i avec les notes les plus hautes de notre voix, tandis que l'a est la voyelle la plus facile à chanter sur toutes les notes du registre.

Il y a, par conséquent, de très bonnes raisons pour que

les professeurs de chant choisissent l'a, comme étant la voyelle la plus favorable pour la culture de la voix. Mais si l'on considère que dans les mots chantés, les voyelles doivent être rendues comme elles se présentent, et de la façon la plus avantageuse, il est clair que c'est une erreur de vocaliser exclusivement sur a, et un professeur avisé se rendra compte que les autres voyelles méritent une juste part d'attention. Nous avons connu des gens qui donnaient très bien l'a, mais dont les o et les e étaient mauvais ; pour l'ou et l'i il n'y avait rien à en dire.

Dans une grande ville d'Ecosse, il s'est produit, il y a quelques années, un fait qu'il est bon de connaître ; c'est un cas véritablement exceptionnel de développement par l'exercice d'une voyelle aux dépens de toutes les autres. Le chef d'une société chorale, impressionné par ce fait que l'ou est la voyelle la plus « avancée », et qu'il est très important de bien amener la voix dans les parties antérieures de la bouche, conçut l'idée d'exercer longtemps ses élèves uniquement sur l'ou, et il en résulta que la première fois qu'ils parurent en public, il leur fut presque impossible de chanter aucune autre voyelle. Quelques-uns de nos principaux chanteurs avaient été engagés pour les soli et ils éprouvaient beaucoup de difficulté à ne pas partager la gaîté des assistants, causée par la prononciation extraordinaire des choristes, des chantres et du chef, qui ne se rendaient aucun compte qu'il se produisait quelque chose d'extraordinaire. Le comble fut atteint lorsque dans le chœur de l'Alleluia, les choristes se mirent à chanter avec force *Houlouloujou*, *Houlouloujou*, et l'on peut s'imaginer sans peine, combien l'effet fut comique.

Si nous désirons obtenir la plus forte résonnance pour nos voyelles, nous devons les modifier suivant les tons auxquels nous devons les chanter. M. Ellis propose un grand nombre d'exercices admirables à ce sujet. Leurs résultats pratiques sont inégaux, comme on va le voir.

1. Ou est une voyelle favorable pour les parties les plus basses de la voix ; la qualité du son s'altère au fur et à mesure que nous descendons la gamme, et l'*ou* devra être chanté comme dans foule, en appuyant ; la qualité, alors, en sera notablement améliorée.

2. O, comme dans chose, n'est pas une voyelle aussi favorable pour le chant que dans bonne soutenu, qui permet un bon son dans presque tous les tons ; mais les meilleurs résultats sont obtenus avec l'o tel que dans adore.

3. A produit un beau son dans presque tous les tons de la gamme, bien que la qualité de la voyelle varie légèrement.

4. È ouvert produit un effet discordant sur toutes les parties du registre, et on peut l'améliorer beaucoup en le chantant comme un é fermé soutenu.

5. I est une voyelle favorable dans les parties élevées de la voix, mais en descendant la gamme il devient de plus en plus bruyant, et finit par prendre un caractère rude. Si, cependant, partant du milieu de notre registre, nous chantons en descendant l'i bref en tenant le son, la qualité du son sera beaucoup améliorée.

Nous n'avons fait jusqu'ici allusion qu'aux cinq voyelles élémentaires, mais pour les autres sons, ainsi que pour les explications complètes de la question entière, nous renverrons encore le lecteur à la « Prononciation des chanteurs » de M. Ellis, livre qui, nous le répétons, ne saurait être trop recommandé.

L'étendue ou portée de la voix ne dépend pas tant de la puissance du souffle que de :

1. L'attaque du son;
2. L'absence de respiration superflue;
3. La production en avant du son; et
4. La résonnance.

Nous avons tous entendu et admiré les notes résonnantes chantées pianissimo par nos grands chanteurs, qui remplissent si complètement les édifices les plus vastes, que non seulement on entend distinctement, mais encore on sent pour ainsi dire, tandis que la voix d'une personne qui, tout simplement, crie, ne pénètre pas bien loin, bien qu'elle crie très fort. Le chanteur qui pourra donner de belles notes piano, n'aura aucune difficulté à augmenter sa puissance, mais celui qui se repose simplement sur sa force ne sera jamais capable de chanter véritablement pianissimo. Certes il peut aussi chanter moins fort, mais il sera proportionnellement moins entendu.

Nous recommandons à l'élève de donner son attention aux points suivants.

a. Frappez le son avec fermeté et clarté, suivant les indications que nous avons données au chapitre de «l'attaque».

b. N'usez pas plus de souffle qu'il n'en est nécessaire dans le moment même, ou bien le son sera dilué comme le lait est dilué par l'addition d'eau.

c. Faites venir le son en avant, dans la bouche, et *efforcez vous de l'y maintenir*. Si vous éprouvez la sensation que le son s'éloigne de vous et que vous soyez obligé de courir après lui pour le rattraper, ce ne sera jamais un son « qui portera ».

d. Chantez piano mais vigoureusement, et, par dessus tout, émettez de beaux sons, ou, suivant le mot de M. Deacon, « Travaillez la qualité et la force viendra toute seule ». (op. cit. p. 504).

Le Dr Stone dit, dans le sommaire de ses leçons à la Royale Institution : « La voix dépasse tous les instruments, par le pouvoir qu'elle a de combiner les sons aux paroles expressives ». Nous sommes tout à fait de cet avis ; mais qu'arrivera-t-il si les « paroles expressives » sont dites avec assez d'indolence pour être tout à fait inintelligibles ? Nous savons tous que les chanteurs dont l'articulation est assez claire pour que tous les mots qu'ils prononcent soient parfaitement compris, sont rares, tandis que ceux qui chantent de façon que nous ne sachions pas très bien si c'est de l'Anglais, de l'Italien ou quelque autre langue, sont nombreux et ceux qui prononcent leurs mots d'une façon déplorable sont légion.

On s'attend peut-être à ce que nous traitions la question de l'articulation dans ce chapitre. Etant donné les limites de ce manuel, nous ne pouvons qu'attirer sur elle l'attention d'une manière générale : et le meilleur conseil que nous puissions donner aux chanteurs aussi bien qu'aux orateurs, c'est de faire chaque jour un exercice de pratique, à haute voix, avec les tableaux de la page 110 de la prononciation de M. Ellis et de travailler aussi soigneusement ceux des pages 128 à 143. Le lecteur est même conduit graduellement, d'étape en étape, des mots les plus simples jusqu'aux mots les plus longs et les plus compliqués. Nous n'avons pas besoin de dire que les tables sont disposées logiquement et que rien n'a été oublié.

Flexibilité.

La flexibilité de la voix dépend presque entièrement du contrôle que nous exerçons sur les muscles qui gouvernent le ton ; c'est-à-dire de la rapidité et de l'exactitude avec lesquelles nous pouvons les faire se contracter ou se relâcher.

Ceux qui jouent des divers instruments, savent que certains exercices sont indispensables pour que l'exécution soit brillante, parce qu'ils fortifient les muscles du poignet et des doigts et les soumettent à l'empire de la volonté. On a même remarqué que la simple gymnastique des doigts, exerçant séparément les divers groupes de muscles et les rendant indépendants les uns des autres, a la plus grande valeur, et dispense de ces longues heures d'exercices ennuyeux et fatigants. De la même façon, nous pouvons nous épargner beaucoup de peine et arriver à notre but très rapidement, par les exercices de la voix réglés de façon à nous faire mettre en jeu les muscles constricteurs et relâcheurs du larynx. Il n'y a aucune difficulté à ce sujet. Chantez le fa, la note dont nous partons lorsque nous exerçons nos muscles dilatateurs et constricteurs, et ensuite chantez le sol. La modification du son est déterminée par la contraction des muscles tenseurs qui vainquent la résistance des muscles relâcheurs, leurs antagonistes, et ils *tendent* ainsi les *ligaments* vocaux. Si vous chantez encore le fa, c'est l'inverse, et la nouvelle modification du son est produite par la contraction des muscles relâcheurs, plus forts que leurs antagonistes, les muscles tenseurs ; ils *relâchent* ainsi les ligaments vocaux.

ou	ou . . . .
o	o . . . . .
a	a . . . . .
e	e . . . . .
i	i . . . . .

En voici un exemple. Cherchez à l'exécuter d'une façon parfaite. Chantez chaque note clairement et distinctement, mais sans saccades. *Unissez* les sons, mais sans trainer. Les sons doivent ressembler à une rangée de perles ; chacune d'elles est distincte et séparée, elles sont cependant enfilées sur le même cordon et forment un tout ininterrompu. Chantez doucement avec une intonation pure. Tenez votre mâchoire, vos lèvres et votre langue absolument immobiles. Rappelez-vous que la tonalité est modifiée dans le larynx et non pas dans la bouche. *N'essayez pas de chanter le plus rapidement, mais bien le plus distinctement possible.* Commencez lentement, et ne vous hâtez pas de précipiter le mouvement. Montez et baissez demi-ton par demi-ton, en restant dans le médium de votre voix.

On peut instituer un grand nombre d'exercices basés sur les mêmes principes et qui, en très peu de temps, augmenteront la flexibilité de la voix.

Il n'y a là rien de nouveau, et il serait oiseux d'indiquer les bases physiologiques sur lesquelles reposent des exercices vocaux aussi banaux. Mais notre expérience personnelle nous a appris que les élèves qui étudient le chant tendent à considérer la flexibilité de la voix comme un don naturel, et que, dans bien des cas, ils sont peu disposés à se soumettre à des exercices que tous les instrumentistes subissent sans discussion et comme une chose toute naturelle. Il est vrai que beaucoup de voix sont naturellement plus flexibles que d'autres, mais il est vrai aussi que *tout le monde* peut acquérir la légèreté et l'agilité en procédant d'une manière rationnelle et en y mettant la persévérance nécessaire.

En réalité il n'y a aucune partie de l'éducation vocale dans laquelle l'élève puisse obtenir des résultats avec une plus grande certitude, à condition seulement de vouloir travailler ; mais, malheureusement, beaucoup d'entre eux ne le feront pas, et il en résulte que beaucoup d'artistes, même de ceux qui affrontent le public, gâteront leur talent par une maladresse dans l'exécution, qui ne permettrait pas à un instrumentiste de se faire entendre, et que l'on tolère chez les chanteurs, parce que le chanteur ou la chanteuse ont une belle voix.

Les registres.

Nous avons défini un registre « une série de sons produits par le même mécanisme ». Dans les pp. 129 à 135, nous avons soigneusement décrit les cinq registres dont se compose la voix humaine considérée dans son ensemble ; et les moyens par lesquels ils se forment y ont été minutieusement expliqués. Ces registres sont néanmoins encore une pierre d'achoppement pour beaucoup de gens, et, en raison de ce fait qu'il existe dans la gorge des mécanismes différents pour produire différentes séries de notes, beaucoup de professeurs ont commis l'erreur déplorable de développer et d'exagérer ces registres, au lieu de chercher à les atténuer et à les niveler. Il résulte de cela que nous entendons des chanteurs qui paraissent avoir deux ou trois *voix* différentes. Ils grognent dans la première, gémissent dans la seconde et crient dans la troisième, alors qu'ils devraient chercher à fondre et à unir les registres, de façon à ce qu'il soit difficile, même pour une oreille exercée, de les distinguer les uns des autres. Cette manière de chanter est horrible, et nous protestons contre l'opinion exprimée par certains auteurs, qu'elle soit le produit naturel des enseignements du laryngoscope.

Nous allons étudier la question dans son ensemble. Nous allons y projeter une nouvelle lumière, et nous espérons arriver à éclaircir les doutes et à détruire les erreurs.

Figurons-nous que nous entendons chanter une basse qui commence par les notes plus graves et qui monte jusqu'au 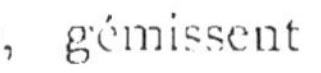. Nous dirons qu'en chantant ainsi il joue de la contre-basse. C'est le « registre épais inférieur ».

Un ténor continuant la gamme, dès que la basse est montée aussi haut qu'elle peut aller, donnera ses notes exactement de la même manière c'est-à dire qu'il jouerait lui aussi de la contre-basse. Nos deux chanteurs montent la gamme, depuis , la basse jusqu'au bout de son registre et le ténor jusqu'au ; ce faisant, ils ont l'un et l'autre changé d'instrument ; ils ne jouent plus ces notes sur une *contre-basse*, mais sur un *violoncelle*. C'est le « registre épais supérieur ». Beaucoup de ces notes qui viennent d'être chantées par une basse et par un ténor peuvent aussi être émises par des voix de femme, la voix de contralto descend jusqu'au . La contralto chante des notes les plus graves comme la basse et le ténor dans le « registre épais inférieur » ; c'est-à-dire que, comme les hommes, elle joue de la *contre-basse* ; la seule différence jusqu'ici, entre sa voix et celle du chanteur, c'est que la contralto continue un tiers plus haut dans le « registre inférieur épais » que la basse et le ténor, ou, si nous nous en reportons aux instruments, les chanteurs échangent la *contre-basse* contre le violoncelle au

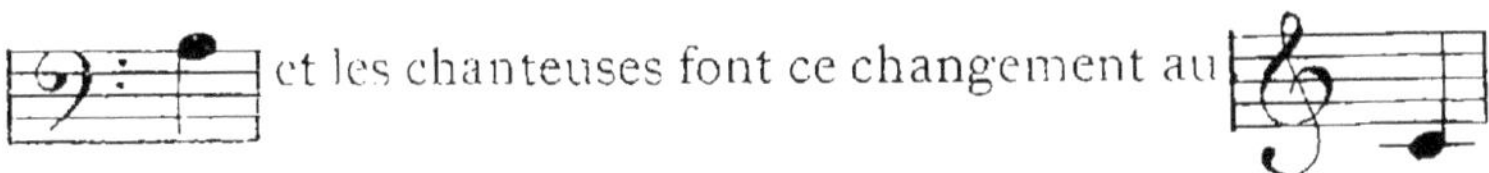
et les chanteuses font ce changement au

A cet endroit c'est une soprano qui reprend et partant

du jusqu'au , elle chante comme

la basse, le ténor et le contralto dans le « registre épais

supérieur » où, pour conserver notre comparaison, elle joue du *violoncelle*. Observez bien ce fait important que la série des notes que nous venons d'indiquer, depuis le 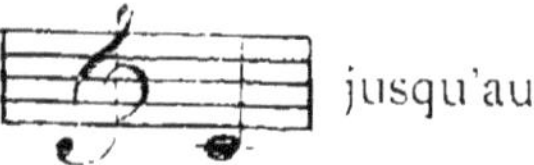 jusqu'au  est jouée par la basse, le ténor, le contralto et le soprano sur le même instrument, le *violoncelle*; c'est-à-dire *qu'ils chantent tous dans le même registre*, *le « registre épais supérieur »*. Ici nous nous séparons de notre basse (qui n'a probablement pas chanté la ou les deux dernières notes), tandis que le ténor, le contralto ou le soprano continuent à monter la gamme, le ténor aussi haut qu'il peut, le contralto et le soprano jusqu'au 

Ce faisant, ils ont tous les trois abandonné le *violoncelle* pour l'*alto* ; en d'autres termes, ils ont chanté depuis le  jusqu'au  dans le « registre mince inférieur. »

Le contralto et le soprano continuent seuls, laissant de côté l'*alto* et jouant du *violon*, c'est-à-dire qu'ils chantent dans le « registre mince supérieur ». Le ténor, il est vrai, pourrait continuer de la même façon et les accompagner encore quelque temps ; la basse elle-même pourrait employer les mêmes moyens, comme elle est obligée de le faire quand elle fait la partie d'un contralto masculin. Mais nous ne voulons pas compliquer le sujet sans nécessité et nous préférons nous limiter aux voix qui sont généralement employées dans la musique moderne. Ecoutons donc la contralto et la soprano monter la gamme sur leur violon jusqu'au . Ici nous quitterons encore la contralto et la soprano finira seule ; mais pour y arriver, elle devra employer encore d'autres moyens, et comme nous avons épuisé la famille des instruments à corde, nous n'avons pas le choix si nous voulons pousser notre comparaison jusqu'au bout, nous devons lui donner un *violon d'enfant*, qui, avec ses cordes légères, peut certainement sans difficulté, monter beaucoup plus haut qu'un violon ordinaire. Sur ce violon d'enfant, elle montera jusqu'au  ou même jusqu'au  ce qui représente le plus haut registre de la voix humaine, c'est-à-dire le « petit registre ».

Il faut bien se dire que nous n'avons pas eu un seul instant l'intention de faire supposer par cette comparaison qu'il pût y avoir la moindre ressemblance entre la voix humaine et les instruments à cordes. C'est une question que nous avons discutée à fond en un autre point de ce livre.

Pour bien comprendre l'explication que nous venons de donner des registres, il est nécessaire d'avoir bien présent à l'esprit, que les sons dont nous avons parlé sont représentés par des notes qui expriment leur véritable tonalité, tandis que la musique de ténor est écrite en clé de sol, généralement une octave plus haut qu'elle n'est chantée. Ainsi le fa d'en haut du ténor, que nous sommes habitués à voir sur la cinquième ligne, se trouve ici placé dans le premier interligne, etc.

Nous avons décrit ici les registres tels qu'on les rencontre dans la grande majorité des voix, bien qu'il y ait naturellement des exceptions à la règle, ce que l'on doit toujours avoir présent à l'esprit. Mais bien que presque tous les professeurs aient eu une expérience plus ou moins désagréable des registres, il y en a quelques-uns qui contestent leur existence ou qui en admettent seulement deux, « le registre de poitrine et celui de fausset ». Il est impossible de discuter avec eux. « Nous pouvons conduire un cheval à l'eau, mais nous ne pouvons le forcer à boire ». Nous pouvons fournir à une personne l'occasion d'entendre les registres de la voix, mais nous ne pouvons les lui faire entendre. Il y a aussi ceux qui ont soutenu publiquement des théories et qui ne veulent pas se rendre à l'évidence des faits qu'on leur montre; et enfin, il y a ceux que l'on peut convaincre, pourvu qu'on leur fournisse l'occasion de se faire une opinion exacte.

A ceux-là, nous leur conseillons d'écouter avec soin et attention des voix brutes et inexpérimentées, parce que c'est dans ces voix que l'on peut distinguer les registres avec leur netteté primitive et avec leurs contrastes bien tranchés; tandis que, dans les voix cultivées, le professeur, s'il connaît bien son affaire, a déjà fortifié certaines parties et en a adouci certaines autres, de telle façon qu'il est souvent difficile de découvrir les différences. Il faut bien se dire aussi que les registres dans toutes les voix ne sont pas absolument égaux ; il faut donc en entendre beaucoup, avant d'arriver à une conclusion satisfaisante. Nous avons eu, souvent, l'occasion d'entendre les *cinq registres dans une même voix* avec de jeunes contraltos; et nous avons pu souvent les faire reconnaître aux sceptiques. Rien ne vaut l'expérience personnelle, et nous conseillons à nos lecteurs d'observer par eux-mêmes. Nous sommes certains que ceux qui ont maintenant étudié la question théoriquement, et qui observent ensuite avec un esprit équitable, dégagé de toute idée préconçue, constateront avec nous, que l'évidence de ce que nous avons avancé, est écrasante.

La différence entre certains registres est très nette chez les ténors. Il y a peu de personnes, quelle que soit d'ailleurs leur ignorance sur tout ce qui concerne la voix humaine, qui n'aient jamais entendu les voix de « poitrine » ou de « fausset » d'un ténor ; et les professeurs qui connaissent bien l'existence d'un autre registre, savent aussi la difficulté qu'il y a, dans bien des cas, à réunir les deux registres que nous venons d'indiquer. Ceux-là qui soutiennent que le registre mince inférieur (on ne doit l'appeler fausset que lorsqu'il est émis d'une façon défectueuse) n'est d'aucune utilité, ne l'ont jamais essayé. Ils ne font pas attention que c'était dans ce registre « mince inférieur » qu'ils pouvaient crier si vigoureusement lorsqu'ils étaient enfants, qu'il n'est un peu faible que parce qu'on ne s'en sert pas, et qu'on peut encore le cultiver de façon à lui donner une merveilleuse puissance. Ils ne savent pas non plus que les notes les plus basses de ce « registre mince inférieur » fournissent les éléments de la « voce mista » ou voix mixte, et que, par le mélange judicieux des registres « épais supérieur », « mixte » et « mince inférieur » on peut former une voix en même temps douce et puissante, aisée et durable.

Ils préfèrent, hélas, forcer le « registre épais supérieur » au-dessus de ses limites naturelles ; il en résulte que leurs élèves ne peuvent émettre de notes hautes qu'en criant, et que peu de voix survivent longtemps à ce traitement barbare.

« Il paraît rationnel de croire que si l'on essaie d'acquérir des notes que l'on ne possède pas naturellement, la partie de la voix que l'on a naturellement sera altérée dans son *timbre*, et peut-être dans sa puissance. .... D'après les données physiologiques, toute tentative de forcer la voix vers le haut (et par cette disette de ténors et cette abondance de barytons, cette habitude deviendra de plus en plus commune), sera nuisible pour l'organe vocal. Cet effort, en réalité, exige un changement forcé de la longueur de la corde vocale telle qu'on l'emploie habituellement, une modification de l'action musculaire naturelle et un changement dans la puissance vocalisatrice, vers le haut ou vers le bas, du tube aérifère normal, chez la même personne. (Walshe, op. cit., p. 18).

Chez les contraltos, la lacune qui se trouve entre deux de leurs registres est aussi grande et aussi difficile à combler que chez les ténors ; et, fait important et instructif, on l'observe entre les mêmes registres et *à la même hauteur*, c'est-à-dire que, chez les contraltos, aussi bien que chez les ténors, elle se trouve entre le « registre épais supérieur » et le « registre mince inférieur », au , ou près de cette note (écrite généralement une octave plus haut pour les ténors). Cette lacune est si marquée dans beaucoup de voix de contraltos, qu'elle est sensible pour des gens qui ne savent pas un mot de cette question, et il faut des années d'exercices patients et persévérants pour arriver à la combler ; dans quelques cas on n'y arrive jamais.

Il est facile de comprendre que la difficulté d'unir les registres augmente, dans la proportion même où on fera sortir le « registre épais supérieur » au-dessus de ses limites. Nous avons souvent rencontré des voix de contralto mal exercées, chez lesquelles on ne rencontrait aucune trace du « registre inférieur mince » ; le « registre épais supérieur » s'étendait jusqu'au  ou jusqu'au , où il était remplacé par le « registre mince supérieur ». Le contraste entre les deux registres était si grand, que ces dames semblaient avoir en réalité deux voix distinctes. Il est presque superflu d'ajouter que, dans ces cas, il est tout simplement impossible de faire disparaître, ou même de dissimuler cette lacune de la voix.

Nous avons longuement parlé des contraltos et des ténors, et nous avons vu qu'à certains points de vue, ils sont exactement semblables. On peut, en réalité, affirmer que la principale différence qui existe entre eux, consiste en ce que le ténor possède quelques notes *au-dessous* du contralto et que le contralto possède quelques notes *au-dessus* du ténor. La plus grande partie de leurs notes sont communes, et tant qu'il en est ainsi, leur phonation se produit exactement par le même mécanisme. Il en résulte, ainsi qu'on peut le prévoir, que, lorsqu'ils ne se servent pas de leurs notes extrêmes, leurs voix sont très semblables et lorsqu'on ne voit pas les chanteurs, il est souvent impossible de dire avec quelque certitude si on entend un ténor ou une contralto.

C'est là une observation banale, et nous pouvons affirmer qu'il y a peu de musiciens qui n'aient été pris de ce doute. En admettant ce fait, nous nous débarrassons de cette idée erronée que les voix de femme ne sont que la reproduction à une octave plus haut des voix d'hommes correspondantes ; c'est là une erreur qui, aujourd'hui, a été presque complètement abandonnée.

Chez les sopranos, il existe une autre difficulté plus curieuse, qui a trait à la question des registres. Beaucoup de sopranos n'ont jamais découvert leur « petit registre », il en résulte qu'il n'y en a guère qui puissent monter au-dessus du  si ce n'est en forçant leur « registre mince supérieur », c'est-à-dire en poussant des cris, ce qui, tôt ou tard, détermine toujours la ruine de la voix ; si, d'autre part, on apprend à ces mêmes dames à se servir du registre élevé que la nature leur a donné, elles sont surprises et ravies de constater qu'elles peuvent, presque de suite, chanter beaucoup plus haut qu'auparavant et cela avec une facilité et une grâce qu'elles n'auraient autrefois jamais espéré attendre.

Les exercices que nous avons conseillés plus haut pour obtenir le bon fonctionnement des registres, conviendront parfaitement dans ce cas. Cependant, avant de les appliquer à chaque cas particulier, le professeur devra s'assurer qu'il a affaire à une véritable voix de soprano, autrement-il aboutirait à un échec.

Chez les basses, on n'a guère à s'inquiéter des registres, parce que l'espace qui existe entre le « registre épais inférieur » et le « registre épais supérieur », est très facile à combler. Le seul danger à redouter c'est que le « registre épais supérieur » ne soit complètement ignoré, parce que l'on se figure que cette sorte de voix ne possède qu'un seul registre. Nous avons vu des basses qui avaient été exercées sur ce principe, leurs voix étaient nécessairement très limitées et leurs notes supérieures étaient rauques et peu harmonieuses. De plus, ces chanteurs se plaignaient tous d'une sensation de constriction dans la gorge, qui allait souvent jusqu'à la douleur, et qui cessait dès qu'ils avaient appris à chanter en se servant convenablement de leurs moyens. Mais les basses doivent aussi employer la « voix mixte » pour produire leurs notes les plus élevées.

Les conseils suivants assez bizarres sont empruntés au « Manuel de chant », d'ailleurs excellent, du Signor Randegger. (Novello Ewer et Cie).

Registre épais inférieur. — La colonne du son doit être énergiquement comprimée vers les parties les plus déclives de la poitrine : la cavité entière de la poitrine agissant comme « table d'harmonie de la voix ».

Épais supérieur. — « La colonne du son doit être dirigée vers le bas de façon à résonner entre les parties inférieures de la gorge et les parties supérieures de la poitrine ».

Mince inférieur. — « Dirigez le son rapidement et légèrement vers la partie antérieure de la bouche. Eprouvez la sensation que la voix vienne des parties inférieures de la gorge. »

Mince supérieur. — « Le son doit être dirigé perpendiculairement à la voûte du palais, exactement en arrière des dents supérieures, de façon à ce que la voix puisse résonner dans la partie supérieure de la bouche et en avant de la tête. »

Petit. — « Le son doit être envoyé dans une direction oblique, de façon à résonner dans les parties les plus élevées de la région postérieure de la tête et à être réfléchi par elles. »

Il est à peu près inutile de dire que l'on ne peut diriger le son, ainsi que l'on vient de le conseiller, sur un point donné, comme le serait un jet d'eau avec la lance d'une pompe; cependant, les sensations physiques que l'on éprouve en se servant des divers registres ont été bien décrites par le Signor Randegger; et il y a pour l'élève une grande importance pratique à bien se familiariser avec elles. Nous recommandons vivement aux professeurs d'appeler l'attention de leurs élèves sur cette espèce de reverbération du son, lorsqu'ils émettent convenablement un son dans le registre proposé; et ce sera pour eux, un grand secours de retrouver ce registre dans d'autres circonstances.

Nos premiers exercices pour développer et fortifier les registres sont basés sur ce fait que certaines voyelles sont beaucoup plus faciles à produire avec les notes les plus hautes, question qui a été déjà discutée au chapitre de la « résonnance ». Il suffira donc de répéter ici que la gamme des voyelles en allant de bas en haut est ou, a, e et i, et que, par conséquent, les notes les plus hautes seront émises le plus facilement lorsqu'on chante les voyelles dans l'ordre qui vient d'être indiqué. Si l'on avait quelque doute, on n'aurait qu'à renverser l'ordre et l'on verrait combien on augmente ainsi la difficulté.

Chantez cet exercice pianissimo, frappez chaque note clairement et distinctement, et faites une légère inspiration après chaque note. Prenez bien soin de ne faire une inspiration profonde qu'au commencement et, ensuite, inspirez chaque fois moins d'air que vous n'en avez consommé pour la note qui précède, autrement vous surchargeriez vos poumons et vous éprouveriez une sensation d'étouffement. C'est une chose que l'on doit toujours éviter, mais dans le cas actuel, on doit se rappeler que les courtes inspirations ne sont pas faites pour remplir de nouveau les poumons, mais simplement pour forcer les muscles dilatateurs et constricteurs de s'exercer. En agissant ainsi, nous leur faisons faire beaucoup plus d'exercice que si nous respirions simplement au commencement. et chose encore beaucoup plus importante, pour ce qui concerne la question dont nous nous occupons, nous facilitons beaucoup aux ligaments vocaux leur tâche, qui consiste à se disposer de diverses manières suivant les registres qu'ils doivent produire.

Il va de soi que le danger qu'il y a à faire aller le mécanisme d'un registre au-delà des limites convenables, est plus grand si les ligaments vocaux sont réunis, comme lorsqu'on chante *legato*, qu'il ne le serait s'ils sont séparés; de même qu'ils sont alors plus capables de se régler eux-mêmes plus facilement dans des conditions différentes. On voit donc que les petites inspirations après chaque note constituent une partie essentielle de l'exercice, et que, sous aucun prétexte, il ne faut s'en dispenser. L'exercice doit être pris à une hauteur convenable, et l'on doit monter demi-ton par demi-ton, suivant les exigences de la voix de chaque personne. On fera bien au bout de quelque temps de commencer par la voyelle a, et, enfin, legato, en augmentant graduellement la vitesse, comme dans le mot italien *scala*, en chantant la syllabe *la* sur la dernière note.

Le passage d'un registre à l'autre devrait toujours se faire une couple de notes *au-dessous* des limites extrêmes, de façon qu'il y ait, au point d'union de deux registres, un petit nombre de notes *au choix*, que l'on pourrait exécuter avec les deux mécanismes.

Le chanteur fera bien cependant de n'user de cette faculté qu'il possède de produire à volonté une note par le mécanisme d'un registre inférieur que dans de rares occasions. Il est encore infiniment pire, évidemment, de forcer le registre hors de ses limites naturelles, et cela on ne devrait jamais le faire. Cette action porte avec elle son propre châtiment, car elle perd sûrement la voix ; et les notes ainsi produites, trahissent toujours l'effort, porté souvent à un degré très pénible, et, par conséquent, ne sont jamais belles.

« L'art ne vient qu'après le pain » nous le savons bien, nous savons aussi qu'un *la d'en haut* donné avec la voix de poitrine séduit la foule et compense bien des insuffisances. Mais le chanteur qui flatte ainsi les goûts d'une foule sans éducation musicale, cesse, pendant ce temps, d'être un artiste, et s'abaisse au rang d'un saltimbanque, qui *épate* le public en soulevant de gros poids ou en faisant d'autres acrobaties.

Il est évident que ce dernier exercice peut être varié dans une large mesure, tout en conservant comme base le principe que nous avons expliqué. On constatera rapidement les avantages qu'on en retire au point de vue du développement de la voix, et alors on pourra chanter des notes soutenues dans toute l'étendue de la voix, suivant la bonne méthode.

Ceci nous amène à considérer la « voix mixte », qui est essentielle pour combler la lacune qui existe entre le « *registre épais supérieur* » et le « *registre mince inférieur* » du ténor, et qui, fréquemment, est employée par les barytons et les basses pour produire leurs notes les plus élevées. Nous avons lu dans un livre sur le chant dont nous ne nous rappelons plus le titre, que la « voix mixte » est produite par la mise en vibration complète de l'un des ligaments vocaux dans toute son épaisseur, pendant que, dans l'autre ligament, les vibrations sont limitées à leur partie interne amincie. Nous pouvons aussi bien nous attendre à voir un cheval trotter d'un côté et galoper de l'autre! L'explication est si drôle que l'on peut supposer que l'on a voulu faire une plaisanterie. Nous croyons cependant ne pas commettre d'injustice vis-à-vis de son auteur, en affirmant qu'il est tout-à-fait sérieux en soutenant cette idée ; en tout cas, elle doit être absolument rejetée, parce qu'elle ne repose sur aucun fondement.

La « *voce mista* » est « mixte », dans ce sens qu'elle combine le *mécanisme vibratoire* du « registre mince inférieur » avec la position du larynx dans le « registre épais inférieur »; c'est-à-dire que, pendant que les vibrations sont limitées aux bords internes minces, des ligaments vocaux, le larynx lui-même prend une position plus basse dans la gorge que pour le « registre mince inférieur » et il en résulte une remarquable augmentation du volume du son produit sans qu'il y ait en même temps une augmentation proportionnelle de l'effort.

Il y a, probablement, beaucoup d'exceptions à cette règle, et l'on doit admettre que la facilité qui caractérise la production de la voix mixte est due moins à la position basse du larynx en lui-même, qu'à la contraction des « dépresseurs ». Ces muscles abaissent le larynx vers la poitrine et, en même temps, rapprochent les plaques du bouclier au-dessous des ligaments vocaux.

Les « élévateurs » se mettent tellement en opposition avec les dépresseurs du larynx, pendant que ceux-ci exercent leurs fonctions, que la position de la boîte vocale dans la gorge est très peu changée. Mais la contraction des dépresseurs a néanmoins pour résultat de rapprocher l'une de l'autre les parties inférieures des lames du bouclier, comme on peut le constater par la formation d'une dépression sur la face antérieure de la gorge, qui s'étend depuis la boîte vocale jusqu'en bas.

D'après certains auteurs, la « voix mixte » n'est autre chose que la « voix de poitrine » *déguisée*. Nous ne pouvons nous ranger à cet avis, car le caractère distinctif de la « *voce mista* » est représenté par l'absolue facilité avec laquelle le chanteur la produit, lorsqu'il a abandonné le véritable mécanisme. Dans le registre épais supérieur, d'autre part, l'effort pour produire les notes élevées dont il est question, serait le même, peu importe comment et par quels moyens on pourrait les « déguiser ».

Il faut bien se dire enfin, que, chez beaucoup de ténors, le registre épais supérieur est naturellement si léger, et le registre mince inférieur si plein, qu'au début, il n'y a pas de lacune distincte et qu'il n'y a aucune difficulté à réunir parfaitement les deux registres, sans intercaler la voix mixte entre eux.

En résumé, les voix diffèrent comme les figures. Quelle que soit leur ressemblance dans leur structure générale, il n'y en a pas deux qui soient exactement semblables ; et le professeur, pour aboutir à un bon résultat, doit étudier soigneusement les organes vocaux de ses élèves et les traiter chacun suivant leur nature propre.

Nous pouvons ajouter un mot à propos de ce mystérieux registre de « fausset » dont, à notre connaissance, il n'a encore été donné nulle part de définition satisfaisante. Beaucoup de gens entendent par là, cette série de notes de la voix de ténor située juste au-dessus du registre épais supérieur. Mais ces notes peuvent être chantées de deux façons.

1. Avec le mécanisme du « registre mince supérieur » dont les limites sont dépassées. La fente vocale présente alors une forme elliptique, l'opercule est complètement relevé, le larynx largement ouvert, et toutes les parties sont relâchées. En même temps, le voile du palais est complètement relâché, et la luette se trouve à peu près dans la même situation que dans la respiration tranquille. Les notes ainsi produites sont faibles et médiocres ; on ne peut faire sur ces notes aucun crescendo de quelque valeur, et l'exercice n'arrivera jamais à les rendre puissantes.

2. Avec le mécanisme du « registre mince inférieur. » La fente vocale, dans ce cas, est linéaire; et bien que la boite vocale soit encore plus largement ouverte et par conséquent plus facile à examiner que dans le registre épais, cependant toutes les parties sont tendues; en même temps le voile du palais est soulevé et la luette disparait complètement. Les sons ainsi produits sont naturellement plus forts que les précédents ; ils peuvent être augmentés dans des proportions considérables : on peut les rendre plus puissants par l'exercice; et on peut, comme nous l'avons dit plus haut, les transformer en voix mixte.

Le registre « mince supérieur » porté au-delà de ses limites naturelles constitue donc un mode de production vocale essentiellement *faux*, auquel le terme de « fausset » est justement appliqué. Mais il n'en est pas de même pour ce qui concerne le « registre mince inférieur » qui est au contraire parfaitement légitime. Il ressort donc clairement de ces explications qu'on ne doit pas (et que même au point de vue physiologique c'est une mauvaise chose), appliquer le terme « fausset » au registre moyen de la voix de femme.

Nous devons faire remarquer, en terminant, que nous jouons du même instrument en parlant et en chantant. Les orateurs ne doivent donc pas s'imaginer que ce chapitre sur la culture de la voix ne les regarde pas. Ils constateront que leurs voix tireront un profit immense de quelques-uns des exercices que nous avons décrits dans ce chapitre et nous leur recommandons vivement de les essayer.

(Des exercices pour la culture de la voix, avec accompagnement de piano, destinés les uns aux chanteurs, les autres aux orateurs et basés sur les principes exposés dans ce chapitre, ont été préparés par Emil Behnke et Chas. W. Pearce. Mus. Doc. Cantab. Un fascicule spécial a été consacré à chaque espèce de voix. Ces exercices sont publiés par MM. Chappell et Cie, 50, New Bond Street, Londres).

Position

Le chapitre « de la culture de la voix » ne serait pas complet, sans quelques remarques sur la position que l'orateur et le chanteur doivent prendre ; et on comprendra peut-être mieux la question, si nous décrivons d'abord la position qu'il *ne doit pas* prendre. Nous en trouvons, malheureusement, bien des exemples dans le clergé, chez les clergymen, lorsqu'ils tiennent à la main le livre dans lequel ils lisent.

Il y en a beaucoup qui ont adopté l'attitude suivante : Ils laissent leurs bras abaissés reposer sur la poitrine, ils placent leurs mains ouvertes, l'une sur l'autre, pour former un pupitre à leur livre qu'ils tiennent obliquement, l'extrémité inférieure reposant contre leur poitrine, de façon à l'empêcher de tomber. Il est évident que, par cette attitude, le lecteur gêne sérieusement sa respiration, car il place un obstacle sur la route que parcourent ses côtes inférieures, et il les force à soulever le poids de ses bras, de ses mains et du livre chaque fois qu'elles se développent dans l'inspiration.

Il est par cela même obligé d'allonger le cou et de tendre la tête, afin de pouvoir lire le contenu de son livre, et les inconvénients en sont au nombre de trois :

1. Il se courbe et gêne davantage sa respiration ;

2. Son menton presse sur le larynx et l'empêche de bien fonctionner ;

3. Il dirige sa voix vers le sol, juste en face de lui, de telle sorte qu'il est tout à fait inintelligible, même pour ceux qui se trouvent à une faible distance.

C'est à peu près la position la plus défavorable qu'un orateur puisse prendre, et il nous serait difficile de lui indiquer un procédé pour la rendre pire. Il n'est pas étonnant qu'un clergyman qui prend habituellement cette attitude, ne soit rapidement fatigué par ses luttes contre ces conditions mauvaises, bien qu'il se les soit imposées lui-même, et que sa santé elle-même puisse en souffrir.

Et maintenant, exécutez les indications que nous allons vous donner : tenez-vous droit, les épaules en arrière, la poitrine bombée, la tête haute, la colonne vertébrale courbée en dedans, mais pas trop creusée. Rejetez les bras de façon à ce qu'ils ne touchent plus du tout la poitrine ; saisissez le livre au lieu de le laisser reposer sur vos mains, et tenez-le haut. Faites passer la voix juste au-dessus du livre, en la dirigeant directement vers les auditeurs qui sont à l'autre bout de l'église, vers la tribune, s'il y en a une. L'orateur fera de même, s'il lit chez lui, en présence d'un ami capable de critique, qui se trouverait à l'autre bout de la pièce. Nous sommes certains que l'orateur, aussi bien que l'auditoire, seront également surpris et charmés du résultat, et qu'ils n'auront pas envie de revenir à leur ancienne méthode de débit.

Une chose plus étonnante encore, peut-être, c'est qu'il y ait des clergymen qui se courbent et se penchent sur leurs bibles, leurs livres de prière et leurs sermons, lors même qu'ils ont des pupitres pour les porter. Le remède est naturellement le même que le précédent, et nous n'avons pas besoin de répéter nos conseils.

Les chanteurs ne tombent pas dans de semblables errements, parce qu'il n'y a pas de professeur, quelque médiocre qu'il soit, qui tolèrerait un seul instant une position semblable à celle que nous avons décrite. Les chanteurs, en effet, pèchent plus souvent dans le sens opposé. Dans leur désir de se tenir *tout-à-fait* droits, non seulement ils ramènent les épaules en arrière, mais encore ils les soulèvent légèrement, ce qui est une mauvaise chose, comme on peut le voir au chapitre de la respiration. Ainsi, loin de pencher la tête en avant, ils la portent un peu en arrière ; c'est aussi une mauvaise chose, car cela tend à fixer le larynx dans une position trop élevée.

Ces fautes doivent être évitées avec autant de soin que celles que nous avons décrites plus haut, et, dans ce cas également, cette position que nous avons recommandée aux clergymen, avec quelques modifications, suivant que l'exigent les circonstances, sera la meilleure. On ne doit épargner aucune peine pour en faire une seconde nature.

CHAPITRE XVI

La vie du Chanteur et de l'Orateur

Nous avons, au chapitre de l'hygiène, suffisamment démontré la nécessité de la parfaite santé du corps, pour que l'on comprenne la nécessité qu'il y a à exécuter convenablement et d'une manière efficace, les exercices des parties du corps humain qui jouent plus particulièrement un rôle dans la production de la voix. Nous n'avons donc besoin d'employer d'autre préambule en rentrant dans cette partie du sujet, que de faire remarquer combien, plus que dans toutes les autres, il est nécessaire dans cette profession de chanteur ou d'orateur public, de suivre les règles d'une vie strictement physiologique, c'est-à-dire de la vie qui garantit le plus sûrement le parfait exercice de toutes les fonctions du corps.

Le régime de l'homme peut être dirigé : 1° au point de vue de l'habitation ; 2° des ablutions ; 3° des vêtements ; 4° de la nourriture ; 5° de l'exercice ; 6° des amusements ; et enfin des habitudes individuelles.

1° Habitation. — Quant à l'habitation, il est de toute importance que le chanteur occupe une chambre bien aérée, et qu'il ne dorme pas dans la pièce même où il vit. S'il ne dispose pas d'une maison entière, il faut qu'il s'assure que les deux pièces communiquent l'une avec l'autre de telle sorte que, lorsque leurs fenêtres sont ouvertes, il puisse faire passer chaque jour un courant d'air à travers les deux pièces. Il est préférable qu'il habite sur un lieu élevé exposé au midi et dans une maison où la question des vidanges est soumise au contrôle le plus minutieux, car la gorge d'une personne qui se sert de sa voix est toujours plus ou moins à l'état de congestion et, par conséquent, toujours plus susceptible que celle des personnes ordinaires de recevoir une influence fâcheuse de toutes les exhalaisons malsaines. Il faudra, pour la même raison, éviter les peintures vénéneuses et les tapisseries en papier recouvertes de couleurs vénéneuses.

Ces recommandations, ainsi que celles qui suivent, paraîtront inutiles à beaucoup de gens, mais si on ne les donnait pas, on verrait, chaque jour, les mauvais effets produits par la négligence à prendre ces précautions, lorsqu'on choisit une habitation. C'est surtout le cas pour les chanteurs qui viennent dans une nouvelle ville et pour les curés de campagne.

Naturellement, le climat variera beaucoup suivant le pays où le chanteur peut être appelé à résider, mais il s'étudiera à rendre la température de sa résidence définitive ou temporaire égale à celle de son pays natal, ou de la ville habitée en dernier lieu. Ainsi, il fera souvent faire du feu et fermer les portes, à des époques où les vrais habitants du pays ouvriront leurs fenêtres et *vice-versâ.*

En fait de résidence, il y a des personnes dont il faut satisfaire les exigences spéciales. Certains individus respirent mieux dans une cité enfumée qu'à la campagne. Nous avons connu des gens qui perdent leur voix au bord de la mer. Beaucoup de gens atteints de catarrhe sec recherchent l'air doux des vallées. D'autres, au tempérament déprimé, ont besoin, pour se fortifier, de l'air des montagnes. Beaucoup de gens, qui gagnent leur vie avec leur voix, ne peuvent faire attention à tous ces détails, pendant toute leur existence, mais tous, au moins, peuvent y veiller lorsqu'ils prennent des vacances.

2° Ablutions. — On comprendra facilement que nous nous abstenions de détails sur ce sujet, et que nous nous bornions à cette simple constatation, que la propreté absolue et les ablutions fréquentes de tout le corps sont des pratiques excellentes pour tout le monde (chanteurs ou non); mais l'expérience prouve que beaucoup de personnes, qui se servent de leur voix, négligent de se baigner, non parce qu'elles n'ont pas le goût de la propreté, mais parce qu'elles ont peur de se créer une prédisposition à s'enrhumer. L'un vous dira : « Je n'ose pas prendre un bain froid, je ne pourrais jamais me réchauffer ensuite » ; un autre : « Je n'ose pas prendre de bains chauds, car je serais sûr de m'enrhumer après. » Il est bien certain que les bains froids tels que les Anglais se vantent de les prendre, quelque agréables et fortifiants qu'ils puissent être, ne contribuent que peu ou point à la propreté. Nous recommandons le procédé suivant : lorsque le temps est froid, prenez un bain chaud, frottez-vous bien tout le corps avec une brosse à friction ou un gant et du savon en abondance (les savons au coaltar sont les meilleurs pour nettoyer les pores et exciter les fonctions de la peau), puis épongez-vous ou douchez-vous avec de l'eau froide, tout en restant debout dans le bain chaud et séchez la plus grande portion du corps avant d'avoir retiré les pieds de l'eau chaude. Si le baigneur est très susceptible de s'enrhumer, il fera bien de rester dix minutes roulé dans des draps avant de s'habiller, jusqu'à ce qu'il n'ait plus à craindre la transpiration. Ce bain ressemble beaucoup au bain turc, en ce que, comme lui, il assouplit la peau, la nettoie, ouvre ses pores, les referme ensuite au moment de la douche froide et produit ensuite une réaction sur la peau avant qu'on n'ait repris les vêtements. Mais il lui manque une qualité extrêmement importante pour un chanteur, au moins sous ce climat; c'est l'air chaud et sec inspiré pendant le séjour au *caldidarium*, qui est si utile pour combattre l'effet de l'air habituellement froid et humide de l'hiver, on pourrait dire des trois quarts de l'année en Angleterre, sur la membrane muqueuse des voies respiratoires. Il y a cependant beaucoup de gens qui disent ne pas pouvoir supporter les bains turcs ; nous croyons que c'est parce qu'ils ne prennent pas les précautions suivantes, que nous recommandons à tous ceux qui en prennent : 1° ne jamais se baigner avant qu'une heure ne se soit écoulée depuis le repas ; 2° se mettre une serviette mouillée sur la tête, en entrant dans le bain, afin d'éviter le coup de chaleur qui est souvent la cause des palpitations, syncopes, etc. ; 3° faire pratiquer un léger shampooing sur le corps, et prendre un verre d'eau si la sudation n'est pas active ; 4° se laver constamment le corps ainsi que la tête ; 5° ne pas faire de plongeons ou de natation dans un bain froid, mais prendre une douche d'abord chaude puis peu à peu refroidie ; on reçoit en même temps, ou *immédiatement* après, une douche chaude sur les pieds ; 6° Prendre le temps nécessaire pour se rafraîchir avant de s'habiller et pendant que l'on se rafraîchit, tenir tout le corps ainsi que les pieds complètement enveloppés dans une couverture ; 7° ne pas se baigner plus souvent que deux fois par semaine en hiver et une fois en été. Ceux qui, malgré l'observation de ces détails, ne peuvent pas prendre de bains turcs, devront se contenter du bain chaud que nous avons déjà décrit. Pour tous, il sera agréable et utile de se laver tout le corps, en été, au savon et à l'eau chaude, tous les matins et de prendre ensuite un bain d'éponge froid. Les personnes dont la circulation est lente à réagir devraient rester dans un bain de pied rempli d'eau chaude, en sortant du bain froid, et y rester pendant tout le temps qu'elles s'essuient le corps. C'est une erreur de croire qu'un bain froid peut faire mal, lorsque le corps est très échauffé, pourvu qu'on ne le prenne pas trop tôt après le repas et que les précautions que nous avons recommandées pour assurer complètement la réaction de la circulation soient observées.

Il n'est pas hors de propos de prévenir tous ceux qui prennent des bains de mer ou de rivière et qui, en plongeant, ou même en nageant, se mettent la tête sous l'eau, qu'ils doivent avoir une boulette de coton dans les oreilles, avant de rentrer dans l'eau. Cette simple précaution peut prévenir une surdité ennuyeuse et même dangereuse.

Il est nécessaire de se nettoyer souvent les dents et de se laver la bouche après les repas et avant de faire usage de leur voix. La rétention et la décomposition qui la suit, de petites particules de nourriture entre les dents est souvent la cause de la fétidité de l'haleine, de la salivation abondante et de troubles dans la phonation. Il n'y a rien de meilleur pour durcir la membrane muqueuse des gencives et de la bouche que l'eau froide avec une petite quantité d'eau de Cologne, qui a aussi le mérite de se trouver facilement sous la main. Ainsi que nous l'avons démontré ailleurs, le gargarisme dans le sens usuel du mot, qui implique une action irrégulière des muscles de la gorge, est une pratique sans utilité et parfois dangereuse, mais on retirera un très grand avantage du procédé suivant qui tonifie le voile du palais : on garde de l'eau froide dans la bouche, pendant que l'on renverse la tête en arrière, de façon à baigner complètement la bouche et la paroi postérieure de la gorge. On doit garder l'eau dans la bouche jusqu'à ce qu'elle devienne tiède, on la remplace alors par de l'eau froide et l'opération doit durer 10 ou 15 minutes. On peut se baigner la gorge *extérieurement* avec de l'eau froide ou avec de l'eau salée froide, mais cette pratique n'a pas d'avantages spéciaux comme on serait porté à le croire, d'après le nombre de malades qui demandent un conseil à ce sujet.

Nos observations ne seraient pas complètes si nous ne mettions en garde contre l'usage habituel des eaux spéciales et des poudres pour la figure et le cou, que certaines personnes emploient pour paraître sur la scène et qui sont disposées à s'en servir constamment, dans la pensée de s'embellir. On peut, d'une part, affirmer sans hésitation, que le plaisir des spectateurs diminue, d'autant plus que les efforts faits pour corriger la nature sont plus visibles ; et, d'autre part, il est certain que la santé du corps et la peau elle-même sont intéressées en proportion exacte de la surface recouverte et de l'imperméabilité de la substance employée. Pour l'usage spécial du corps on ne devra employer que les poudres qui, en raison de leur solubilité, n'empêcheront pas la transpiration par la peau.

3° VÊTEMENTS. — La question du vêtement est traitée d'une façon tout à fait illogique par les chanteurs, mais ils ne sont pas toujours maîtres de la régler d'une manière complète ou satisfaisante. Nous voyons constamment des personnes entrer dans notre cabinet de consultation, dans les salles d'étude et au théâtre, en conservant leur pardessus, leur manteau lourd et fourré, fait pour les protéger contre le froid de l'air extérieur, lorsqu'elles quittent leurs maisons ; d'autre part, une chanteuse pénétrera souvent dans une salle de concert tiède ou sur la scène, avec une toilette décolletée et négligera de se couvrir les épaules en rentrant dans la température plus basse et le courant d'air d'un salon d'attente ou des coulisses. Naturellement, il arrive souvent, au théâtre lyrique, que le chanteur portera trop ou pas assez de vêtements, suivant le costume qui convient au personnage représenté ; mais cette difficulté peut être vaincue avec du soin de la part de l'artiste et de l'attention de la part de son « habilleur ». Oscar Guttmann, dans sa gymnastique de la voix (Leipzig et New-York, 1882), va jusqu'à dire que les acteurs qui ont porté des perruques échauffantes, etc., ne devraient pas, en quittant le théâtre, aller à l'air froid avec un simple chapeau.

Les personnes qui ont une profession dans laquelle un vêtement spécial est *de rigueur*, comme par exemple les clergymen et les soldats, souffrent souvent d'être obligés de porter trop ou pas assez de vêtements; mais là aussi on peut faire beaucoup en modifiant attentivement la nature et la quantité des vêtements que l'on porte par dessous. Le chanteur pose très souvent ces deux questions. Doit-on porter de la flanelle ? Doit-on se couvrir le cou ? Sur le premier point, nous pensons que tout le monde en Angleterre (1) devrait porter de la flanelle ou de la soie d'épaisseur variable, aussi bien sur le tronc que sur les membres, et tout le long de l'année, car c'est le vêtement le plus chaud pour protéger contre le froid et le meilleur absorbant de la sueur dans les grandes chaleurs. De plus, une autre pièce de flanelle, haute de quatre à cinq pouces, sera portée (ceux qui sont disposés à l'obésité, la porteront seulement au niveau des reins, les autres autour de tout le corps, à ce même niveau) par tous ceux qui sont exposés à prendre froid, qui sont prédisposés au rhumatisme, ou qui sont sujets à des troubles du côté du foie ; en d'autres termes, par les neuf-dixièmes des habitants du royaume uni. Cette bande aura pour effet de maintenir la circulation active dans tous les organes de sécrétion et d'excrétion et de favoriser également l'activité de la digestion et de l'assimilation. Quant au second point, les opinions sont très partagées; et, à notre avis, il est beaucoup

(1) *Nous pensons qu'en France, bien que cela soit peut-être moins nécessaire qu'en Angleterre, c'est une précaution très recommandable.*

Dr Garnault.

moins important pour le chanteur et l'orateur d'avoir le cou découvert ou couvert — c'est là plutôt une question d'habitude de jeunesse et d'expérience personnelle — que de ne pas l'avoir serré. Aucun bouton ne devrait fixer les vêtements au-dessus de la partie supérieure du sternum (os de la poitrine), de telle sorte que ces parties que la nature a laissées libres hors de la cage thoracique ne devraient pas être emprisonnées. Le col du gommeux, le collier de chien de la demoiselle à la mode, la cravate de l'ecclésiastique ritualiste, le col raide et serré du soldat, sont aussi peu physiologiques les uns que les autres, et, lorsqu'on tombe dans l'excès, ainsi que l'a prouvé, il y a longtemps, feu le baron Larrey, pour les soldats, ces vêtements peuvent même déterminer l'anévrisme, l'une des plus graves maladies que puissent produire les obstacles à la libre circulation, placés à la base du cou. La constriction de cette région est une cause fréquente de gonflements glandulaires, d'hypertrophie des amygdales et de congestion des membranes muqueuses qui tapissent la gorge.

Nous nous sommes déjà élevés contre l'emploi habituel des respirateurs, mais nous devons répéter que l'on doit protéger non-seulement la bouche, mais encore le nez et les oreilles, par un voile, contre l'air de la nuit, la poussière, le brouillard et l'humidité froide de l'atmosphère. Nous avons longuement aussi parlé du corset, qui empêche la respiration d'être libre, le son d'avoir de l'ampleur ; et des inconvénients qu'il y a pour les dames à se suspendre une trop grande quantité de vêtements à la taille. Quant à la question de la transformation de la toilette en quelque chose de plus rationnel, que nous étudions ici avec détails, il n'y a aucun doute que, bien qu'elle soit réclamée, comme toutes les réformes, par quelques personnes, avec un zèle exagéré, elle ne détermine enfin un très grand progrès, au point de vue de la santé et du confort ; il en sera de même, lorsque nous l'emploierons, pour l'aspect esthétique du beau sexe. Il est également vrai que les vêtements du sexe masculin demandent à être modifiés. Nous pensons cependant, que nous ne verrons jamais revenir aux ceintures pour tenir les pantalons, comme plusieurs auteurs l'ont demandé, car si l'on porte un vêtement qui serre, à quelque degré que ce soit, ce vêtement gênera la capacité respiratoire, et pourra même déterminer des désordres graves du domaine chirurgical.

Tous les gens qui donnent à cette question l'attention qu'elle mérite, sont d'accord sur ce point, qu'il y a beaucoup à faire pour modifier la toilette des femmes ; mais il n'est pas facile de dire dans quel sens se fera cette réforme. La théorie et la pratique sont souvent en désaccord ; et il arrive souvent, que ce qui semble, en principe, répondre à tous les desiderata, présente, en pratique, beaucoup d'inconvénients et est susceptible de beaucoup d'objections. Pour que l'utilité d'un costume réformé soit démontrée, il faudrait qu'il fût porté longtemps. Le costume doit avoir les caractères suivants : la chaleur et le poids doivent être également distribués sur tout le corps, il doit être léger, n'exercer sur le corps aucune constriction et pression et ne doit cependant pas avoir une ampleur excessive. De plus, l'aspect de ce costume ne doit pas différer sensiblement de celui du costume de l'époque.

Tous ces desiderata seront, nous l'espérons au moins, réalisés par le costume que nous allons décrire. Il a été éprouvé pendant cinq années et les dames qui l'ont adopté sont unanimes à reconnaitre qu'il réalise toutes les conditions de confort et d'aisance, quelques-unes affirment même que leur santé générale s'est beaucoup améliorée.

Le vêtement de dessous est formé : 1° par un tissu spécial et sa forme est combinée de telle manière qu'il va du cou aux poignets et aux chevilles. Il peut être fait avec trois étoffes, la gaze de soie, le mérinos, ou l'agneline ; 2° on met des bas par-dessus ce vêtement. D'ordinaire on n'a pas besoin de jarretière, parce que les bas adhèrent à la « *combination* », mais lorsqu'il existe quelque difficulté, on peut employer les jarretières suspendues; 3° on portera immédiatement au-dessus de ce premier vêtement, des pantalons descendant juste au-dessous du genou, taillés avec soin à la mesure de la personne et sans ampleur inutile. Ce vêtement peut être fait avec presque toutes les étoffes suivant le goût de la personne. Les pantalons boutonnent sur les côtés et préservent ainsi complètement contre les courants d'air et le froid provenant des changements de température. Le vêtement, dans son ensemble, est suspendu par des boutons au corsage; 4° un jupon corsage ordinaire complètera la série des vêtements de dessous. Si l'on doit porter des corsets nous recommandons les corsets hygiéniques que nous avons décrits plus haut.

La forme des vêtements de dessus est abandonnée au goût de chacun.

Un des grands avantages que présentent ces vêtements de dessous ainsi modifiés, c'est qu'ils ne rendent pas étrange la personne qui les porte et ne la font nullement remarquer.

Quant au poids (qui, autant que possible, est réparti également sur tout le corps), l'ensemble des vêtements de dessous, pour dames, ne pesait pas plus de 1 kilo 250 gr. Le grand vêtement interne était en mérinos, les pantalons en serge bleue épaisse, les doublures en calicot à double trame, le corsage en calicot et les bas en cachemire. Cette dame avait 1 m. 77 de haut et son buste mesurait 0 m. 80 centimètres.

4° Nourriture. — La nourriture du chanteur et de l'orateur doit être très nutritive, avec le minimum de substances susceptibles de donner de la graisse et renfermer également des aliments susceptibles d'être assimilés très vite et complètement. En donnant à nos lecteurs des conseils pour leur alimentation, nous leur prescrivons donc, tout simplement, un régime très favorable à tous les points de vue. Nous pouvons ajouter, pour rendre cette question plus claire, que dans notre expérience médicale, nous rencontrons un grand nombre de malades prédisposés au rhumatisme et à la goutte, c'est-à-dire avec une tendance à l'arrêt ou à la perversion de toutes les sécrétions nécessaires à la vie, ainsi qu'au développement de fermentations, à la suite de la digestion et à la formation d'acides dans l'estomac. Un régime diététique, qui exclut certains aliments mauvais pour le rhumatisme, ne fait que défendre des substances qui, pour ne pas dire plus, n'ont, au point de vue de la nutrition, aucun avantage pour personne.

Nous pouvons, tout d'abord, diviser les aliments en aliments solides et en aliments liquides. La quantité de ces aliments absorbée par un homme, doit être proportionnelle à la composition du corps humain qui renferme deux fois autant de liquides que de solides. Nous devons ensuite considérer les raisons pour lesquelles nous prenons des aliments : c'est, premièrement, pour réparer les pertes journalières causées par le simple fait de l'existence, qui suppose l'accomplissement de certaines fonctions nécessaires à la vie ; et, comme nous l'avons expliqué à propos de la respiration, l'une de ces fonctions est la combustion. C'est ensuite pour permettre la bonne exécution d'actions musculaires et cérébrales nécessaires pour que l'individu puisse jouir de l'existence, ou qu'il se trouve dans un état de santé lui permettant de gagner sa vie.

On peut aussi diviser les aliments, quelle que soit leur nature, en deux grands groupes : les aliments azotés et les aliments non azotés ou carbonés. La proportion de ces deux substances varie avec les aliments ; la viande et la graisse contiennent plus d'azote, principe formateur de la chair ou du muscle ; les végétaux, le sucre et l'amidon renferment plus de charbon ou de principes générateurs de chaleur. Néanmoins, beaucoup de végétaux, tels que les fruits, les haricots blancs, les lentilles, les pois verts, contiennent une proportion abondante d'azote et, comme l'ont montré les végétariens, peuvent fournir tous les éléments nécessaires à l'existence, à l'exclusion complète de la viande. Dans aucune substance, on ne trouve les éléments de la nutrition si bien combinés et si bien proportionnés que dans le lait, la véritable nourriture naturelle de tous les mammifères.

Les exigences de l'alimentation varient suivant l'importance et la nature du travail que doit exécuter le corps de l'individu. Les personnes qui sont en bonne santé et qui font un exercice musculaire modéré, ont besoin de deux fois autant d'aliments musculaires ou azotés, que cela serait nécessaire pour la simple existence, et à peu près des deux tiers de ce qui serait nécessaire à l'entretien d'un journalier qui gagne sa vie à la sueur de son front. La proportion de charbon ou d'aliments calorigènes que l'on devra prendre, variera avec la saison de l'année et avec le climat.

Si l'on considère combien les exercices faits par le chanteur sont faibles et combien sont peu importants les exercices musculaires qu'il doit éxécuter pour remplir sa tâche, il ne saurait y avoir de doute qu'il doit manger la viande avec plus de modération qu'il ne le fait d'ordinaire, et cette observation pourrait s'appliquer à la plus grande partie des gens qui ont une profession qui les distingue de la classe des ouvriers. D'une façon générale, nous croyons qu'il vaudrait mieux que le plus fort repas de viande fût fait à la fin de la journée, excepté pour certaines personnes, comme, par exemple, celles qui sont sujettes à l'asthme et qui sont obligées de laisser écouler sept ou huit heures entre le dernier repas de viande et le moment où elles vont se coucher ; mais les chanteurs et les orateurs ne sauraient agir de même, et l'heure du dîner ou le moment du principal repas doit être réglé d'après le moment où l'on aura à faire usage de la voix. L'irrégularité inévitable des heures des repas, constitue une cause importante de troubles digestifs pour les chanteurs. En tous cas, on doit conseiller aux chanteurs de laisser s'écouler un intervalle de quatre heures et aux orateurs un intervalle de deux heures entre un bon repas et le moment où ils font usage de leur voix. C'est une heure après le repas que l'estomac se trouve le plus plein et que, par conséquent, la capacité pulmonaire est la plus petite ; c'est aussi le moment ou les vaisseaux de la circulation sont à la phase la plus active ; c'est donc le moment où tous les organes internes sont le plus fortement congestionnés. Il y a aussi une autre grande difficulté pour régler les heures des repas des chanteurs, c'est que, dans les opéras et les concerts surtout, la période de travail peut durer plusieurs heures, avec des intervalles de repos de durée variable. Après le premier acte d'un opéra ou l'exécution d'un morceau, le chanteur aura, dans une certaine mesure, épuisé ses forces ; il sera encore fatigué par l'attente de sa rentrée en scène, c'est pour cela que l'on dit que beaucoup de chanteurs perdent leur énergie vocale à la fin d'une soirée. Dans ces cas où, par suite de la nervosité, la digestion est lente et dans lesquels il faut, par conséquent, augmenter l'intervalle déjà très long entre le dernier repas et le moment où l'on chante, on peut conseiller de prendre un peu de consommé ou bien un de ces excellents extraits de viande que l'on vend maintenant partout, environ une heure avant le premier morceau et lorsqu'il y a un grand intervalle entre celui-ci et le second, on doit en prendre une seconde fois immédiatement après ce premier morceau. Ce qui vaut encore mieux, c'est un œuf cru, assaisonné de quelques grains de sels et de quelques gouttes de vinaigre et avalé entier vingt minutes environ ou même moins, avant que l'on fasse appel à sa voix. Ceci est surtout utile et avantageux quand la gorge se dessèche trop, par suite de la nervosité. Nous avons dit que, d'une manière tout à fait exceptionnelle, on peut se permettre un verre de champagne avant de faire usage de sa voix, lorsque la nervosité est extrême et que l'on ne peut la dominer. Nous insistons sur ce fait, que les cas dans lesquels on peut se le permettre sont extrêmement rares et si nous n'avions observé des cas où ce stimulant léger et rapidement diffusible a rendu des services, nous ne l'aurions indiqué que pour mettre en garde contre lui. Comme tous les stimulants artificiels, ce remède sera certainement suivi d'une réaction mauvaise. Le vin connu sous le nom de son inventeur, Mariani, est beaucoup meilleur, plus sûr, plus actif et plus durable dans ses effets et est suivi d'une réaction bien moindre. Son principe médical actif est la feuille de coca. Cette plante jouit d'une grande réputation dans les régions tropicales de l'Amérique du Sud, parce qu'elle a la propriété de soutenir les forces musculaires et de préserver de la fatigue durant les longues expéditions, dans des pays où il est difficile de se procurer une autre nourriture. Mais nous devons aussi recommander de n'en prendre qu'avec une extrême modération, et l'on ne doit en boire que par nécessité et non par gourmandise.

Les chanteurs et les acteurs ont souvent l'habitude de souper; c'est une habitude en faveur de laquelle il y a beaucoup d'excuses, puisque l'exercice de la voix donne de l'appétit, mais elle peut être nuisible à la santé et empêcher le sommeil; ceux-là seuls doivent donc souper, qui possèdent des facultés digestives leur permettant cet usage.

Sans vouloir entrer dans la discussion complète de la digestibilité et de la puissance nutritive de tous les aliments, nous croyons devoir faire quelques observations sur les substances que l'on doit éviter et celles dont on peut user avec avantage.

En premier lieu, bien que l'on puisse permettre la graisse et le sucre et que ces substances soient même nécessaires comme aliments, elles peuvent favoriser la dyspepsie flatulente, l'acidité, et empêcher, par conséquent, la respiration et le chant. Aussi, tandis que, d'une part, on peut prendre du beurre avec du pain, de la salade à l'huile avec des végétaux frais, du sucre dans du thé; d'autre part, toutes les pâtisseries, les puddings à la graisse, les sauces au beurre fondu, l'excès d'aliments gras, la confiture (mais non la marmelade), la liqueur de malt et les vins mousseux dans lesquels la fermentation n'est pas complète, doivent être proscrits. De même, la plus grande partie des racines végétales, surtout celles qui contiennent du sucre, peuvent déterminer la flatulence; et comme, pour la plupart, elles ne renferment qu'une faible quantité de substances nutritives, on doit s'en priver. De ce nombre sont les betteraves, les navets, les panais, les carottes et les radis. Les pommes de terre ne doivent pas être rejetées par tous et d'une façon absolue, mais on exagère leur importance dans l'alimentation, et quelques personnes ne peuvent les digérer. Les artichauts, bien qu'ils renferment du sucre, sont plus nourrissants et moins indigestes, probablement parce qu'ils contiennent moins de tissus fibreux que ces racines végétales dont nous avons déjà parlé. Les salades et tous les végétaux verts sont, en règle générale, très sains. Nous ne pouvons donner notre opinion sur le concombre, bien que nous soyons convaincus que c'est souvent à tort qu'on accuse ce végétal des troubles de la digestion.

Quelques hygiénistes considèrent tous les végétaux verts et qui ne sont pas cuits, comme mauvais. Notre expérience ne nous a pas conduits aux mêmes résultats. Les tomates crues sont en même temps nourrissantes et faciles à digérer. Parmi les viandes, on doit éviter le lard de porc et les conserves salées; parmi les poissons, le saumon et l'anguille. On peut manger les fruits de saison, et, d'une façon générale, tous les fruits succulents à jus; les fruits à noyaux, tels que les prunes et les cerises, ne renferment qu'une faible quantité de substances nutritives et doivent être mangés cuits. Les amandes de toutes espèces doivent être repoussées. Parmi les condiments, les poivres forts, les pickles forts, et le curry sont mauvais, parce qu'ils déterminent une excitation artificielle des vaisseaux sanguins et des glandes de la membrane muqueuse de la gorge, qui produit comme conséquence un relâchement et une réaction. C'est pour cela que nous nous sommes toujours élevés avec tant d'énergie contre l'habitude d'employer des tablettes renfermant du poivre de Cayenne, du pyrèthre, etc. La nervosité gêne beaucoup la digestion, et, pour cette raison, beaucoup de chanteurs ne peuvent manger avant de chanter, même lorsque le repas est très éloigné du moment où ils chanteront. On tirera dans ces cas un grand avantage de l'emploi des pilules à la pepsine, du vin de pepsine, ou de l'une des nombreuses préparations de maltine, parmi lesquelles la meilleure pour l'usage que se proposent nos lecteurs est probablement la Malto-Yerbine. Il vaut mieux, cependant, dans ces cas, demander l'avis d'un médecin.

La question de la boisson en renferme trois autres : 1° la quantité ; 2° la température ; et 3° la nature de la boisson. Premièrement la quantité. Bien que nous ayons déjà dit qu'il faut plus d'aliments liquides que d'aliments solides, il est néanmoins vrai que, moins on prend de liquide pendant le repas, plus la digestion se fait vite. Les boissons prises entre les repas sont rarement utiles et souvent nuisibles. Pour la raison que nous avons déjà donnée à propos des condiments, tous les liquides tels que le thé, le café, la soupe, que d'ordinaire on prend chauds, doivent être pris tièdes par le chanteur. Les boissons froides ont une action locale utile pour la gorge.

Pour ce qui concerne la nature des boissons que l'on peut permettre, c'est un fait certain que les chanteurs se plaignent que le thé chaud leur enlève la voix. Au contraire, nous connaissons beaucoup d'exemples de chanteurs et d'acteurs qui absorbent de petites quantités de thé froid pour les soutenir lorsqu'ils chantent en public, et nous n'avons guère vu de cas dans lesquels le café ou le chocolat aient été nuisibles. L'alcaloïde, c'est-à-dire le principe essentiel de ces trois boissons, est tout à fait semblable, c'est-à-dire qu'en réalité, il est exactement le même. Il est donc probable que les mauvais effets du thé ne dépendent pas des propriétés que l'on attribue à son alcaloïde de donner des palpitations de cœur, car le café et le cacao agiraient de la même manière, quoique peut-être avec moins d'intensité. On peut attribuer ses inconvénients à trois autres facteurs. Le premier, c'est que l'on boit journellement des quantités beaucoup plus grandes de thé que de café, et avec une quantité de nourriture solide qui n'est pas en proportion (car on ne prend le café que par demi-tasse, excepté quand il constitue à lui seul le déjeuner), ou que de cacao, qui contient, sous la forme où il est généralement vendu, une si grande quantité de matières solides. Il est aussi probable que le thé produit plus facilement la flatulence, avec une dilatation consécutive de l'estomac, suffisante pour gêner beaucoup, par son volume, la respiration diaphragmatique. Les observations du Dr Ringer, sur ce sujet, sont si justes, que nous voulons les citer :

« Dans la dyspepsie flatulente peu de substances doivent être proscrites aussi sévèrement que le thé, car on constate que le thé lui-même dans cette affection provoque la flatulence ; et les femmes qui sont surtout atteintes par cette forme désagréable de dyspepsie, boivent facilement de grandes quantités de thé et l'excès de boisson produit chez elles de la dilatation..... ». (Manuel de Thérapeutique) 7e éd., p. 551.

La seconde cause des mauvais effets du thé peut être due à la grande quantité de liquide *chaud* qu'on avale d'un coup ; car, ainsi que nous venons de le dire, l'usage fréquent des boissons chaudes détermine le relâchement des parois de la gorge. Comme nous étions désireux de voir notre opinion confirmée, nous écrivîmes au Dr Albert Bernays, de l'hôpital St-Thomas, qui est le savant le plus compétent sur toutes les questions relatives à la chimie de l'alimentation, et nous sommes heureux de dire qu'il s'est montré dans sa réponse absolument d'accord avec nous. Il nous a indiqué, de plus, que, comme le tannin du thé est extrait en quantité proportionnelle au temps pendant lequel il reste dans l'eau à infuser, le thé froid, pris en petites quantités, peut, puisqu'il doit contenir plus de tannin, agir comme astringent aussi bien que comme stimulant.

Cependant, la grande quantité de tannin renfermée dans le thé doit rendre ce liquide moins favorable (quand il est pris en grande quantité) à la plupart des digestions, que le café ou le chocolat; car le tannin du thé qui en renferme environ 26 o/o est apte à se combiner avec la gélatine de la viande pour former un tannate de gélatine, en d'autres termes, la base du cuir, substance très indigeste. Le café contient 5 o/o de tannin, c'est pour cela qu'il produit moins d'effet dans ce sens, tandis que le cacao n'en contient pas du tout.

Selon nous, le thé, le café, ou le cacao peuvent être pris avec les aliments suivant le goût de chacun et l'état de la digestion; mais comme boissons et stimulants à prendre avant de chanter, le cacao, de petites quantités de café tiède, ou de très petites quantités de thé froid sont préférables ; mais le thé chaud pris d'une façon immodérée est mauvais pour la digestion de toutes les substances et agit directement d'une façon défavorable sur les chanteurs et les orateurs. Cependant, même lorsqu'il est pris en quantité modérée, le thé ne peut être supporté par certaines personnes.

Encore un mot sur les boissons gazeuses que beaucoup de gens trouvent agréables et rafraîchissantes. Nous devons condamner toutes les limonades préparées et autres, ainsi que les jus de limon conservés en bouteille; mais le jus de citron frais, avec de l'eau de seltz, est une boisson saine et agréable. On ne prendra parmi les eaux minérales aérées que celles qui proviennent des meilleurs fabricants; si l'on doit user des eaux renfermant de la potasse, de la soude ou de la lithine, il est bon également d'avoir la garantie qu'elles renferment la quantité convenable de la substance et aussi que l'eau est de de bonne qualité. « Salutaris » récemment proposée que l'on garantit être de l'eau distillée absolument pure et aérée, traitée par le charbon et l'acide carbonique, a le double mérite de la pureté et du bon marché, c'est une excellente eau de table, que le chanteur pourra trouver chez tous les pharmaciens des villes qu'il visite et dans lesquelles l'eau ordinaire ne lui semblerait pas parfaite. Chez soi, où la composition de l'eau que l'on boit est connue, on peut l'aérer avec un gazogène, et y ajouter certaines substances telles que soude et lithine en proportion convenable. Lorsque la qualité de l'eau est douteuse, on peut employer l'eau distillée (1). Les personnes dont les digestions sont paresseuses et qui ne peuvent prendre de nourriture solide, même plusieurs heures avant de chanter, trouveront un grand avantage à prendre les préparations lactées telles que le Koumiss et le Sparkling-Bland.

Parlons maintenant de l'alcool. On a pu prévoir, d'après nos observations précédentes, que nous ne conseillerions pas l'usage général et habituel de l'alcool, nous ne le défendons pas cependant d'une façon absolue. On peut simplement donner comme un axiôme et même comme un truisme, que s'il existe un nombre immense de maladies causées par l'alcool, il n'y en a aucune qui soit due à sa privation, et que les états de santé ou les maladies dans lesquels il est absolument indispensable, sont bien rares. De plus, que l'on n'oublie pas, que moins on emploie d'alcool comme boisson ordinaire, moins on en sent le besoin, et plus son action sera efficace, lorsqu'il sera employé par le médecin comme remède, en cas de maladie. En outre, il est bien rare, si cela même arrive jamais, que l'alcool augmente la puissance de travail, souvent et même toujours il la diminue. S'il donne de

(1) *Nous recommandons très particulièrement l'eau de la Vallière, au goudron minéral, qui renferme aussi de l'acide carbonique; nous en reparlerons à propos des maladies du chanteur, mais elle constitue pour toutes les personnes, même bien portantes, qui se livrent au chant et à la parole, une excellente eau de table dont l'usage préviendra certainement, dans une large mesure, la congestion des organes de la voix.* Dr GARNAULT.

la force, en revanche il diminue l'habileté, et affaiblit, par suite de la réaction qui se produit. Il a été, d'ailleurs, abondamment prouvé par l'exemple de l'homme et par les expériences sur les animaux, que l'alcool ne possède en aucune façon la propriété d'atténuer les effets de la chaleur ou du froid, et les marins des régions arctiques qui se portent le mieux, les meilleurs soldats dans les climats tropicaux, ont toujours été ceux qui n'en consommaient pas. Mais nous accordons, et c'est tout ce que nous pouvons faire, que l'on peut prendre une fois par jour un peu de vin léger (pour les chanteurs, les meilleurs vins sont le Bordeaux, le Bourgogne, ou un vin léger de Hongrie, tel que le Carlowitz) *à la fin d'une journée* laborieuse, sans aucun inconvénient; nous recommanderons même le vin pris ainsi, comme un agent tonique, utile, capable d'arrêter l'affaiblissement ; un ascétisme rigide et étroit n'est d'aucun avantage en cette circonstance.

Les liqueurs de malt sont mauvaises, parce qu'elles sont difficiles à digérer, excepté pour les personnes à qui elles ont été recommandées ou qui font un grand travail physique ou de l'exercice. Quant à l'alcool fort : eau-de-vie, whisky et gin, il est mauvais pour tout le monde, et nous n'avons aucune confiance dans les prescriptions à la mode, mais dangereuses, de beaucoup de médecins qui ordonnent l'eau-de-vie ou le whisky mêlés à l'eau de préférence au vin pour aider la digestion. L'usage de l'alcool chaud mêlé à l'eau, constitue le summum de l'abomination alcoolique (the acme of alcoholic abomination).

5° Exercice. — Les exercices ont déjà été étudiés au point de vue spécial du chant et de la parole ; et nous avons donné ailleurs des indications suffisantes sur la manière dont ils doivent être accomplis et réglés. C'est une tout autre question, de dire quels sont les exercices *généraux* du corps qui sont utiles et avantageux pour le chanteur et dans quelle mesure. Sans doute, le plus grand nombre des chanteurs, surtout les femmes et les étrangers, négligent l'exercice général. Parmi ces exercices, le plus rationnel, facile à faire, et à tous les points de vue à la portée de tous, est la promenade en plein air, pendant une heure ou deux, chaque jour, à un pas modéré. D'un autre côté, par crainte de prendre froid, les chanteurs hésitent à sortir, à moins que le temps ne soit, à leur avis, absolument parfait, et, par suite, il se produit un affaiblissement général des muscles du corps, avec ralentissement de la circulation, engorgement des organes internes, ce qui a pour conséquence directe une action fâcheuse sur l'organe de la voix, une tendance à l'embonpoint, qui est une cause de diminution de la puissance respiratoire et de la puissance vocale, et une plus grande susceptibilité à s'enrhumer, en raison de cette existence dans du coton et de cette réclusion dans la maison.

Ceci étant admis, nous devons dire encore que, tandis que l'exercice du chant ne saurait jamais être nuisible aux athlètes, aux joueurs de criquet, aux coureurs, etc., l'usage excessif et même modéré que peuvent faire les chanteurs des exercices athlétiques peut avoir comme résultat direct d'altérer la voix : d'abord, par la nécessité de prendre une quantité excessive de nourriture pour pouvoir accomplir les exercices athlétiques, en second lieu, par la fatigue des muscles de la locomotion qui agit simultanément d'une manière directe et reflexe sur les muscles de la respiration et de la phonation. Pour dire la chose en deux mots, on ne pourrait chanter si on s'est mis hors d'haleine en courant et, ce qui est vrai pour un effort soudain, doit être également vrai si cet effort excessif se fait d'une façon journalière. Ainsi, tandis que nous recommandons fortement la promenade, chaque jour, au grand air et l'équitation faite avec modération, nous mettrons en garde avec une égale énergie contre tous les exercices et entraînements qui tendent à développer la supériorité musculaire ou qui développent l'émulation dans ce sens.

6° Amusements. — Ce que nous avons dit pour les exercices, s'applique également aux *amusements*. La fatigue du corps, la diminution des heures de repos, l'atmosphère chauffée, mal ventilée, pleine de courants d'air que l'on rencontre au théâtre, la poussière extrêmement irritante que l'on trouve dans les salles de bal, tout cela altère l'activité fonctionnelle, l'aisance, la pureté de la voix du chanteur et de l'orateur; et, bien que cela semble dur, ces plaisirs doivent être complètement abandonnés (ce qui n'est pas nécessaire dans une autre profession), par l'artiste qui veut arriver à la supériorité dans la sienne.

Parmi les sports, ceux qui ne sont pas caractérisés par un mouvement continuel, sans risque d'abaisser la surélévation de la température du corps par un refroidissement subit, sont les plus recommandables. La natation, le patinage, la chasse au fusil, si on s'y livre avec modération, rentrent dans cette classification ; le croquet, le football, le lawn tennis et la chasse à courre sont des exercices qui présentent les dangers que nous avons indiqués. Nous devrions dire un mot pour mettre en garde contre les amusements ordinaires, mais aucun d'eux n'est nécessaire à nos lecteurs orateurs ou chanteurs. Les Anglais s'adonnent avec excès à ces amusements et à ces excercices de toute espèce, de façon à faire d'un plaisir un travail. Nous avons souvent permis à certaines personnes de jouir des plaisirs de la chasse et des jeux, qu'on leur avait défendus, parce qu'on les croyait contraires à leur santé, en leur recommandant simplement la modération, comme par exemple de chasser seulement jusqu'à l'heure du lunch, de suivre les chiens seulement jusqu'au premier relai et de ne jouer qu'une ou deux parties de lawn tennis. Le bien fondé de de ces conseils est évident.

Enfin, il y a certaines *habitudes* que tout le monde possède et que l'on ne peut guère classer dans aucune des catégories précédentes, mais qui ont néanmoins une importance considérable dans leur action sur l'hygiène du chanteur. Les plus répandues de ces habitudes sont celles de *fumer et de priser.* Nous demandons la permission de rappeler tout d'abord les observations sur ce sujet que nous avons publiées ailleurs et qui ont été souvent citées par d'autres : « On doit admettre que, dans aucun cas, cette habitude ne peut avoir aucune influence favorable sur la santé, bien que l'on entende souvent les grands fumeurs parler des propriétés calmantes du tabac. Si l'on se rappelle, cependant, que Mario qui conserva sa voix beaucoup plus longtemps que la plupart des ténors, ne restait presque jamais, excepté quand il chantait, sans avoir un cigare à la bouche, on ne peut affirmer que l'habitude de fumer soit nécessairement funeste pour la voix. Mais comme les règles sont faites pour la généralité et non pour les exceptions, nous ne voudrions pas, nous appuyant sur ce précédent, conseiller au chanteur de s'adonner au tabac, en lui faisant espérer qu'il deviendra ainsi un *Mario*, pas plus que nous ne lui conseillerions de boire sec, comme une méthode sûre pour devenir une *Malibran.* Notre avis, d'une manière générale, est que, si l'usage du tabac est accompagné de beaucoup de salivation, il faut le suspendre, car une stimulation excessive des glandes salivaires amènera la dyspepsie générale et la sécheresse locale. Dans tous les cas, le chanteur doit être guidé par sa propre expérience personnelle, et sera très modéré dans ses habitudes, tout en ne perdant pas de vue que le tabac agit de deux manières, premièrement par l'effet général de son principe actif, la *nicotine*, qui agit comme un dépresseur puissant des centres nerveux, secondement par ses effets locaux sur la membrane muqueuse, qui déterminent des troubles des glandes et de leur sécrétion. L'usage de la cigarette qui a souvent été condamné comme étant la pire manière de fumer, est probablement la moins pernicieuse, si l'on prend certaines précautions qui ont été très bien indiquées par sir Henry Thompson dans une lettre à la *Lancet* (2 juin 1883) et que nous demandons la permission de citer.

« Monsieur, je crois pouvoir me permettre, si vous le voulez bien, de vous adresser quelques observations pratiques assez importantes sur l'usage de la cigarette qui, à mon avis, n'ont pas été suffisamment appréciées par l'auteur de vos notes sur ce sujet.

» D'abord, la cigarette, sans fume-cigarette, n'est jamais fumée plus qu'à moitié en Orient, où les cigarettes sont très bon marché. On y comprend très bien, ce que savent les bons fumeurs, que chaque aspiration altère un peu la cigarette. Il se forme un léger dépôt de l'huile très dangereuse du tabac, dans les feuilles finement découpées, qui agissent comme un filtre et interceptent ce dépôt au passage. Une très petite quantité seulement arrive dans la bouche du fumeur, s'il s'arrête lorsque la moitié de la cigarette est consumée. J'ai vu beaucoup de fumeurs orientaux qui n'en brûlent pas plus du tiers. Les dames turques, par exemple, comme j'ai eu personnellement l'occasion de l'observer à Constantinople, en fumeront cinquante et même plus dans une journée, mais, j'ai à peine besoin de le dire, elles ne fument toujours que de la manière que je viens d'indiquer.

» En second lieu, si on emploie des cigarettes avec un fume-cigarette en carton, la substance nuisible peut toujours être interceptée en introduisant un léger morceau de coton dans le tuyau. Si, maintenant, la cigarette a été presque complètement consumée, on trouvera dans le coton une quantité considérable d'une substance brune et très dangereuse dont le fumeur se sera ainsi débarrassé.

» En troisième lieu, il y a quelques années, j'ai proposé un fume-cigarette qui s'ouvrait par le milieu, découvrant une petite cavité, remplie d'ouate. Beaucoup de gens,

18

peut-être, seraient surpris de constater qu'après avoir fumé seulement six cigarettes dans ce tube, la boulette de coton était saturée par un liquide brun, semblable à la mélasse, d'une odeur très mauvaise et désagréable au-delà de toute idée. A ce moment, la ouate doit être changée et de cette façon on diminue beaucoup les inconvénients du tabac. Un marchand de tabac bien connu qui habite près de votre bureau, dans le Strand, a construit quelques instruments de ce genre.

» Enfin, on ressent le maximum de l'influence néfaste produite par la cigarette, lorsque l'on fait pénétrer largement la fumée dans les poumons, où elle entre en contact immédiat avec la circulation ; l'effet toxique est fortement éprouvé après trois ou quatre inhalations consécutives, et les personnes sensibles le ressentent jusqu'au bout des doigts. Je ne doute pas que, dans beaucoup de cas, l'effet n'eût pu être indiqué au sphygmographe (instrument qui indique graphiquement les ondes pulsatiles et par conséquent le rhythme et la force des pulsations du cœur). Une pareille manière de fumer, est naturellement, ou doit être, exceptionnelle. On obtient tout le parfum, avec une petite quantité seulement d'effet toxique, en recevant seulement la fumée dans la bouche, ou, mieux encore, en la faisant passer par la voie du pharynx et du nez. Mais c'est l'inhalation de la fumée dans le poumon, qui se fait souvent lorsqu'on fume la cigarette, mais rarement avec la pipe, qui constitue le principal inconvénient de la cigarette. Je puis ajouter, en passant, que la méthode de fumer bien connue des Orientaux et qui se pratique au moyen du narghileh, dans laquelle la fumée, quoique ayant barboté dans l'eau, pénètre toujours dans le poumon, explique les effets puissants qui sont produits et qui, parfois, surprennent désagréablement les novices.

» Je n'hésite donc pas à considérer la cigarette fumée simplement et avec un tampon de coton que l'on interpose, comme la forme sous laquelle le tabac fumé agit avec le moins de force et par conséquent avec le moins d'inconvénient. Sans cette précaution, elle peut devenir, quoique cela n'arrive pas toujours, le meilleur agent pour l'introduction, par la fumée, du principe actif du tabac dans l'organisme.

» Je suis, Monsieur, votre bien dévoué,

» H. THOMPSON »

L'habitude de priser est en train de disparaitre, mais à chaque instant elle peut revenir à la mode : non seulement c'est une habitude malpropre, mais, de plus, elle est antiphysiologique et doit être condamnée pour deux raisons : 1° l'excitation exagérée des capillaires et 2° parce que l'acte de faire pénétrer mécaniquement une poudre par les narines, qui sont spécialement destinées à débarrasser l'air de ses particules, est irrationnel et par conséquent néfaste, indépendamment des propriétés irritantes et vénéneuses de la substance. Ce fait, qu'il se trouve des personnes qui, non seulement se livrent à cet usage malpropre, mais qui encore le défendent par la discussion (?) est plutôt intéressant parce qu'il éclaire un problème psychologique, qu'il n'est digne de réfutation, tout ce que l'on pourrait dire aux priseurs serait complètement perdu.

Ces deux dernières questions de la boisson et du tabac ont été traitées avec plus de détails et avec d'importantes indications statistiques, par l'un de nous, dans un autre ouvrage intitulé : (L'usage de la voix et les stimulants) et publié par Sampson Low et Cie.

CHAPITRE XVII

Les maladies du chanteur et de l'orateur

Avant d'entrer dans les considérations qui se rattachent à cette question, nous devons faire remarquer que toutes les fois que la santé spéciale du chanteur et de l'orateur n'est que peu altérée, les professionnels présentent une certaine immunité contre certaines maladies générales, tandis que, d'autre part, beaucoup de leurs affections absolument générales prennent une certaine apparence, qui est la conséquence directe de leur métier.

Ainsi, un chanteur ou un orateur qui respire par les narines, avec la bouche fermée, et qui gonfle complètement sa poitrine, est moins susceptible de contracter certaines maladies du poumon qui s'attaquent à ceux qui vivent assis et courbés, la poitrine contractée, dans l'atmosphère fermée d'un bureau ou d'une chambre de travail ; la respiration continuelle d'une pareille atmosphère peut déterminer une extinction de voix chez une personne qui, n'étant peut-être pas libre de causer, n'use même pas de son organe vocal dans les proportions ordinaires. La perte de la voix peut dépendre de causes tout à fait différentes, de nature très diverse et réclamer un traitement absolument différent de celui que fera, dans le même cas, un chanteur susceptible de perdre sa voix par suite d'un mauvais usage, du surmenage, de la sensibilité développée par un exercice forcé, en d'autres termes par un abus de la fonction. Dans le premier cas, c'est une herbe sauvage, une plante vulgaire qui meurt par suite de la négligence et du manque d'air frais, dans une atmosphère mal ventilée et surchauffée ; dans le second cas, c'est une plante qui est mal cultivée et si sursaturée d'aliments qu'elle est incapable de résister à l'action de l'atmosphère extérieure.

Pour prendre un autre exemple, une personne qui a des occupations sédentaires peut souffrir d'une indigestion, par suite du manque d'exercice ; un homme actif, parce qu'il n'a pas assez de repos avant de se mettre en mouvement ; un chanteur, par suite de l'excitation nerveuse qui est l'apanage de sa profession, ou bien pour l'une des deux causes que nous avons indiquées plus haut. Cette affection le gênera bien plus directement et plus immédiatement, qu'elle ne saurait le faire pour un employé de bureau, un agriculteur et un journaliste. De telle sorte que l'on doit, dans l'étude de ces questions, considérer en même temps l'effet et la cause, et le médecin qui s'occupe spécialement des maladies des organes de la voix, devra souvent considérer les affections et les maladies qui atteignent le chanteur à un point de vue spécial, ce qui ne veut pas dire en aucune façon à un point de vue local.

Dans le chapitre qui renferme des conseils sur la vie du chanteur et de l'orateur nous avons dirigé notre attention sur les règles qui peuvent prévenir ces petites maladies ordinaires; mais il nous est évidemment impossible de les passer une à une en revue, dans un traité comme celui-ci à moins d'essayer de faire un travail systématique sur la médecine domestique ou une étude destinée au public des différentes maladies de la gorge; et telle n'est pas du tout notre intention. Nous devons cependant débarrasser le chanteur et l'orateur de cette idée, que les troubles de sa voix et les maladies de son organe vocal sont dus à quelque défaut organique spécial, particulier à sa profession, quelque spécial que soit le résultat. La gorge qui, de par la nature, doit remplir deux fonctions vitales, depuis le premier jusqu'au dernier moment de la vie : la respiration et la nutrition; et qui, de plus, est encore chargée d'une autre fonction à peine moins vitale, celle de la phonation ordinaire, dans le langage, a été construite de telle façon que les maladies idiopathiques ou spontanées y sont rares.

Lorsque la voix est atteinte, les ligaments vocaux qui sont les parties essentielles de l'organe pour la production des sons vocaux, sont très rarement atteints, même par le rhume vulgaire, il est rare que leur structure soit modifiée ou détruite, si ce n'est par l'action de certaines maladies spécifiques, phtisie, cancer, etc. Dans la plupart des cas, la cause de la faiblesse fonctionnelle ou de la perte de la voix sera sous la dépendance de troubles de la digestion, de défectuosités dans la phonation ou d'imprudence dans l'exercice de la fonction, qui ont déterminé soit la congestion des vaisseaux, soit l'altération de la tonicité musculaire.

A ceux qui nous diront que, s'il en est ainsi, nous démontrons que le laryngoscope a peu d'importance dans le traitement des maladies de la gorge, nous répondrons à notre tour, que ce sont surtout les gens qui ignorent l'emploi du laryngoscope ou qui s'en servent avec un esprit étroit, qui admettent ces maladies spéciales du larynx. Nous ne pouvons rien concevoir de plus consolant pour le chanteur dont la voix disparaît, que de recevoir d'un homme qui peut examiner le larynx avec compétence, l'assurance que son organe vocal n'est atteint par aucune maladie, et qu'en corrigeant certaines défectuosités en rapport avec sa santé générale ou ses exercices professionnels, sa voix guérira. C'est seulement par un examen du larynx fait avec compétence que l'on peut donner une opinion certaine et définitive, et on peut ajouter que, dans les rares cas où il existe une maladie intrinsèque du larynx, il n'y a généralement pas à espérer le retour de la pureté de la voix. Le médecin s'estime heureux s'il peut, dans ces cas, réussir à sauver la vie, à guérir la santé physique générale, et à conserver une voix suffisante pour la conversation ordinaire. Ce n'est que lorsque l'on connaît et que l'on apprécie les relations intimes et réciproques de la nutrition, de la digestion, de la circulation et de la respiration, ainsi que des effets extérieurs de la température et du vêtement, que l'on peut arriver à une vue large sur les maladies de la gorge, à une opinion fondée sur leur origine ou que l'on peut indiquer une bonne méthode de traitement.

Etudions maintenant les maladies locales les plus communes que nous diviserons en deux groupes : les maladies qui affectent l'alimentation et celles qui sont en rapport avec la respiration et la voix. La première fonction, la fonction alimentaire, concerne les voies par lesquelles passe la nourriture, le pharynx et le gosier ; la seconde, la fonction vocale et respiratoire, est en rapport avec les canaux nasaux, le larynx et la trachée. Sur une certaine longueur, il y a une partie qui est commune à ces deux voies, le gosier ; et cependant, d'une façon générale, on peut affirmer avec certitude, qu'une affection de cette région est presque toujours liée à des troubles de l'appareil digestif, plutôt qu'à des troubles de l'appareil respiratoire ou de l'organe spécial de la voix.

Avant de rentrer dans l'étude détaillée des maladies de la gorge nous devons dire quelques mots sur cette affection que l'on considère généralement comme la cause la plus importante de toutes les affections de la voix sur le « rhume ». Ce mot indique en réalité non seulement un abaissement de la température du corps par suite des courants d'air froid, mais encore très souvent une réaction, par suite d'une élévation pathologique de la température du corps, qui n'est pas due nécessairement à l'abaissement de la température ou à l'humidité excessive de l'air qui a été respiré ou qui entoure le corps, mais plutôt à la fièvre causée par des troubles siégeant dans certaines portions de l'appareil digestif. On s'enrhume souvent aussi à la suite d'excès ou d'imprudences dans l'alimentation ; mais il n'est pas douteux que la plupart des rhumes qui atteignent les chanteurs sont dus au manque d'exercice au grand air, et à l'habitude irrationnelle de vivre à l'intérieur, dans des chambres fermées, mal ventilées, par crainte de s'enrhumer. Par suite, le sang manque d'oxygène, les muscles deviennent flasques, tous les tissus sont surchargés de graisse et l'individu ressemble, par son aspect, aussi bien que par sa nutrition, aux fameuses oies de Strasbourg qui fournissent les excellents pâtés de foie gras.

Le vulgaire *mal de gorge* ou *relâchement de la gorge* mérite à peine une description spéciale. Il produit chez le patient plutôt de la gêne que de la douleur. Parfois on n'éprouve pas autre chose qu'une sensation de chatouillement à la partie postérieure de la gorge, une difficulté d'articulation, ou une gêne pour avaler. Mais cela ne fait que rendre l'accomplissement de cette fonction désagréable, ou en d'autres termes le patient « se rend compte qu'il a une gorge ». Le mot, cependant, s'applique à un grand nombre d'affections de la gorge, dont l'intensité peut varier depuis la gêne légère jusqu'aux troubles sérieux et même vitaux. Le mal de gorge peut être causé par des changements de temps et de température, des troubles de la digestion, l'inhalation de substances malsaines nuisibles, du fait de s'être exposé à certaines maladies contagieuses, telles que la rougeole, la fièvre scarlatine, la petite vérole, etc. Le mal de gorge peut ainsi prendre des caractères spéciaux, qui exigeront, suivant chaque cas, un traitement spécial, mais on peut affirmer avec certitude, qu'il y a toujours des troubles de l'assimilation et de la circulation, de telle sorte qu'un ou deux jours de diète ou d'alimentation modérée, avec séjour à la maison, et sans aucun traitement médical autre qu'une simple purgation, suffiront dans la majorité des cas à amener la guérison. Le bain turc guérira souvent ces maux de gorge; il a, sans aucun doute, une action sur le système non seulement général de l'élimination par la peau, mais il agit localement, par l'action de l'air chaud et sec sur la membrane muqueuse affectée par la respiration de l'air humide et froid, car c'est, en effet, ce temps-là qui cause le plus souvent les maux de gorge. Le bain chaud, tel que nous l'avons décrit ailleurs, aura une action aussi favorable sur la circulation générale que le bain turc et il est plus à la portée de tout le monde. Il suffira d'enrouler un morceau de flanelle ou un bas autour du cou, pendant toute la nuit; dans les cas un peu plus graves, le malade pourra sucer de la glace, ou mieux encore se laver l'intérieur de la gorge avec de l'eau froide, comme nous l'avons dit plus haut, pendant une demi-heure chaque fois, ou prendre des pastilles avec des substances astringentes, et renfermant du chlorate de potasse et de l'eucalyptus. Il peut employer encore un gargarisme astringent, bien que, ainsi que nous l'avons déjà dit, l'acte du gargarisme constitue un remède inefficace et très souvent douloureux. Si l'on n'arrive pas par ces procédés à obtenir un soulagement, on demandera l'avis d'un médecin. Lorsque, en outre des phénomènes déjà décrits, il existe une véritable douleur, on constatera généralement, en examinant la gorge, qu'il n'y a pas seulement une augmentation plus ou moins forte de la rougeur et du relâchement des parties tels qu'on les trouve dans le mal de gorge ordinaire, mais qu'il y a aussi un gonflement de la luette, des piliers du gosier ou des amygdales. Cet état implique presque toujours la présence d'un poison spécifique, généralement du rhumatisme. Lorsqu'il se forme un exsudat membraneux, cela indique que la cause de la maladie est dangereuse, et bien que ce ne soit en aucune façon une preuve certaine de diphtérie, le malade doit, dès qu'il a fait l'observation, demander l'avis du médecin.

Ce vulgaire mal de gorge léger peut prendre, s'il est négligé, une forme plus grave et présenter tous les caractères d'une inflammation chronique ou aiguë. Dans ces cas, c'est surtout la paroi postérieure de la gorge, en arrière du voile du palais, qui est atteinte, et cette maladie est connue sous le nom de *pharyngite*, c'est-à-dire d'inflammation du pharynx. Bien que nous parlions de cette maladie comme d'une affection distincte, il est très rare, en réalité, que, soit dans sa forme aiguë, soit dans sa forme chronique, elle soit limitée au pharynx. D'autre part, le gosier, les amygdales ou la luette peuvent être pris, sans que le fond de la gorge soit atteint. Dans sa forme aiguë, l'affection peut avoir été produite par le froid qui a atteint le malade localement, mais qui a également troublé sa digestion. Dans la forme chronique, le fond de la gorge devient souvent granuleux, c'est-à-dire qu'il présente de nombreuses élévations rouges avec des vaisseaux dilatés. Dans un état plus avancé encore, les petites glandes de la membrane muqueuse, au lieu d'être hypertrophiées et granuleuses, s'atrophieront et la surface de la muqueuse deviendra unie et vernissée. En même temps que se produisent ces changements dans l'apparence des glandules, on observe des altérations dans la nature et la quantité des sécrétions et le malade se plaindra d'un excès de production de mucosité ou d'une excessive sécheresse de la gorge ; ces deux états représentent deux stades de la même affection. Cette maladie est toujours associée à des troubles de la santé générale qui peuvent être cause ou résultat. De quelque manière qu'on la considère, il n'est pas douteux que *l'inflammation granuleuse chronique du pharynx* que l'on appelle le « *mal de gorge des clergymen*, *pharyngite des prédicateurs* » ne soit la maladie la plus fréquente des chanteurs et des orateurs. D'après nos observations, cette maladie est toujours accompagnée (nous devrions même dire causée) par une formation défectueuse des sons dans le larynx, lorsque, par exemple, on force les registres hors de leurs limites naturelles, ce qui, par suite, a déterminé des efforts de la tension et de la congestion des parties supérieures ou résonnantes. Les symptômes consistant dans l'altération de la sécrétion, telle que nous venons de la décrire, de l'irritation avec des picotements et une fatigue fonctionnelle ; puis se produit une altération de la qualité de certaines notes, qui finissent par disparaître. Si l'affection n'est pas arrêtée, survient la période de la perte complète, d'abord de la voix chantée puis de la voix parlée, qui est due, soit à l'absence de contrôle sur les muscles volontaires de l'articulation, soit à ce que les muscles sont devenus par eux-mêmes incapables de se contracter, parfois à ces deux causes réunies. Le traitement de cet état est double, chacune de ses parties est également importante, la première est médicale et subdivisée en deux autres, locale et générale, la seconde dépend de l'éducation. Les médications internes et l'alimentation convenable sont sans utilité, si on ne les accompagne des moyens locaux pour la destruction des granulations, qui, par contre, ne sont qu'à demi guéries et qui peuvent récidiver, si le défaut qui existe dans la phonation n'est ensuite corrigé. C'est, au plus haut point, une maladie dans laquelle le traitement que l'on peut faire soi-même ou les demi-mesures sont néfastes, surtout parce qu'elles retardent la guérison, et retard dans la guérison veut dire progrès de la maladie.

Le conseil suivant est souvent donné, même par des médecins, à des personnes qui souffrent d'une « extinction de voix » «de faire reposer l'organe et de changer d'air ». Naturellement, tant que le malade ne fait pas usage de sa voix, il n'éprouve pas d'obstacle à son fonctionnement; et le changement d'air avec le repos sont toujours des remèdes plus agréables que le traitement direct par les moyens pharmaceutiques et chirurgicaux. Néanmoins, nous avons maintes et maintes fois observé des cas dans lesquels on a dépensé beaucoup d'argent pour changer d'air et de séjour, et où beaucoup de temps a été perdu, parce qu'on a différé le traitement, simplement parce que le malade a préféré s'en rapporter à des conseillers insuffisants ou à lui-même, alors qu'il aurait dû commencer par se renseigner sur la cause, c'est-à-dire se placer dans la voie de la guérison.

Par suite de ces relâchements plus ou moins fréquents et répétés des parois de la gorge, le voile du palais peut perdre sa puissance de contraction, sa tonicité, comme disent les médecins, et, par suite, *la luette peut s'allonger ou se relâcher.* Cet état peut avoir un effet sérieux sur la santé du chanteur; tout d'abord par l'irritation de son larynx, qui détermine une toux désagréable, ou le besoin de se débarrasser de la sensation d'un corps étranger irritant. En second lieu, par la fatigue qui en résulte pour l'organe vocal, qui lui fait perdre ses notes hautes et le rend inhabile à supporter un exercice prolongé de ses fonctions; et en troisième lieu par suite des troubles de la digestion causés par le besoin continuel d'avaler et par l'excitation consécutive à la sécrétion des mucosités et des sucs digestifs, ce qui, avec le temps, produit le catarrhe. Presque tout le monde, mais bien à tort, limite le sens du mot catarrhe aux états morbides causés par le « rhume ». Bien que, cependant, le rhume soit peut-être la cause la plus fréquente du catarrhe, ce terme signifie exactement toute altération des caractères de la surface sécrétante de *n'importe quelle* membrane muqueuse. Dans le cas qui nous occupe en ce moment, il signifie, soit un excès, soit une diminution du fluide sécrété, ou un arrêt complet de la sécrétion normale des membranes de la gorge, du gosier, des narines, du pharynx et du larynx, soit du tout réuni, soit de l'une des parties seulement, avec un cortège innombrable de symptômes affectant les fonctions de la phonation, de l'audition et de la digestion, aussi bien que la santé générale du malade.

Pour que l'on ne nous accuse pas d'exagérer les inconvénients qui résultent du relâchement de la luette, nous citerons la description qu'en a faite le Dr Mandl dans son travail auquel nous avons eu si souvent l'occasion de faire allusion. « A l'état *chronique*, la rougeur et le gonflement ont disparu, mais la luette reste allongée. Cet état que l'on désigne aussi sous le nom de *chute de la luette*, peut occasionner des effets fâcheux sur la voix. Le timbre perd de son éclat et de sa pureté ; la luette, qui traîne sur la base de la langue provoque un chatouillement qui se répète à chaque instant et force à hemmer et à toussailler; d'autres fois la toux devient convulsive par paroxysmes, accompagnée d'accès de suffocation ; parfois il existe des nausées qui peuvent aller jusqu'au vomissement, surtout le matin et après les repas ; le sommeil même peut être troublé par des cauchemars. L'irritation de la base de la langue se propage fréquemment jusque dans le larynx dont la sécrétion muqueuse se trouve augmentée. Il y a alors expulsion de petites masses grisâtres, gluantes, perlées, dont la présence sur les lèvres vocales produit le symptôme connu sous le nom de « chat » dans la voix ».

Pour guérir cette affection, le malade et le médecin doivent se souvenir qu'une luette relâchée, si elle agit sur la santé générale, peut fort bien à son tour être plus ou moins affectée par toutes les causes qui affectent la santé générale, et que l'on ne peut attendre la guérison, pas plus d'un traitement uniquement local que d'un traitement général. Le patient fera donc bien d'examiner sa manière de vivre, d'essayer de découvrir ce qui, dans son alimentation ou ses habitudes, peut sembler agir comme cause excitante de ce relâchement et de ne chercher la guérison par des moyens locaux qu'après cet examen et après avoir pris les mesures qu'il suggère. Nous dirons cependant, sans aucune hésitation, qu'il est très important de réduire de longueur la luette relâchée, par des moyens chirurgicaux, dès que l'on a reconnu qu elle était une cause de troubles pour la santé et un obstacle à la production de sons purs et soutenus. Il n'existe, en effet, aucun doute dans nos esprits, le succès de cette opération est en raison directe de la rapidité avec laquelle elle est exécutée dès que sa nécessité a été reconnue. Si elle est bien faite, elle ne peut avoir aucun inconvénient, la différer ne peut conduire à aucun résultat, si ce n'est à accentuer les symptômes et à rendre leur extirpation plus difficile. Il faut que l'on sache bien que la section de la luette n'est pas une opération dans laquelle on enlève des tissus musculaires ou quelque partie essentielle aux fonctions de la gorge, c'est la simple ablation d'une excroissance.

Ainsi que nous avons eu occasion de le dire ailleurs, dans des ouvrages plus médicaux, on peut affirmer qu'il n'y a aucune maladie de la gorge et qu'il n'y a peu d'affections d'un caractère aussi bénin que le relâchement de la luette, qui produisent autant de symptômes désagréables et même sérieux ; de même, il n'y a probablement aucune opération aussi légère que cette section, suffisante pour la guérir, qui soit capable de produire un soulagement aussi marqué et aussi direct. Il est malheureux, comme le dit Mandl, « que cette opération rencontre de la part de quelques artistes la même opposition mal fondée que la résection des amygdales, je puis affirmer que dans le nombre considérable d'ablations que j'ai faites, j'en ai toujours vu résulter, lorsque l'opération était réellement indiquée, les effets les plus heureux pour la voix puisqu'on enlève la cause permanente d'irritation. »

L'affection connue sous le nom d'*hypertrophie des amygdales* peut être rapprochée du relâchement de la luette par son action funeste sur la voix et la constitution ; mais, malheureusement, elle en diffère par la difficulté qu'il y a à obtenir une guérison radicale. On ne sait trop à quoi s'en tenir sur la valeur et l'usage primitifs de ces glandes, mais il est certain que, de très bonne heure, et dans la grande majorité des cas, elles ne sont là que pour être malades, à tel point qu'un très grand médecin a pu dire que s'il avait à jouer le rôle du Créateur et à créer un homme il ne lui donnerait pas d'amygdales. On affirme généralement que la présence des amygdales hypertrophiées indique une disposition à la scrofule, mais ce n'est pas du tout une vérité absolue. Dans bien des cas, il n'y a pas de scrofule et leur présence est aussi souvent la preuve d'une constitution goutteuse ou rhumatisante que de la strume ou de la scrofule.

Les amygdales sont très exposées à des inflammations aiguës, d'intensité variable, qui aboutissent souvent à la formation de collections purulentes ; cet état est connu sous le nom *d'esquinancie*. Ces attaques peuvent représenter une recrudescence, une *poussée* aiguë survenant dans un état inflammatoire et hypertrophique chronique, ou dans des amygdales qui, dans l'intervalle des attaques aiguës, sont de taille normale. On ne peut se tromper sur les symptômes et la douleur est très vive. Naturellement, il est nécessaire de consulter un médecin lorsque se produit une attaque. Nous devons dire cependant, qu'avant l'attaque il se produit toujours un arrêt de toutes les sécrétions normales, et qu'une personne sujette à l'esquinancie doit maintenir la santé de son intestin, de ses reins, de sa peau, par des laxatifs salins, se donner une alimentation contraire au développement de l'acidité et prendre régulièrement des bains turcs, ou des bains de vapeur d'une autre sorte, ou des bains chauds. Dans quelques cas, les amygdales peuvent être le siège d'une affection grave des follicules ou cryptes qui sécrètent le mucus ; il s'ensuivra une irritation constante, une respiration forte et des troubles de la digestion. Cette affection sera aussi, mais non pas constamment, accompagnée de troubles des fonctions vocales qui, par exemple, se reproduiront dans les cas de rechutes aiguës, d'inflammation ou de gonflement. Il existe des cas douteux, dans lesquels les glandes sont un peu gonflées, mais sans donner lieu à aucun inconvénient ; il n'est cependant guère possible que la partie résonnante de l'appareil vocal soit parfaitement normale, lorsque ces glandes ont pris un développement aussi anormal.

Les inconvénients les plus saillants qui peuvent causer les affections des amygdales au chanteur et à l'orateur, dans l'exercice de leur profession, sont les suivants :

1. La *voix* devient plus ou moins rauque, sans harmonie, et se fatigue facilement. Parfois elle devient épaisse et gutturale, la faculté de moduler les sons est rendue difficile.

2. *L'articulation* est toujours gênée, le malade parle comme s'il avait la bouche pleine et éprouve de telles difficultés à prononcer certaines consonnes, que cet état suffira souvent à expliquer le bégaiement ou d'autres défauts du langage.

3. Mais, par-dessus tout, la *respiration* ne peut jamais se faire comme à l'état de santé, puisque, dans tous les cas où les amygdales sont atteintes, tout l'air inspiré passe sur une surface malade. Lorsque le gonflement est considérable, les poumons ne reçoivent pas d'air en quantité suffisante, les parois de la poitrine deviennent étroites, le sternum saillant, le malade est apathique et somnolent et acquiert une grande disposition à la congestion des poumons. Ce qui montre encore que la respiration par le nez est gênée, c'est que le malade ronfle bruyamment pendant le sommeil et que, à l'état de veille, on entend le bruit qu'il fait en respirant, la bouche ouverte, ce qui est presque aussi désagréable. De plus, les sens de l'*audition*, de l'*odorat* et du *goût*, sont tous plus ou moins gênés ; on éprouve fréquemment le besoin de débarrasser la gorge de ce qui la gêne, et il se produit des troubles importants dans la digestion et l'assimilation des aliments. Nous n'avons donné quelques détails dans cette étude que nous ne voulons nullement prolonger ni approfondir, sur les inconvénients dus au gonflement ou aux maladies des amygdales, que pour faire connaitre aux professeurs et aux élèves les nombreuses fonctions qui peuvent être gênées si

on ne fait pas disparaître la cause. Malheureusement, il y a un préjugé très mal fondé et qui n'est admis par aucun homme compétent, contre le traitement radical par l'ablation des amygdales gonflées, au moyen de la guillotine, mais, en réalité, c'est l'opération la moins douloureuse (on peut dire qu'elle est presque sans douleur), la plus rapide, la plus sûre, et, à tous les points de vue, la plus efficace (1). Il n'y a aucun argument scientifique à opposer à cette opération et les résultats évidents obtenus chez plusieurs de nos grands chanteurs plaident en sa faveur. Louisa Pyne, Patti, Lucca et bien d'autres ont subi l'opération, non seulement sans inconvénient, mais avec de réels avantages. Nos observations sont tout à fait d'accord avec celles de Mandl, « tandis que toutes les applications des caustiques si fréquemment employés, sont plus nuisibles qu'utiles, la résection des portions malades est le moyen le plus sûr. Cette opération n'est pas seulement sans inconvénient aucun pour la voix, mais elle lui est toujours profitable, comme je l'ai vu maintes et maintes fois, puisque les saillies formées par les amygdales hypertrophiées, entravent l'émission, l'éclat, le timbre. Aussi ne doit-on pas tenir compte de l'opposition à cette opération, faite par quelques professeurs de chant, dont la compétence dans cette question au surplus est fort contestable. »

Dans bien des cas, ce n'est pas tant le volume de l'amygdale qui est la cause des troubles vocaux, que l'extension de l'inflammation et de l'épaississement aux tissus voisins, ce qui amène des perturbations dans l'action musculaire du pharynx et retentit fâcheusement sur le brillant et le timbre. A tous les points de vue, le médecin doit donc conseiller le traitement et le malade doit s'y soumettre.

(1) *Pour des raisons que nous ne pouvons développer ici, tout en partageant absolument les idées du Dr Browne sur l'efficacité de l'opération, nous croyons que les cautérisations au galvano-cautère doivent être préférées à la section par la guillotine.* Dr GARNAULT.

Pour conclure, nous répéterons le mot du Dr Bennati, qui était en même temps un bon médecin et un habile chanteur, mot prononcé il y a bien des années et qui a été souvent cité depuis : « L'ablation des amygdales est souvent suivie d'un gain réel dans les notes hautes de la voix. » Nous avons souvent vérifié l'exactitude de cette observation, non seulement à la suite des opérations sur les amygdales, mais aussi sur la luette, et elle a été confirmée par de nombreux observateurs.

Maintenant, nous en avons dit assez sur les maladies les plus saillantes parmi celles que tout le monde peut voir en regardant la face postérieure de la gorge, de la manière ordinaire, et nous avons insisté sur ce fait qu'elles ne sont pas seulement la conséquence de troubles de la constitution, mais souvent d'un enseignement ou d'exercices défectueux. Ce sont des défauts physiques très faciles à faire disparaître, mais nous désirons ne parler que très rapidement des *véritables affections laryngées* du chanteur, d'abord parce qu'elles sont rares, en second lieu parce que ce serait rendre au chanteur et à l'orateur un mauvais service que de leur faire supposer la possibilité de l'existence de maladies graves qui disparaîtraient avec l'examen laryngoscopique. Dans les cas ordinaires *d'extinction de voix* dus au climat ou à d'autres causes dépendant de la température, il est excessivement rare qu'on constate de l'inflammation des cordes vocales. Il y a, d'ordinaire, dans ces cas, un catarrhe sec des parties situées au-dessous du larynx, c'est-à-dire de la membrane qui revêt la trachée et les gros tubes bronchiaux, ou les parties situées au dessus, c'est-à-dire le gosier et le pharynx. Même lorsque la membrane muqueuse générale du larynx est congestionnée ou enflammée, les ligaments vocaux sont indemnes et ils apparaissent dans le miroir tout à fait normaux. Le seul fait qui pourrait prêter à l'erreur, c'est que les ligaments vocaux chez les personnes qui, par profession, se servent de leur voix, sont assez souvent congestionnés dans leur partie postérieure, sans qu'il soit aucunement question de maladie et simplement par suite de la constante augmentation de la circulation dans cette région. Lorsqu'un chanteur est atteint d'une extinction brusque de la voix, qu'il est certain d'avoir contractée par suite de l'action du froid, accompagnée de symptômes généraux indiquant des troubles de la température et des sécrétions, mais sans éprouver de sensation de douleur ou de relâchement dans la gorge et sans symptômes de rhume de cerveau, il fera bien de prendre d'abord un purgatif, puis un bain turc, de façon à activer l'élimination et à déterminer la réaction dans la circulation. Il prendra une nourriture simple et restera à la maison. Dans ce dernier cas, il pourra employer avec avantage les inhalations de vapeurs. Mais cette médication, bien qu'elle soit d'un usage courant, et qu'elle soit recommandée par de hautes autorités, n'est pas sans danger si le malade s'expose encore à l'air extérieur. C'est cependant un procédé de grande valeur lorsque le malade est confiné à la maison ; et la vapeur, soit seule, soit chargée de médicaments, peut, dans ce cas. être inhalée au moyen de l'un des nombreux appareils que l'on trouve dans le commerce. On peut également imprégner la pièce entière de vapeur chaude et humide au moyen d'une bouilloire à bronchite.

Dans les cas bénins, on emploie beaucoup les inhalations de vapeurs de chlorure d'ammonium produites au moyen de l'un des appareils destinés à cet usage. Ce médicament, qui est toujours inoffensif, à condition d'être neutre, peut être rendu plus actif et plus agréable par l'addition d'huiles essentielles (la plus employée est probablement l'essence de Pin Sylvestre) tenues en suspension dans l'eau. Il est difficile de prescrire des médicaments internes efficaces dans tous les cas, mais il n'y a aucun inconvénient à employer les expectorants comme la scille et l'ipecacuanha sous formes de mixtures, de pastilles ou de pilules. Il sera toujours bon que le chanteur soit assuré par un examen médical fait au laryngoscope, que son larynx ne présente aucune inflammation, pour relever son courage, et obtenir sa guérison de la façon la plus sûre ; mais il n'y a pas de raison pour que toutes les personnes (et elles sont nombreuses) sujettes à ces légères attaques d'extinction de voix ne possèdent les notions nécessaires pour se soigner elles-mêmes, car il est surtout important que le traitement soit fait dès le début.

Souvent, c'est le malade seul qui, en recherchant avec soin les diverses causes, peut découvrir ce qui, dans les habitudes de sa vie journalière, peut produire ces attaques, et il arrive ainsi à les éviter. Nous avons donné des conseils à ce sujet dans le chapitre intitulé : « La vie journalière du chanteur et de l'orateur. »

Nous avons eu occasion de voir ordonner de faibles doses de laudanum dans le traitement des extinctions de voix et nous devons protester contre l'usage de ce médicament, excepté dans des circonstances réellement exceptionnelles ; s'il est en effet incontestable qu'il soulage, il fait aussi naitre le besoin d'un stimulant bien plus dangereux et bien plus perfide que l'alcool ; d'autant plus que nous avons vu quelques cas dans lesquels des chanteurs ont gardé pendant bien des semaines et des mois, cette habitude prise à la suite de l'ordonnance du médecin, et sont devenus, en réalité, des mangeurs d'opium, tout en étant parfaitement inconscients du danger qu'ils couraient.

Nous ne nous excuserons pas de ne pas imiter de nombreux auteurs qui ont récemment, dans des traités sur la gorge et la voix destinés au public, parlé du croup, de la diphtérie, de la phtisie du poumon et de la gorge, des fissures du palais, du bec de lièvre, etc., ce sont, à notre avis, des sujets dont il est non seulement inutile mais mauvais d'entretenir le public. Mais il y a un autre groupe de maladies qui s'attaquent au chanteur, sur lesquelles nous pouvons dire quelques mots, ce sont les maladies qui intéressent le nez.

De toutes ces maladies, *le rhume de cerveau vulgaire* est la plus fréquente et la plus pénible. On ne peut guère le décrire, car on ne saurait donner de ses symptômes une liste qui puisse paraître complète au malade et nous ne gagnerions pas sa sympathie, en soutenant qu'ils sont plus désagréables que sérieux ; une pareille affirmation serait d'ailleurs absolument inexacte, car un rhume négligé ou une série de rhumes peuvent déterminer un état dont la guérison est très difficile. Les rhumes de cerveau ou coryzas continuels avec leurs principaux symptômes, parmi lesquels l'augmentation du flux de la sécrétion nasale, peuvent amener les lésions du catarrhe chronique, qui altère gravement la résonnance de la voix. Si ce catarrhe n'est pas guéri, il peut survenir un épaississement et une rétention de la sécrétion qui détermine la fétidité de l'haleine et de graves désordres de la digestion et de la santé générale. Le catarrhe peut enfin être la cause des ulcérations superficielles de la membrane qui tapisse les narines. Par conséquent, bien qu'il soit souvent de mode de tourner en ridicule le traitement du rhume de cerveau, il est à désirer que le chanteur et l'orateur ne négligent pas de soigner, dès ses débuts, le rhume de cerveau et en second lieu, qu'ils fassent tout leur possible pour empêcher la tendance à la récidive.

C'est une idée reçue que le vulgaire rhume de cerveau est incurable : cela est absolument faux, mais il n'existe aucun remède qui puisse arrêter brusquement, dans tous les cas, les rhumes. En appliquant soigneusement les diverses méthodes préventives sur lesquelles nous avons déjà insisté, on diminuera la tendance aux rechutes ; mais lorsqu'une attaque se produit, l'expérience personnelle seule peut déterminer le remède qui convient. L'un sera guéri par les bains turcs qui agissent sur la peau, l'autre par une petite dose d'opium ou de belladone, un troisième par le camphre, un quatrième en respirant par le nez des sels volatils (remède excellent lorsqu'il existe des éternuements continuels), d'autres ont été guéris en s'abstenant le plus longtemps possible de liquides. Ce traitement a été proposé par le Dr C. J. B. Williams.

Beaucoup de personnes, malheureusement, résistent à toutes les tentatives pour arrêter un rhume de cerveau à la période aiguë, souvent parce que l'on n'a pas commencé le traitement assez tôt. Des mesures hygiéniques, les cures à Aix-les-bains, au Mont-Dore, à Cauterets, à Salzungen en Thuringe, peuvent faire beaucoup pour guérir le coryza chronique ou pour diminuer la tendance au rhume (1).

On peut dire d'une façon générale que si l'on doit rechercher l'air sec on doit éviter la poussière. Aussi, sans vouloir conseiller de couvrir et de dorloter systématiquement les personnes qui s'enrhument facilement, nous leur conseillons vivement de se protéger contre les effets de l'air de la nuit et les changements qui surviennent à la sortie des théâtres, des salles de concert, en se couvrant suffisamment la bouche et les narines. Une petite quantité de vaseline, introduite dans les narines avec une brosse en poil de chameau, protège admirablement la muqueuse nasale, si sensible, contre les mauvais effets des particules irritantes.

Une dernière maladie spéciale au chanteur et à l'orateur est la nervosité, qui exerce les effets les plus fâcheux sur leur carrière, et, à ce propos, nous devons répéter ce que nous avons souvent dit plus haut, que sa curabilité dépend, dans une grande mesure, des dispositions du patient pour la carrière qu'il a entreprise.

Il est rare qu'un bon artiste soit atteint d'une nervosité dont il ne puisse se débarrasser lorsqu'il est échauffé. D'autre part, l'audace de l'ignorant perd généralement contenance devant le public. Nous avons connu un marin qui, étant arrivé au grade d'amiral, avait toujours le mal de mer au début d'un voyage. De même, nous connaissons quelques artistes vérita-

(1) *Cauterets est la station thermale la plus efficace pour les affections chroniques du larynx, du pharynx et du nez ; malheureusement, les eaux sulfureuses ne peuvent être prises avec efficacité hors de la station, elles seront remplacées avantageusement, à domicile, par les eaux goudronneuses de La Vallière, que j'ai déjà recommandées comme moyen préventif, à tous ceux qui font usage de leur voix.* Dr GARNAULT.

blement excellents qui sont atteints de nervosité générale. Ces personnes sont malheureusement mal douées et se sont évidemment mépris sur le choix de leur profession, tout au moins sur la facilité qu'ils peuvent avoir à l'exercer. Si l'encouragement du succès vient à manquer, nous devons chercher un remède actif et nous pensons qu'il est nécessaire de prendre un verre de vin Mariani, au moment même de chanter. Mais on ne doit se permettre cet excitant, pas plus que les autres du même genre, qu'après avis préalable d'un médecin, ou d'une manière tout à fait exceptionnelle, car nous avons déjà expliqué que tous les stimulants sont suivis d'une dépression (1). Parfois le professeur et le médecin doivent donner le conseil au sujet d'abandonner une profession qui, en raison de cette disposition, ne lui convient pas.

En terminant ce chapitre, nous osons exprimer l'espérance que nos lecteurs ne seront pas désappointés de ce que nous n'avons donné aucune prescription bien définie pour les maladies, même les plus communes, des chanteurs et des orateurs. C'est avec intention que nous nous sommes abstenus de le faire et que nous avons plutôt essayé de diriger l'attention vers les désordres de la santé générale ou les défauts de l'exercice fonctionnel, qui sont probablement la cause de la plupart des cas ; et la morale de tout ceci, c'est que nous détournons les malades de l'usage des pastilles spéciales et brevetées et des autres remèdes, qui, s'ils ne sont pas dangereux ou négatifs dans leurs effets, ne servent seulement qu'à alléger les symptômes.

(1) *La coca renferme un poison violent, la cocaïne, bien autrement dangereux que l'opium et la morphine, il y aurait donc le plus grand danger à s'habituer à une des innombrables préparations à la coca que la réclame et même certaines protections médicales intéressées, peu discrètes et bien connues, ont lancées dans le commerce et imposées, souvent hors de tout propos, aux malades. Il nous paraît bon que la voix d'un médecin s'élève enfin contre ces faits scandaleux, bien connus en France, contre lesquels personne n'a encore osé protester et que le Dr Lennox Browne ignore certainement.* Dr GARNAULT.

CHAPITRE XVIII

Les défauts de la parole, le bégaiement.

On penserait à bon droit qu'un livre qui a la prétention d'être un manuel complet théorique et pratique de la voix humaine a bien imparfaitement rempli son programme s'il n'a accordé quelque attention au sujet qui fait le titre de ce chapitre: et, pour cette seule raison nous comprendrions que nous avons le devoir de présenter quelques observations.

Cette question est une de celles qui ont toujours attiré l'attention ; malheureusement, cette attention n'a pas toujours été inspirée par des motifs du meilleur aloi. Les victimes de ces défauts de parole sont presque toujours d'une nature timide et réservée, leur infirmité n'a que bien rarement rencontré la sympathie, et on les a bien souvent tournées en ridicule. Par suite, elles sont devenues une proie facile pour les charlatans, et pour les détenteurs de méthodes spéciales secrètes qui, de même que beaucoup d'autres secrets, ont été trouvées sans valeur, lorsqu'on les a connues.

Dans ces dernières années, cette importante infirmité sociale a été traitée à un nouveau point de vue. Les traités de Klencke, de Gunther et d'autres auteurs, ont aidé à mettre en lumière les causes de ces affections, et à indiquer clairement une ligne scientifique de traitement.

La nécessité d'une enquête minutieuse et approfondie sur les causes des défauts de l'articulation et sur les moyens de la guérir peut se déduire de ce fait que Hunt (l'un des premiers auteurs d'un traité scientifique et rationnel sur le bégaiement) a calculé en 1856, que la proportion des cas de *stammering* (1) et de *stuttering* était de 3 p. 1000 pour la population de la Grande-Bretagne. Zug est arrivé, d'après les statistiques du recensement officiel de 1870, à ce résultat que 1/2 p. 100, c'est-à-dire 5 p. 1000 de la population des États-Unis présentaient des formes graves d'articulation défectueuse. En d'autres termes, si nous comptons la population des États-Unis sur le pied de 40,000,000, il y a 200,000 bègues, nombre presque trois fois aussi grand que celui des aveugles, des sourds, des muets et des fous qui, dans ce relevé, ne comprenaient ensemble que 73,957 cas.

Nous n'avons pas la prétention d'ajouter rien de bien nouveau quant à la cause, encore moins de conseiller une méthode originale et infaillible de traitement, mais nous voulons, comme médecin et comme professeur, passer en revue ce qui a été fait par d'autres et donner, d'après notre expérience personnelle, notre opinion sur la valeur des vues émises par plusieurs prétendues autorités, et par conséquent indiquer ce qui, dans notre esprit, constitue la véritable cause et dans quelle direction doit se faire le traitement.

Comme nous l'avons fait dans la rédaction entière de ce livre, nous pensons qu'il est inutile de développer,

(1) *Maintenant qu'il est bien entendu qu'il s'agit du bégaiement, nous maintenons dans notre texte les deux termes anglais stammering et stuttering, qu'il est impossible de traduire en français. Nous avons consulté, à ce sujet, le Dr Chervin, dont la grande autorité, en France, ne saurait être discutée ; il n'admet pas les distinctions établies par les auteurs anglais. Notre compétence personnelle ne nous permet pas de trancher cette question, c'eut été le faire que de traduire ces deux mots, pour lesquels n'existent pas de mots français correspondants. A la page 303 on trouvera un tableau dans lequel ils sont définis et comparés.*

Dr GARNAULT.

simplement pour allonger ces pages ou au point de vue anecdotique, les nombreuses idées et méthodes qui, de temps en temps, ont été émises sur le sujet qui nous occupe. Nous nous sommes complètement abstenus de faire ainsi, parce que nous aurions porté la confusion dans l'esprit du lecteur et que nous ne voulons pas obscurcir encore davantage une question pleine de malentendus, mais la débarrasser de toutes les difficultés inutiles et la rendre ainsi plus claire.

Ce n'est guère notre affaire de discuter les questions élémentaires, telles que la nature de la parole et sa division en voyelles et consonnes et il suffira ici de rappeler aux lecteurs, que, tandis que les paroles sont formées par des sons, venant primitivement du larynx et modifiées par les différences de dimension de la cavité buccale et de son orifice, les consonnes dépendent de l'interruption des courants d'air dans la bouche ou dans les conduits situés au-dessus du larynx. Elles ne peuvent, en réalité, avoir d'existence que par leur union à une voyelle, ainsi *k* est *k* et *a*, *r* est *e* et *r*, *b* est *b* et *e*, *n* est *e* et *n*, etc. Les voyelles ont une hauteur musicale variable, mais elles peuvent être muettes, c'est-à-dire qu'elles peuvent ne pas être accompagnées d'aucun bruit vocal appréciable, c'est-à-dire prononcées en chuchotant. Les différences musicales sont alors diminuées, mais elles existent encore. Les consonnes sont caractérisées par la différence considérable du temps que l'on doit consacrer à leur émission. Quelques-unes, *b*, *p* et *d* peuvent être émises brusquement, et on les appelle explosives ; d'autres, telles que *m*, *n*, *l* et *r* peuvent être prolongées presque indéfiniment. Les premières sont muettes, lorsqu'elles ne sont pas combinées à une voyelle. Ces dernières ont une certaine valeur musicale, en raison de la voyelle qui leur est intimement unie. Dans le premier cas, la voyelle suit la consonne ; dans le second cas, elle la précède. Il existe encore d'autres divisions des caractères des consonnes, d'après le point où elles sont interrompues, par exemple pour la *labiale p*, ce point se trouve au niveau des lèvres serrées l'une contre l'autre. La *dentale t* est produite par la rencontre du bout de la langue avec les dents. Les gutturales comme *k*, se produisent lorsque c'est le dos de la langue qui joue le rôle le plus actif.

De plus, certaines consonnes empruntent leurs caractères à certaines variétés dans leur résonnance. Enfin, il y a les aspirées, dont la principale est *h*, elles sont formées par une expulsion d'air, qui se produit dans le larynx, lorsque cet organe laisse passer une certaine quantité d'air, avant que la voix ne se produise.

Il a été demontré d'une manière si complète par divers physiologistes et philologues, Kemplen, Willis, Helmholtz, Ellis, Melville, Bell et autres, que chaque lettre et chaque combinaison de lettres a son mode de formation et son mode d'émission bien défini, qu'on en est venu à supposer que les personnes sourdes de naissance, qui n'ont jamais entendu, et qui n'ont jamais pu entendre un son, peuvent apprendre à parler et à communiquer leurs idées au moyen de la voix articulée, mais qui, naturellement, est alors monotone et dépourvue de modulations. Cela, bien entendu, à condition (et il en est très rare qu'il en soit autrement) que les organes vocaux soient parfaitement développés. Chose plus merveilleuse encore, l'œil a été exercé à remplacer l'oreille, et les personnes sourdes lisent littéralement avec l'œil les mots, au fur et à mesure qu'ils sont formés sur les lèvres de la personne avec laquelle elles sont en conversation. Ce fait, que l'on ait pu enseigner à parler correctement à ceux qui sont nés sans posséder le sens spécial qui a été associé à la parole par la nature, a vivement encouragé ceux qui souffrent d'une difficulté de parole. Plus que quoi que ce soit, il a conduit à la bonne éducation de l'organe et des excitations nerveuses qui le gouvernent. Ce fait a encore été très utile, en détournant l'attention et la crédulité des remèdes mécaniques et empiriques. Enfin, il l'a été encore, en attirant l'attention, à un nouveau point de vue, sur l'importance de la bonne articulation pour donner une expression plus parfaite aux discours et aux chants, même pour ceux qui ne sont pas affligés de surdité.

Le mérite de cette grande découverte de faire parler les muets et entendre les sourds revient à Samuel Heinicke, pour l'Allemagne, où cette méthode d'éducation est arrivée à une grande perfection, Rodrigue Péreire l'a propagée en France ; c'est M. van Praagh qui l'a introduite en Angleterre.

Il existe de très nombreux défauts de parole auxquels nous ne pouvons, ici, que faire allusion, par exemple, la précipitation dans le débit qui détruit le sens, l'écourtement des mots, l'omission des voyelles et l'habitude de faire sonner les voyelles doubles comme des diphtongues ; ceci, avec beaucoup d'autres choses encore, dépend de l'accent personnel ou local, dans l'éducation ou la prononciation ou peut tenir encore à des habitudes d'affectation, ou bien encore, être le résultat d'une notion fausse des lois qui président au son. Toutes ces affections exigent chacune une éducation spéciale pour leur traitement, lorsqu'elles ont été découvertes par l'oreille exercée du professeur de phonation. Ce n'est pas une exagération de dire qu'il n'y a pas un seul élève, lorsqu'il vient consulter le professeur, qui ne présente un de ces défauts. Mais, trop souvent, malheureusement, l'élève n'est pas débarrassé de ces défauts, si même on les a reconnus.

Il y a beaucoup d'autres défauts qui sont dus au mauvais goût. Le chanteur ou l'orateur ne se rend pas compte de la nuance spéciale qu'il doit donner à sa voix, de la différence qu'il doit y avoir entre le débit d'une tirade d'amour et celui d'une tirade de haine. Le physiologiste vous expliquera que ces défauts sont dus à l'absence de certaines qualités intellectuelles chez l'individu que l'on observe, mais elles ne peuvent être guéries que par le professeur. Lorsque ceci est évident, d'une manière très nette et que l'on n'a pas espoir d'y remédier, on devra dire, sans détour, à l'élève, que, quelque zèle qu'il déploie pour la partie simplement mécanique de son art, il lui manque une qualité qu'il est aussi impossible au professeur de chant ou d'élocution de lui donner, que si l'on voulait inculquer à un élève en peinture le don de l'appréciation des nuances les plus fines dans les couleurs, s'il ne le possédait pas naturellement.

Etudions maintenant les deux défauts les plus sérieux de la parole, le *stammering* et le *stuttering*. Il existe une grande confusion à propos de ces termes. Le *stammering* est un défaut dans l'émission des consonnes plutôt que dans l'émission des voyelles.

Le *stuttering* est un défaut dans l'émission des voyelles plutôt que dans l'émission des consonnes.

Si un *stammerer* veut dire *pa*, il se produit une espèce de spasme de sa mâchoire, et il ne peut émettre la consonne *p*. Une fois ceci fait, il n'éprouve généralement plus de difficulté à ajouter la voyelle à la consonne. Mais il peut également être arrêté, lorsqu'il essaie de prononcer un mot commençant par une voyelle, et, malgré qu'il ait la bouche largement ouverte, aucun son ne sortira.

Si un *stutterer* veut dire *pa*, le cas est exactement l'inverse, il n'éprouve aucune difficulté à articuler la consonne *p*, qu'au contraire il répète à plusieurs reprises, avec une surprenante rapidité, sa difficulté consiste à lui ajouter la *voyelle*. Mais il n'est pas rare que le *stutterer* répète de la même manière, lorsqu'il essaie de prononcer un mot commençant par une voyelle.

On voit donc que les défauts de parole connus sous le nom de *stammering* et *stuttering* ne sont pas bien distincts et que ce n'est pas une exagération de dire que, dans bien des cas, sinon dans tous, l'un accompagne l'autre.

Nous ne pouvons être tout à fait du même avis que Klencke, que « les causes du *stuttering* résident dans les organes accessoires de la parole (dans les organes de la respiration), sans que les organes de l'articulation soient *primitivement* attaqués » et la seule chose qui sauve à demi sa définition, c'est ce mot « primitivement » que nous avons mis en italique. De plus, si nous pensons que la cause du *stuttering* réside dans les organes situés entre le larynx et les lèvres (dans les organes de l'articulation), nous ne pouvons admettre que l'on puisse établir une définition satisfaisante en la basant sur l'articulation seule, car les deux choses sont en défaut. Nous pouvons encore énoncer la question d'une autre manière, et employant les propres termes de Klencke, nous ne considérons pas « le *stuttering*, comme un défaut de la phonation, et le *stammering* comme un défaut de l'articulation. » Dans une partie de son travail, il s'exprime cependant d'une manière exacte en ces termes : « le *stuttering* est un défaut d'harmonie entre la phonation et l'articulation avec prédominance relative de cette dernière sur la phonation. » En réalité, la consonne, comme nous l'avons dit dans notre définition, est continuellement répétée, de façon à empêcher l'émission de la voyelle qui lui est associée. Pour donner une définition correcte, il faut dire : « Le *stammering* est un défaut d'harmonie entre la production du son et l'articulation, avec prédominance relative de la première sur la seconde. »

Bien que nous insistions sur l'importance de la mauvaise articulation comme cause du *stammering* et du *stuttering*, nous n'ignorons pas l'existence d'un grand nombre d'autres défauts du langage, dans lesquels il n'y a pas de véritable obstacle à l'émission, mais qui sont également dus à une articulation imparfaite ou vicieuse.

Nous pourrions faire la même observation, lorsque nous parlerons des relations de la mauvaise respiration avec le *stammering* et le *stuttering*.

Pour résumer, et pour continuer notre comparaison nous dirons :

LE STAMMERING	LE STUTTERING
1. Est en relation avec la voyelle ou la combinaison des voyelles.	Est en relation avec l'émission des consonnes, spécialement des explosives et des sifflantes.
2. Il implique des défauts dans l'émission des lettres prises en particulier et le défaut apparait, lorsqu'on essaie de répéter les différentes lettres de l'alphabet.	Il se produit lorsqu'on articule des mots et des syllabes, mais chaque lettre de l'alphabet peut être correctement prononcée.
3. Le plus ordinairement, il est dû à des défauts physiques du pharynx et du gosier, du palais ou de la langue, ou aux amygdales hypertrophiées qui modifient les dimensions de la cavité chargée de l'articulation.	Il est dû, généralement, plutôt à des contractions spasmodiques et rarement à des défauts objectifs des organes de la parole et de l'articulation.
4. Il n'est pas associé à d'autres tics musculaires.	Il est fréquemment associé à des mouvements irréguliers et spasmodiques des autres muscles de la coordination de la face et des membres.
5. Il est beaucoup plus rare qu'il soit dû à l'absence de coordination nerveuse indépendamment de la volonté, comme le prouve ce qui précède et l'absence d'engorgement des vaisseaux de la face et du cou.	Il est accompagné par un fort engorgement de la face et du cou. signes d'une paralysie momentanée de l'action nerveuse (vasomotrice et sympathique) sur l'appareil circulatoire qui est indépendant de la volonté. La définition de Colombat convient très bien ici : « c'est une absence d'harmonie entre les mouvements organiques et volontaires.

9. Il est amélioré par la présence du professeur, par l'attention et les efforts de volonté du sujet.	Il devient généralement pire lorsqu'on l'observe ; tout ce qui attire l'attention du sujet sur ce défaut agit de même ; ainsi le fait d'entendre le stuttering chez une autre personne, déterminera immédiatement une attaque de stuttering chez une personne qui, auparavant, parlait d'une façon normale.
7. Il se révèle dans le chant ou dans la parole rhythmée (Klencke) ; sur ce point, nous ne sommes qu'à moitié de son avis.	Le débit rhythmé le fait rarement apparaître ; au contraire, la déclamation à voix faible et rhythmée, ainsi que le chant, peuvent le guérir.
8. On le constate également à tous les degrés de l'échelle vocale.	Il disparaît, lorsqu'on chuchotte à voix basse et monotone ; et souvent aussi, lorsqu'on lit d'une façon suivie ; et il ne devient apparent que lorsqu'on parle haut, et dans la conversation.

Quelques auteurs, notamment Klencke, ont essayé d'établir une distinction entre le *stammering* et le *stuttering*, d'après la respiration.

Nous sommes d'avis que c'est justement à ce point de vue que le *stammering* et le *stuttering* se rapprochent l'un de l'autre, et que, dans la majorité des cas de l'une ou de l'autre espèce, une défectuosité dans le mode de respiration est la cause première de toutes les perturbations. Quelle que soit la cause, le maître et l'élève doivent bien avoir présent à l'esprit que le défaut est (excepté dans les rares cas de maladies du cerveau qui se produisent chez l'adulte) uniquement *fonctionnel* et non pas *organique*, ce qui constitue pour le médecin une différence très grande et très encourageante pour le malade. Nous ne nous occuperons pas autrement des hypertrophies des amygdales, de l'allongement de la luette, des fissures du palais, du bec de lièvre, de la mauvaise position des dents, etc., que pour conseiller au professeur de faire examiner, dans tous les cas de *stammering* et de *stuttering*, son élève, par un médecin compétent, afin qu'il constate s'il n'existe pas de défaut guérissable, susceptible de modifier le son.

Au point de vue des autres causes du *stammering* et du *stuttering*, on doit porter l'attention sur la nature du tempérament et sur la santé générale. Il est incontestable que les *stammerers* sont plus excitables et plus vifs, que les *stutterers* sont plus timides et plus réservés que la moyenne des gens, mais il n'est pas douteux qu'il y a, chez les uns comme chez les autres, une faiblesse de tempérament très semblable, due à la scrofule ou à la strume.

Les tempéraments scrofuleux présentent une tendance à l'épaississement chronique, avec état inflammatoire très léger des muqueuses des voies respiratoires orales et nasales; il en résulte un affaiblissement de la respiration, une oxygénation insuffisante et beaucoup d'autres troubles dus à une circulation affaiblie. Les écoulements d'oreille, l'hypertrophie des amygdales apparaissent souvent chez les enfants qui ont cette prédisposition, à la suite de maladies graves, surtout des fièvres.

Le *stuttering* se développe souvent de cette manière. La frayeur, l'imitation, ainsi que d'autres causes agissant directement sur le système nerveux sont considérées comme des facteurs fréquents du *stuttering* et la rapidité avec laquelle l'affection s'établit par suite de ces influences, est une preuve évidente de la délicatesse du tempérament. Tout le monde a reconnu la grande sensibilité et la faiblesse nerveuse de tous les *stutterers*. Il y a des *stutterers* dans la pensée comme dans l'expression, et des *stammerers* dans le mouvement et dans l'action.

Nous avons récemment entendu dire par une personne d'une grande autorité, que les termes *stammering* et *stuttering* ont la même signification ; et cette affirmation était appuyée par l'exemple du cheval, de qui on peut dire qu'il fait du *stammering* ou du *stuttering*, lorsqu'il bronche. L'idée de comparer les fautes que fait un cheval en mouvement avec les défauts du langage d'un être humain n'est pas mauvaise. Nous devons dire cependant que les mêmes différences existent dans les deux cas. Lorsqu'un cheval *bronche*, il fait du *stammering* ; lorsqu'il *recule*, il fait du *stuttering*. Dans le premier cas, il répète sans nécessité ou exécute d'une façon étourdie un acte normal ; dans le second, il y a obstacle ou hésitation à accomplir une action nécessaire et normale.

Prosser James a développé une théorie (*Lancet*, nov. 15, 1879) d'après laquelle il existerait « un *stammering* des cordes vocales, maladie qui n'avait pas été décrite jusque-là et dans laquelle la formation des syllabes serait complète mais la phonation défectueuse ». Il a très bien compris les phénomènes qui se produisent, et les a très bien décrits. Cette affection dépend simplement d'une défectuosité dans la respiration, l'acte ayant été exécuté d'une façon incorrecte par rapport à l'économie de l'expiration, soit que le souffle ait été employé avant de chanter, soit que l'on ait continué à émettre des sons après que le poumon s'était vidé de son complément d'air. Kingsley considère cette affection dans son (Irrationale of speech) comme un état avancé du *stuttering* ordinaire.

Il y a une question qui se rapporte à l'hésitation dans l'émission, que le médecin ne doit pas négliger et qui est la suivante. Si le phénomène se produit chez des enfants, il est dû généralement à quelque cause que le médecin et le professeur peuvent, à eux deux, arriver à guérir ; mais lorsqu'on l'observe chez un adulte qui a déjà parlé couramment et clairement, il y a lieu d'être inquiet, car ce phénomène peut être, et est généralement, un avant-coureur d'une maladie du cerveau.

Nous ne pouvons qu'indiquer la direction du traitement qu'on doit suivre dans le *stammering* et le *stuttering*. Nous diviserons les moyens que l'on peut employer pour guérir ces affections, en trois classes : 1° les moyens mécaniques, 2° les moyens chirurgicaux, 3° l'éducation.

Le traitement *mécanique*, qui suppose l'introduction dans la bouche d'un corps étranger quelconque, n'est ici indiqué très rapidement que parce que cela nous fournit l'occasion de condamner cette pratique dans les termes les plus sévères. Les *seuls* procédés mécaniques que l'on puisse employer dans ces cas, sont ceux dont se servent les dentistes pour corriger le rétrécissement pathologique de la mâchoire, dans les cas de croissance défectueuse des dents, ou bien ceux qui sont nécessaires dans des cas très rares, lorsqu'il existe une fissure, ou lorsque la voûte palatine est trop haute et trop étroite.

Les moyens *chirurgicaux*, qui impliquent la section avec le bistouri de muscles spasmodiquement contractés, ou l'ablation de parties de la langue qui se développent d'une façon anormale pendant l'acte de la parole, par suite du spasme de ses tissus musculaires et de la congestion de ses vaisseaux, ne seront également signalés que pour être condamnés sans rémission. C'est, en vérité, une chose inconcevable, que l'on ait pu, dans ce siècle, proposer des opérations aussi barbares et témoignant d'une aussi profonde ignorance ; et bien plus, qu'elles aient été faites par des chirurgiens qui avaient acquis une grande réputation dans d'autres branches de leur art. Nous nous souvenons de la fable de la mort du lion, et, par respect pour leur mémoire, nous ne rappellerons même pas leurs noms.

Lorsqu'il existe une fissure du palais, un bec de lièvre des amygdales hypertrophiées, une excroissance des tissus dans le naso-pharynx (végétations adénoïdes), un polype dans les narines, un kyste sur la langue, en somme une affection ou une difformité quelconque obstruant le calibre normal des cavités servant à l'articulation, il est, naturellement, non seulement raisonnable, mais absolument nécessaire, de prendre des mesures chirurgicales rapides et complètes. C'est une erreur de supposer que ce traitement puisse avoir quelque inconvénient. Si on attend, il est possible qu'alors il ne réussisse plus à faire disparaître tous les inconvénients, mais il est certain que l'insuccès ne doit pas être mis nécessairement sur le compte de l'opération et ne peut être considéré comme la preuve qu'elle a été mal faite. Lorsque ces opérations dont nous venons d'indiquer la nature étaient bien indiquées, ont été bien exécutées, et que, malgré cela, elles n'ont pas été suivies de succès, ce n'est pas à cause de l'opération, mais malgré l'opération. Nous avons déjà étudié, dans le chapitre précédent, cette question des opérations de la gorge. Le traitement général de tous les vices de respiration et la bonne hygiène dans ses rapports avec les bains, le vêtement, l'exercice, la nourriture, regardent naturellement le médecin qui a été consulté et ne doivent jamais être négligés.

Enfin, l'*éducation*. Dans l'éducation, il faut distinguer la part du maître et celle de l'élève. L'exercice intellectuel et l'exercice physique peuvent y jouer l'un et l'autre un grand rôle. Le maître peut imposer l'influence de son intelligence, et comme il connaît les obstacles qui s'opposent au langage, il peut les expliquer. Possédant la sympathie de son élève, il peut l'encourager s'il est désespéré ; comme il a l'autorité, il peut diriger une volonté trop faible ; et comme il possède la compétence nécessaire, il peut, non seulement découvrir la cause, mais encore surveiller et diriger la guérison.

Pour arriver au succès, le professeur doit donc être non seulement instruit et expérimenté, mais il doit être fort patient et persévérant. Il faut qu'il inculque ces dernières qualités à son élève. En effet, tous les vices de prononciation provenant d'une mauvaise habitude de l'esprit ou des muscles due à l'éducation ou à l'imitation, il faudra un effort au moins égal pour déraciner cette habitude vicieuse qui peut compter parmi les plus désagréables et les plus fâcheuses, comme il en faudrait pour corriger toute autre manière d'agir ou habitude vicieuse, qui pourrait retentir, peut-être d'une manière plus évidente, sur la condition sociale de l'individu, mais qui, dans la pratique, ne saurait être plus gênante. L'élève ne doit jamais, s'il veut guérir, oublier cette règle ; il doit, comme l'a enseigné Hunt, et comme l'a établi Kingsley, « toujours parler *consciemment*, tandis que les autres (ceux qui ne sont pas bègues), parlent inconsciemment. »

A côté de l'éducation mentale, viennent les exercices gymnastiques ; ils sont de plusieurs espèces. Tout d'abord et en première ligne, on doit enseigner à remplir régulièrement et complètement les poumons par les voies naturelles de la respiration (les narines), et, par-dessus tout, à économiser l'air en l'expulsant, ou plutôt, peut-être, à mieux en contrôler l'émission par les poumons pendant que l'on parle, de telle façon qu'on soit bien certain de n'en pas avoir laissé échapper avant de parler.

Si nous exprimons cela par un diagramme dans lequel les flèches représentent l'air expiré, la voyelle a et toutes les autres seront émises de façon à commencer avec l'expiration, ainsi :

a ⇶→ non pas à la fin
⇶→ a

Lorsque ce principe a été parfaitement inculqué et mis en pratique, non seulement pour une voyelle ; mais pour toutes, ainsi que pour des combinaisons de voyelles, l'élève pourra être exercé à tenir le son de cette voyelle, et à un signal donné, au moment, par exemple, où le professeur frappera dans ses mains, il y joindra la consonne. Dans le cas de *stuttering*, on peut faire placer les lèvres en position pour la consonne qui précède, et, au même signal, on y ajoute le son de la voyelle.

On peut, pour guérir les défauts du langage, se servir utilement des moyens suivants. On fait lire ou réciter l'élève, en même temps que le maître qui lit et récite les mêmes mots, et qui le dirige ainsi à travers les haies et les barrières qui obstruent sa route.

On peut combiner avec ces exercices la gymnastique de la respiration, telle que nous l'avons plus complètement exposée à une autre place dans ce livre, les exercices vocaux qui ont été brièvement indiqués, l'usage ordinaire des dilatateurs de la poitrine, des haltères, etc., réglés suivant l'âge et la force du sujet. Enfin, l'élève pourra apprendre l'avantage qu'il y a à associer synchroniquement certains mouvements rhythmiques des mains et des pieds à ceux des organes de la respiration, de façon à régler ces mouvements en les coordonnant avec les autres.

Les indications précédentes ne représentent que la ligne générale du traitement rationnel du *stammering* et nous pourrions les étendre beaucoup si nous écrivions un traité sur cette question, car il existe déjà un assez grand nombre de travaux très remarquables sur les causes et le traitement de ces défauts, comprenant tout ce qui peut être enseigné par un livre. Parmi ces ouvrages, ceux que nous devons surtout recommander, sont ceux des frères Hunt et de Kingsley, publiés en Angleterre ; ceux de Klencke, Gunther, en Allemagne et de Chervin, en France. On trouvera aussi beaucoup de renseignements utiles dans divers traités d'élocution sur tous les défauts de la parole ; nous signalerons en particulier un résumé complet de tout ce que l'on sait sur la cause, la pathologie et le traitement du bégaiement, fait d'une façon très personnelle, par M. C. C. Caleb, dans le journal de médecine, *The Student's Journal,* vol. XI, n°s 289, 290 et 291.

Un mot pour conclure. On observera que nous n'avons

conseillé aucun système. Pourquoi ? Parce qu'il n'y en a aucun que l'on puisse honnêtement appliquer à tous les cas. Les variétés et les causes des défauts du langage sont si nombreuses, que prétendre leur appliquer à toutes un remède empirique est aussi absurde que les réclames en faveur des remèdes des charlatans que l'on rencontre partout. Employer ces remèdes, dans ces deux cas, serait une mauvaise chose, non pas nécessairement parce qu'ils renferment des principes nuisibles, mais parce que l'on n'essaie pas de découvrir la cause réelle de la maladie, qui, n'étant pas soignée, peut s'aggraver peu à peu.

Le moyen le meilleur, le plus économique, le plus rapide et même le seul, qu'il y ait de guérir tous ces cas, c'est de les faire traiter, suivant leurs particularités individuelles, par des personnes exercées à découvrir leur nature et qualifiées pour les corriger. Ce ne sont pas ceux qui crient le plus fort leur marchandise qu'il faut le plus croire ; mais, malheureusement, il y a toujours eu et il y aura toujours trop de dupes qui répondront à leur appel. C'est pour cela, que nous croyons de notre devoir de crier gare, au public.

ERRATA

Par suite de malentendus, plusieurs feuilles ont été tirées sans que les corrections aient été faites. Je préfère donner un erratum très étendu, que porter la responsabilité des fautes trop nombreuses qui se trouvent dans ce livre.

Page 2, ligne 35, *au lieu de* touts, *lisez* toutes.
Page 5, ligne 15, *au lieu de* Chaldni, *lisez* Chladni.
Page 14, ligne 13, *au lieu de* goût musical nécessaire, *lisez* goût musical nécessaires.
Page 15, ligne 9, *au lieu de* ainsi que celles, *lisez* ainsi que sur celles.
Page 15, ligne 23, *au lieu de* facilitera l'art, *lisez* faciliteront l'art.
Page 17, ligne 34, *au lieu de* nous nous estimerons, *lisez* nous nous estimerions.
Page 20, ligne 12, *au lieu de* du cerveau, *lisez* au cerveau.
Page 21, ligne 16, *au lieu de* n'eût, *lisez* n'eut.
Page 25, au-dessous de la composition musicale, *au lieu de fa*, *lisez ta'*.
Page 27, ligne 23, *au lieu de* les plus bases, *lisez* les plus bas. 7
Page 28, ligne 29, *au lieu de* ou elles, *lisez* où elles.
Page 37, ligne 4, *au lieu de* grande difficultés, *lisez* grandes difficultés.
Page 49, ligne 16, *au lieu de* page 32, *lisez* page 40.
Page 49, lignes 31 et 32, *au lieu de* diaphragmatique et cottale, *lisez* diaphragmatique et costale.
Page 50, ligne 8, *au lieu de* chanteurs, *lisez* chanteuses.
Page 50, ligne 20, *au lieu de* qu'il y eut, *lisez* qu'il y eût.
Page 51, ligne 12, *au lieu de* rendre compte, *lisez* se rendre compte.
Page 56, ligne 24, *au lieu de* feuilles, *lisez* feuille.
Page 62, ligne 1, *au lieu de* venons dire, *lisez* venons de dire.
Page 62, ligne 32, *au lieu de* pour effets, *lisez* pour effet.

Page 65, ligne 13, *au lieu de* les rend, *lisez* les rendent.

Page 71, ligne 3, *au lieu de* moins, *lisez* mais.

Page 72, ligne 31, *au lieu de* L'ouverture, etc., *lisez* L'ouverture, 1, 2, 4, 5, correspond à l'âtre, et la poche située derrière, à la cheminée, avec cette différence, que la cheminée est ouverte à sa partie supérieure et sort de la maison, tandis que la poche est fermée à sa partie supérieure et reste dans le larynx.

Page 73, ligne 32, *au lieu de* fig. 6, *lisez* fig. XIV.

Page 80, 5e ligne de la note, *au lieu de* les singes, *lisez* des singes.

Page 81, ligne 27, *au lieu de* des tympans, *lisez* du tympan.

Page 87, ligne 23, *au lieu de* facilement, *lisez* rapidement.

Page 88, ligne 27, *au lieu de* Luchka, *lisez* Luschka.

Page 91, ligne 7, *au lieu de* la mode, *lisez* le mode.

Page 91, ligne 16, *au lieu de* élevé, *lisez* élevée.

Page 92, ligne 7, *au lieu de* Malaigne, *lisez* Malgaigne.

Page 94, ligne 29, *au lieu de* l'homme instruments de cuivre, etc., *lisez* l'homme (instruments de cuivre) etc.

Page 95, ligne 10, *au lieu de* l'échelle, *lisez* la gamme.

Page 95, ligne 26, *au lieu de* extraordinaire, *lisez* extraordinaires.

Page 97, ligne 13, *au lieu de* de sa base fondamentale, *lisez* du son fondamental.

Page 100, ligne 2, *au lieu de* la voix basse, *lisez* la voix de basse.

Page 100, ligne 13, *au lieu de* la différence, *lisez* les différences.

Page 106, ligne 24, *au lieu de* il contiendra : 1° sur la, *lisez* il contiendra des considérations : 1° sur la.

Page 107, ligne 5, *au lieu de* du chanteur, *lisez* du chanteur et de l'orateur.

Page 108, ligne 11, *au lieu de* l'entretien de la combustion, *lisez* entretient la combustion.

Page 113, ligne 14, *au lieu de* qui la régissent, *lisez* qui régissent l'expiration.

Page 113, ligne 25, *au lieu de* sont attachés à, *lisez* président à.

Page 122, ligne 17, *au lieu de* Sa forme, *lisez* Leur forme.

Page 122, ligne 29, *au lieu de* les distendre, *lisez* être distendus.

Page 124, ligne 3, *au lieu de* si nous arrivons, *lisez* si nous arrivions.

Page 132, ligne 10, *au lieu de* de poumon, *lisez* du poumon.

Page 135, ligne 25, *au lieu de* de secretion, *lisez* des secrétions.

Page 136, ligne 29, *au lieu de* ne se servissent, *lisez* ne se servissent.

Page 137, ligne 16, *au lieu de* prennent tendance, *lisez* prennent une tendance.

Page 149, ligne 11, *au lieu de* produisissent, *lisez* produisaient.

Page 150, ligne 23, *au lieu de* d'un cinquième, *lisez* d'une quinte.

Page 152, ligne 6, *au lieu de* de la bouche, *lisez* la bouche.

Page 164, ligne 16, *au lieu de* l'opuscule, *lisez* l'opercule.

Page 165, ligne 28, *au lieu de* à la page 57, *lisez* plus haut.

Page 166, ligne 1, *au lieu de* de la gomme, *lisez* des gencives.

Page 175, ligne 2, *au lieu de* que toutes, *lisez* que de toutes.

Page 176, ligne 13, *au lieu de* à l'époque ou, *lisez* à l'époque où.
Page 177, ligne 3, *au lieu de* est linéaire, *lisez* devient linéaire.
Page 181, ligne 14, *au lieu de* du chevalet, *lisez* de la touche.
Page 183, 5 lignes à partir du bas, *au lieu de* Brown, *lisez* Browne.
Page 184, avant-dernière ligne de la note, *au lieu de* n'ont, *lisez* n'aient.
Page 187, ligne 25, *au lieu de* La figure, *lisez* Les figures.
Page 189, ligne 2, *au lieu de* diaphragmes, *lisez* diagrammes.
Page 200, ligne 23, *au lieu de* chacune d'elle, *lisez* chacune d'elles.
Page 202, ligne 7, *au lieu de* parmi les exercices pratiques qui, *lisez* dans l'exécution des exercices pratiques qui.
Page 206, ligne 38, *au lieu de* éclatent, *lisez* éclate.
Page 209, ligne 2, *au lieu de* l'une ou l'autre, *lisez* l'un ou l'autre.
Page 214, ligne 27, *au lieu de* qu'à, *lisez* qu'a.
Page 215, ligne 5, *au lieu de* retirez-là, *lisez* retirez-la.
Page 215, ligne 8, *au lieu de* exercices de langue, *lisez* exercices de la langue.
Page 216, ligne 11, *au lieu de* on, représente, *lisez* ou, représente.
Page 221, ligne 2 de l'explication des figures, *au lieu de* la note *a*, *lisez* de la note *fa*.
Page 224, ligne 3, *au lieu de* quelque, *lisez* quelle que.
Page 228, ligne 29, *au lieu de* Royale Institution, *lisez* Royal Institution.
Page 232, ligne 2, *au lieu de* dans les pp. 129 à 185, *lisez* dans les pp. 171 à 181.
Page 233, ligne 18, *au lieu de* un tiers, *lisez* une tierce.
Page 233, dernière ligne, *au lieu de* le contralto, *lisez* la contralto.
Page 234, *au lieu de* le contralto, *lisez* partout la contralto.
Page 240, ligne 3, *au lieu de* attendre, *lisez* atteindre.
Page 254, ligne 16, *au lieu de* leur voix, *lisez* la voix.

TABLE DES FIGURES (*)

(*) Les dessins laryngoscopiques ont été faits par M. Lennox Browne.

TABLE DES MATIÈRES

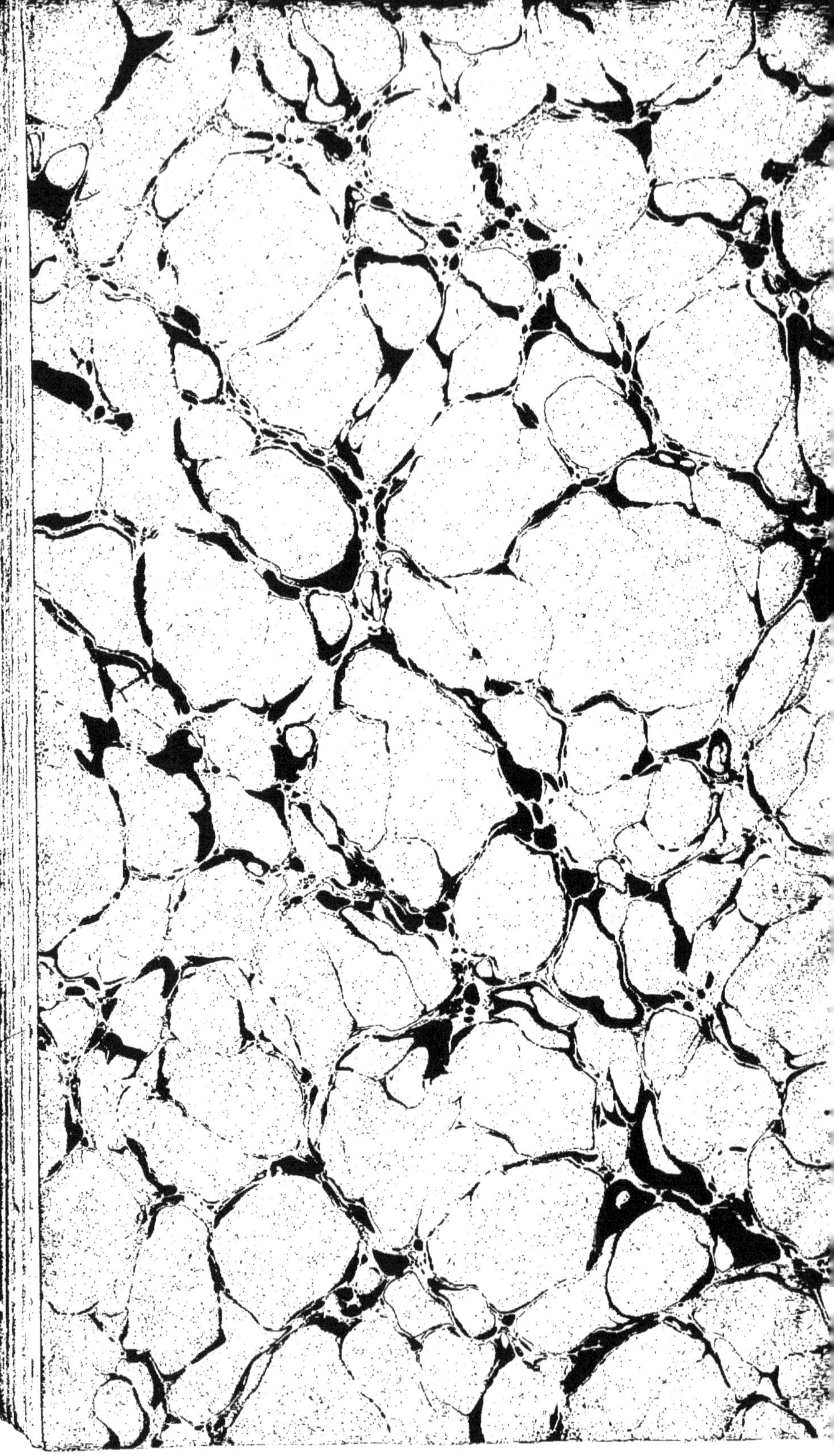

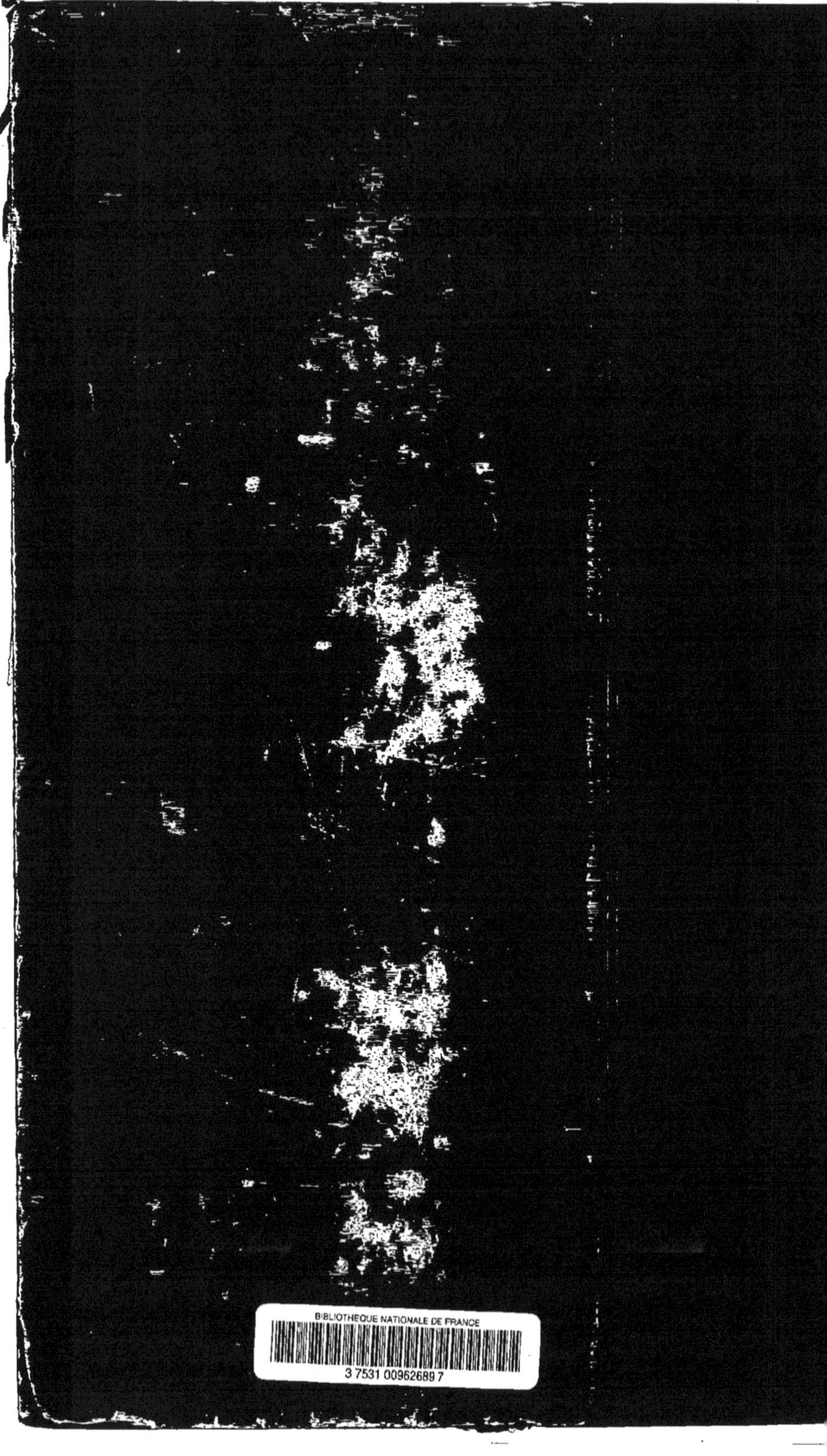

www.ingramcontent.com/pod-product-compliance
Ingram Content Group UK Ltd.
Pitfield, Milton Keynes, MK11 3LW, UK
UKHW020100200726
13856UKWH00002B/305